カラー彩色で蘇える

写真彩色＝山下敦史

伊400型潜水艦

ウルシー泊地攻撃に出撃するも終戦により米軍に接収され横須賀に帰投した第１潜水隊の各艦。手前から伊400、伊401、伊14。昭和20年8月31日または9月1日、米潜水母艦「プロテウス」の左舷からの撮影で、各艦に積み込まれていた糧食等を搬出作業中の光景。艦首部の長大なカタパルト（四式一号射出機一〇型）が印象的だ

昭和 20 年 8 月 28 日、相模湾沖合を航行中の伊 400。同艦は昭和 19 年 12 月 30 日に伊 400 型の 1 番艦として呉工廠で竣工。昭和 20 年 7 月 23 日、ウルシー環礁の米機動部隊攻撃のため大湊を出撃するが終戦となり内地に向かう途中で米駆逐艦に捕獲された。写真は米艦の監視の下、横須賀へ向かう途中の撮影

米駆逐艦の先導で８月29日、伊400は相模湾に入った。米軍の命令で司令塔横の甲板に集合した乗組員たち。攻撃機３機を搭載する格納筒とその上の司令塔の巨大さが良くわかる。司令塔最上部には米駆逐艦から移乗した接収班が集まっている

昭和21年2月6日、ハワイ真珠湾で撮影された伊401。ウルシー攻撃途上で終戦を迎えた第1潜水隊の伊400、伊401、伊14の各艦は、米軍に接収されて横須賀に帰還、佐世保を経て21年1月にハワイに回航、米海軍による詳細な調査と実験の後、ハワイ近海で海没処分された

伊400型の搭載機・特殊攻撃機「晴嵐」（愛知M6A1）。全幅12.26m、全長10.64 m。内径4.2 mの格納筒に収容するため浮舟は取外し式、主翼・水平尾翼・垂直尾翼は折畳式。発動機「アツタ」三二型（離昇1400馬力）、最大速度474 km/h（浮舟付）、559km/h（無浮舟）、兵装13mm機銃×1、250kg爆弾×1（浮舟付）、800kg爆弾または魚雷×1（無浮舟）

伊400型青図集

解説=小高正稔

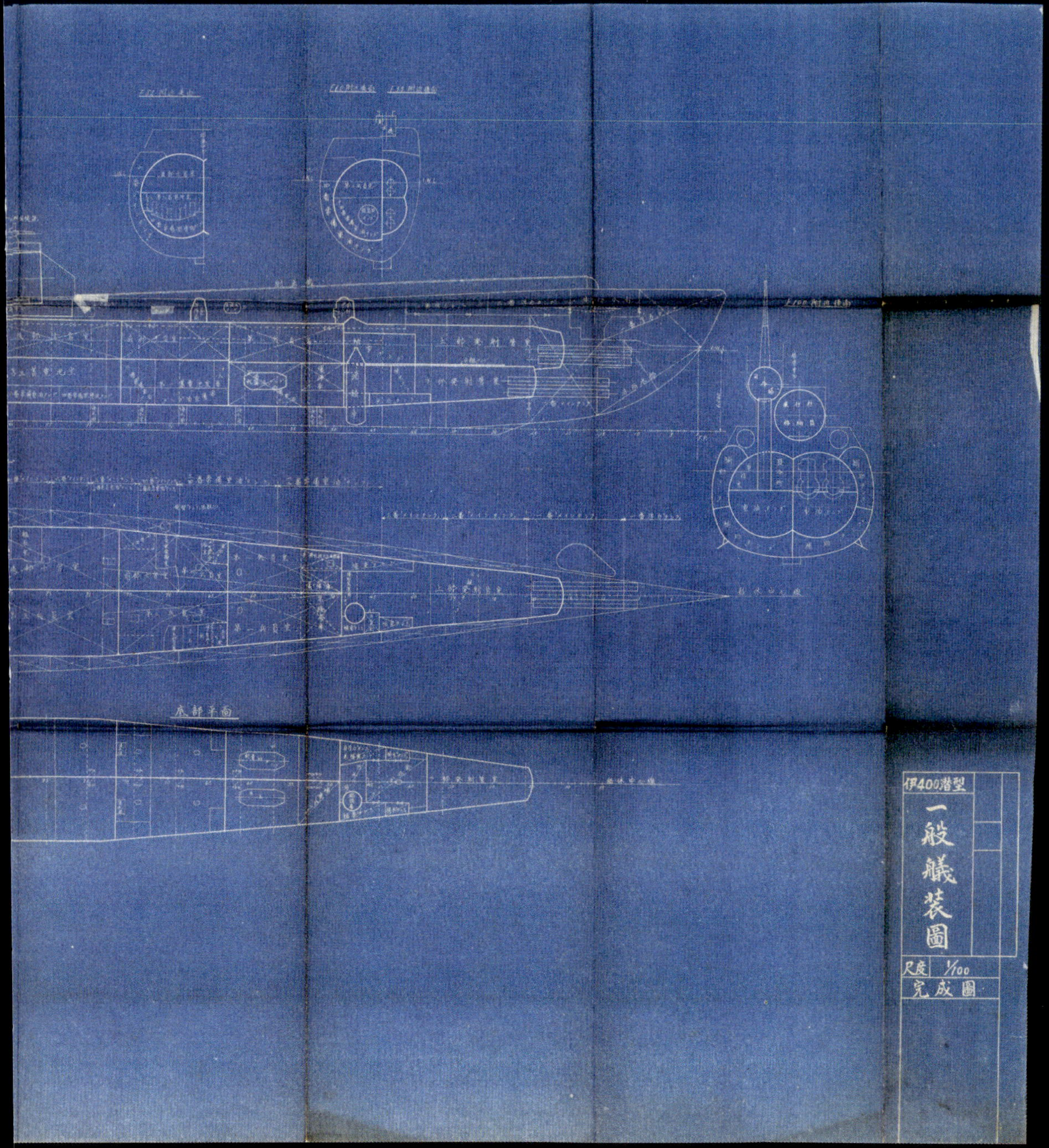

線で表現されているのが内殻となる耐圧船殻であり、外殻と内殻の間の空間は燃料タンクなどに利用される。側面図からもわかるように、伊400型は機関や兵員室、魚雷発射管などを納めた船体の上に飛行機を格納する巨大な耐圧筒(飛行機格納筒)を積み上げるように装備している。図からは飛行機格納筒や司令塔と船体を繋ぐ交通筒の存在も確認出来る。甲板平面図からは諸室の配置と共に、伊400型の特徴である主機4基を横並びとし、4基2軸とした機関配置が確認できる(図面提供:大和ミュージアム)。

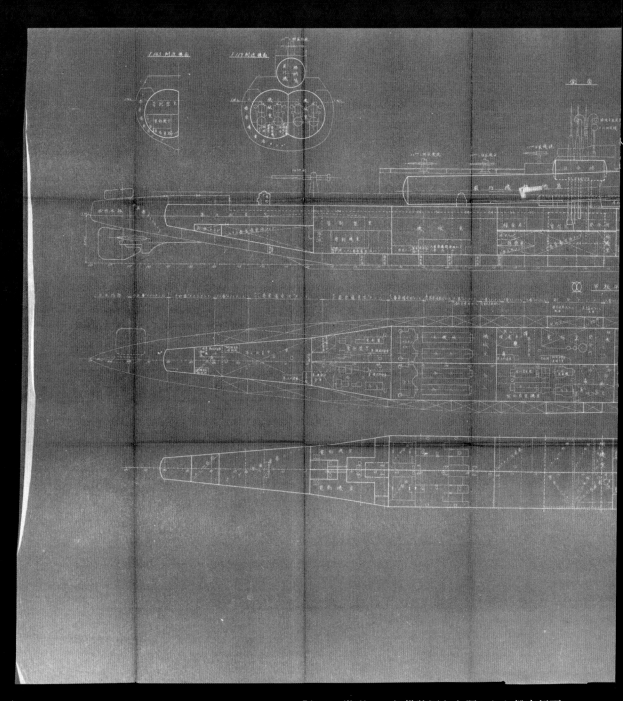

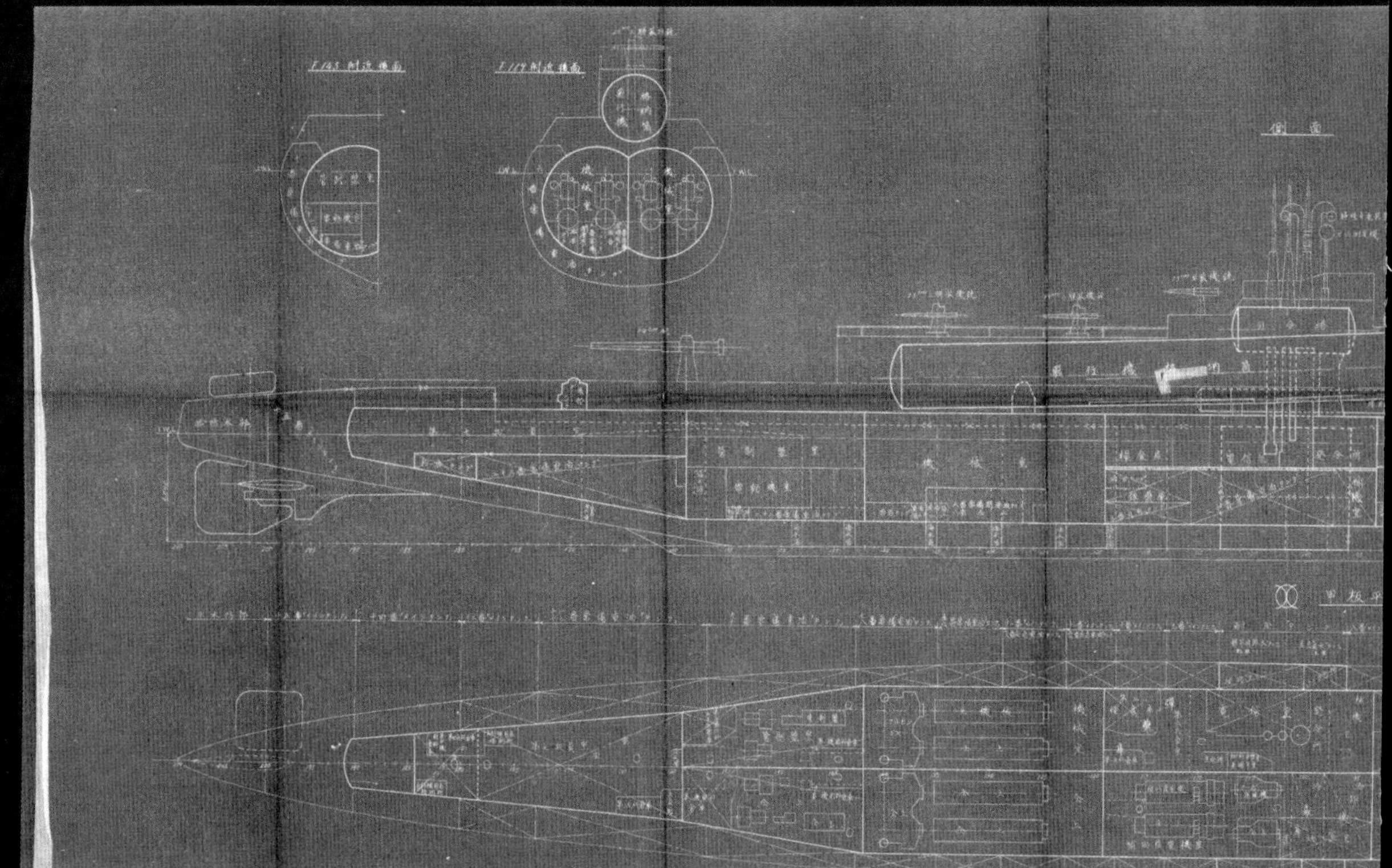

伊400潜型
一般艤装図

「伊400潜型　一般艤装図」と題された艦内側面、甲板、低部平面図。周囲には主要カ所の断面図も見える。一般艤装図の常で比較的図面のスケールは小さく1/100であり、細部の詳細は省略されている一方で、全体の配置や大雑把な構造を把握するには役に立つ。艦内側面図などでやや太い白

造については一般艤装図より本図の方が詳細で位置関係も正確であり、例えば図面右端に見える90番フレーム付近の断面図（「F90番切断」と見える）では、機銃甲板の甲板面に埋め込まれるように装備された筒状の耐圧容器なども確認できる。これは機銃用の即応弾薬を収容する耐圧容器で、25ミリ機銃弾の弾倉を収容し、浮上後に艦内から機銃弾を搬出することなく直ちに機銃が使用できるように工夫されたもの。潜望鏡などの艤装品も、一般艤装図より正確に描かれているが、実際に就役した伊400型が装備した電探や逆探のアンテナは確認出来ず、この図面の時点では具体的な装備案がなかったのだろう（図面提供：靖國神社　靖國偕行文庫）。

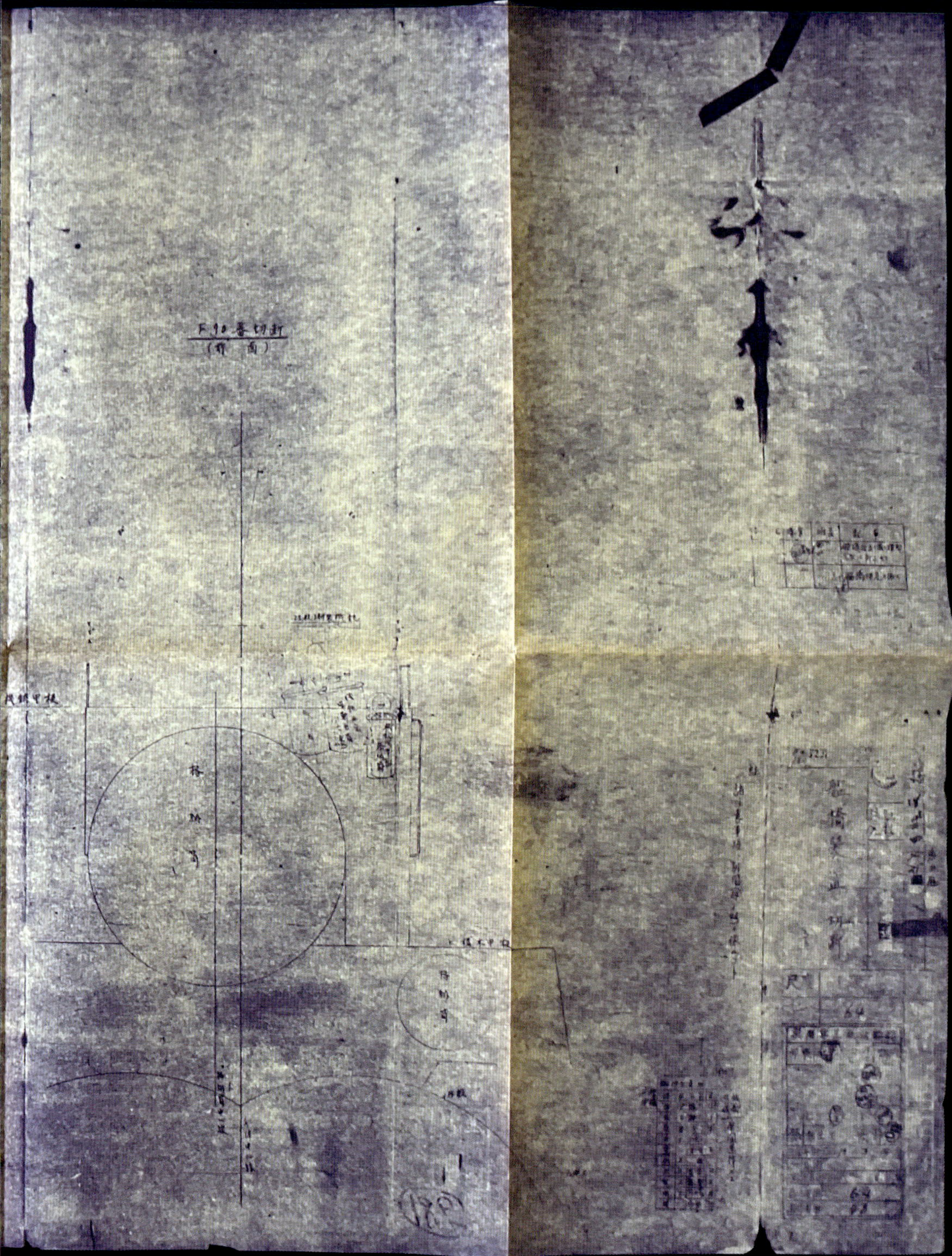

艦橋装置切断

伊400型潜水艦の「艦橋装置切断」と題された図面。オリジナルの図面を青焼き複写したもので、責任者の判や注意書きなどの色情報が失われている。伊400型の艦橋各部の横断図であり、潜望鏡や方向探知用のループアンテナなどの艦橋周辺の艤装品や、耐圧船殻と飛行機格納筒、司令塔などの横断面での位置関係も確認出来る。艤装や構

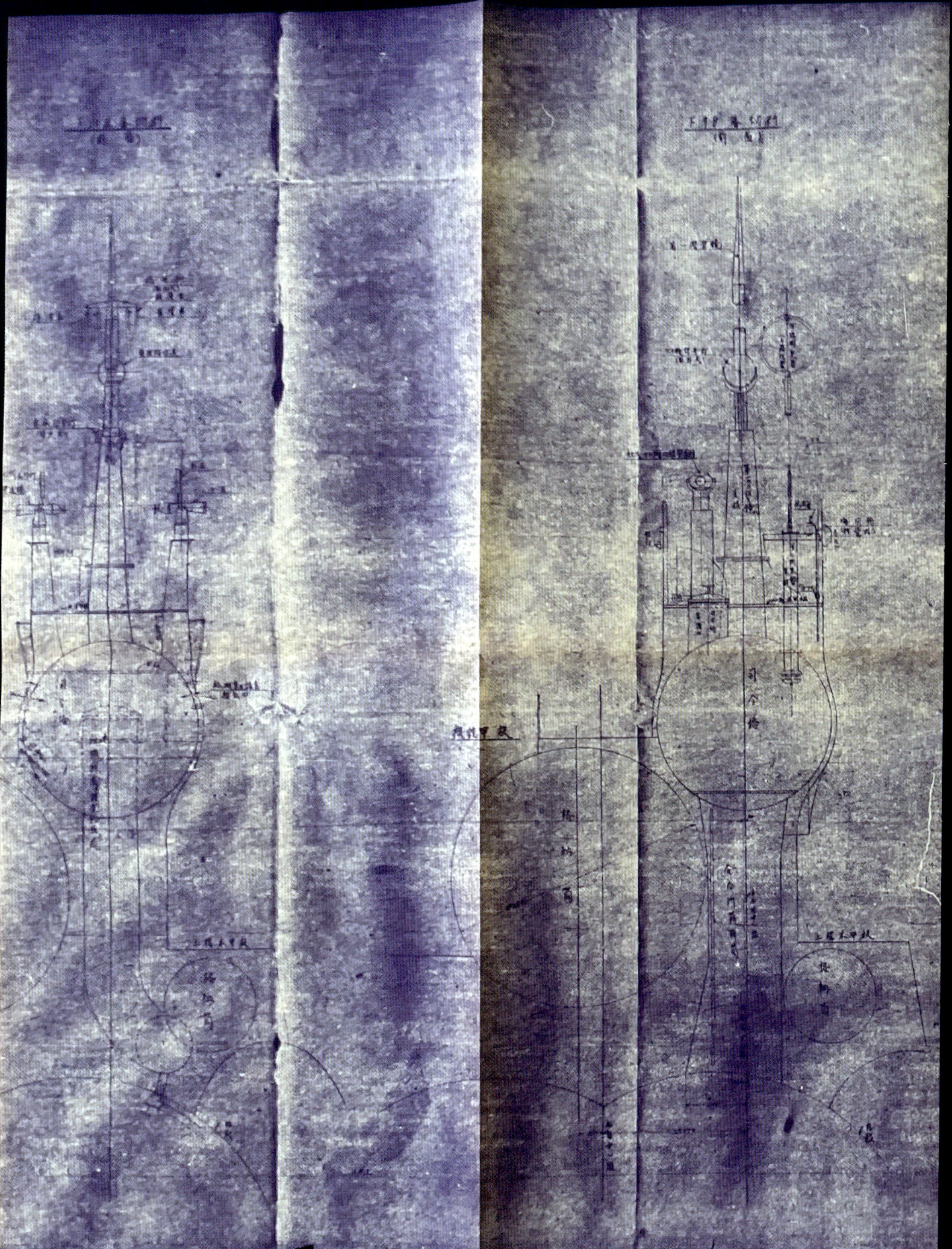

米軍が記録した
カラー映像で見る伊400型

解説＝時実雅信

終戦後の昭和20年8月末、撃沈された伊13を除く海底空母3隻は、日本本土を目前に相次いで米駆逐艦（左下写真）に鹵獲された。米軍はこれら海底空母を16㎜のカラー映像で記録している。今回はその映像から切り出した画像で海底空母にとって最期の日々を紹介する。このページの写真は8月28日、宮城沖での鹵獲時、左ページは翌29日に相模湾で待機していた米潜水母艦「プロテウス」に接岸する伊400である。

映像は「プロテウス」から撮影されている。伊400の司令塔には日米の士官がおり、前甲板には日本人乗組員が整列している。この日は相模湾で待機し、翌30日に米軍の日本本土上陸に合わせて横須賀沖に入った。

9月に横須賀で撮影された映像。左から伊400、伊401、伊14。潜望鏡には星条旗とその下に軍艦旗が掲揚されている。伊401の奥は「長門」（上）。「プロテウス」の隣で荷物の積み出しを行なう伊400の乗組員。船体のあちこちで塗装が剥がれているのが分かる（下）。

「ローズ・エンド」作戦

伊400と伊401、伊14は昭和21年1月にハワイへ回航された。米軍は真珠湾基地で海底空母を調査したのち、連合軍による日本軍の残存艦艇に関する処分の決定に従って海没処分を行なった。日本潜水艦の処分は五島列島で海没された残存潜水艦とともに「ローズ・エンド」作戦と呼ばれた。米軍はその様子もカラー映像で記録している。このページの画像は米潜水艦「トランペットフィッシュ」の蓄電池式魚雷Mk18で沈められる伊401。

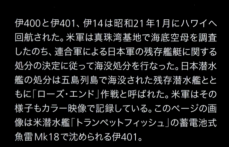

米軍は処分する日本潜水艦を標的艦として、艦内に仕掛けられた爆薬に加えて水上艦艇の砲撃、米潜水艦の雷撃、米哨戒機からの爆撃で沈めた。このページの写真は伊400（上３枚）と伊14（下４枚）が撃沈される様子。

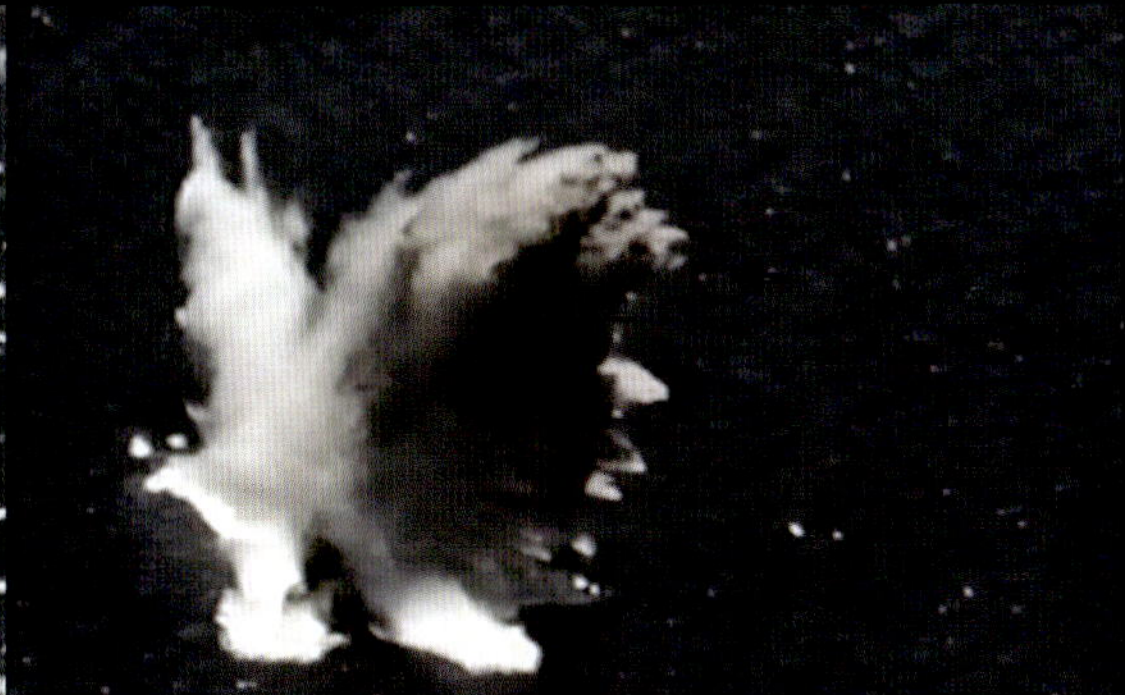

佐竹政夫（さたけ まさお）
プロフィール

1949年生まれのアビュエーション（航空）アーティスト。国内外の主要プラモデルメーカーのボックスアートやトム・クランシー他の冒険小説のカバー画などを手がけ、表紙を担当する文林堂刊「世界の傑作機」シリーズにおいては100号を超えるライフワークとなっている。航空ジャーナリスト協会理事、航空自衛隊美術協力会理事。

佐竹政夫

ミリタリーピクトリアル

海底空母部隊出動

特殊攻撃機「晴嵐」3機を搭載し、パナマ運河を襲撃するコンセプトのもとで計画された伊号400型潜水艦は、原子力を動力としない通常型では最大級であり排水量3500トン、水中では6000トンという巡洋艦並みの大きさを誇り、第2次世界大戦後に登場した核ミサイル搭載の戦略型原子力潜水艦の先駆けとなった艦である。明治以来日本海軍が生み出した潜水艦の集大成ともいえるが、同型艦の建造中止や搭載機「晴嵐」の配備が遅れ、本来の目的であるパナマ運河襲撃は中止のやむなきに至った。絵は昭和20（1945）年、パナマ運河を同型艦と共に襲撃するため潜行中の伊400潜水艦部隊をイメージしたものである。

ホランド改型　第6潜水艇

海中1型　呂号第11型潜水艦

海中6型　呂号第33潜水艦

海大型3b型　伊号第56潜水艦

海大型7型　伊号第176潜水艦

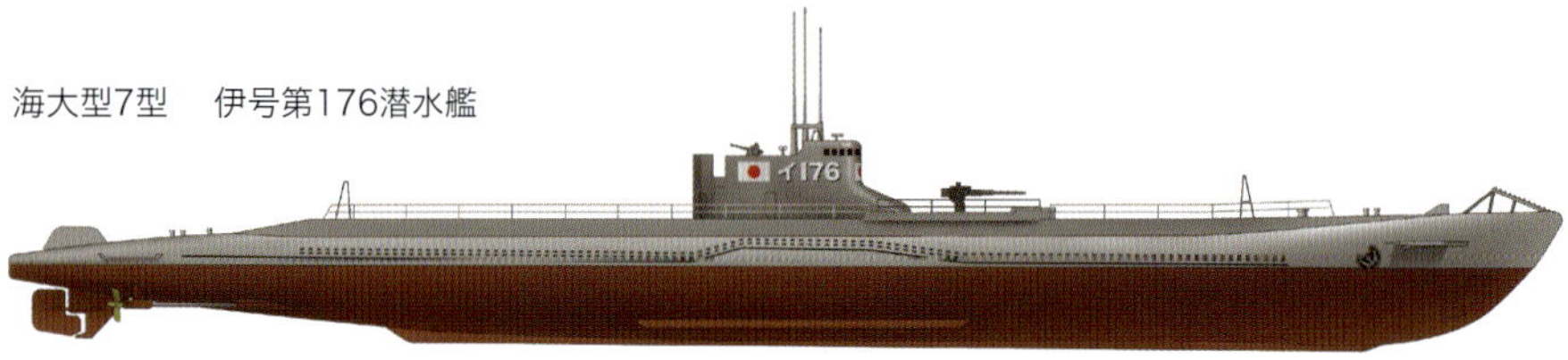

巡潜1型　伊号第1潜水艦

巡潜3型　伊号第7潜水艦

日本海軍潜水艦

同一縮尺

イラスト＝永井淳雄

潜小型　呂号第109潜水艦

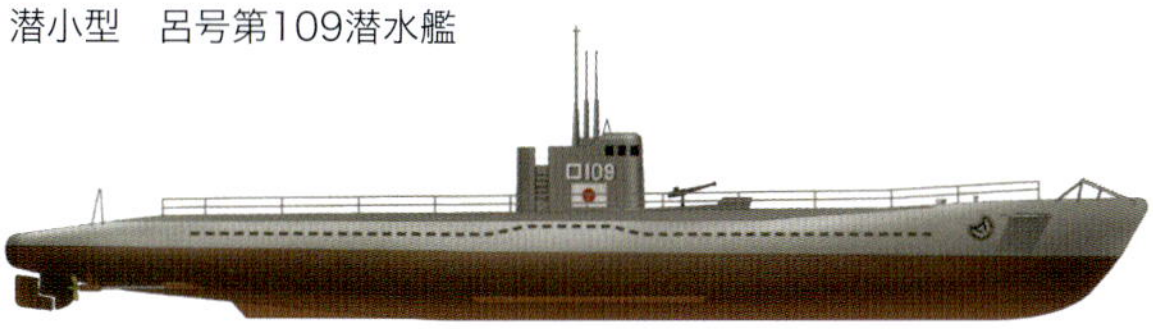

丁型　伊号第361潜水艦　回天搭載艦

乙型　伊号第25潜水艦

丙型　伊号第16潜水艦　甲標的搭載艦

甲型改　伊号第14潜水艦

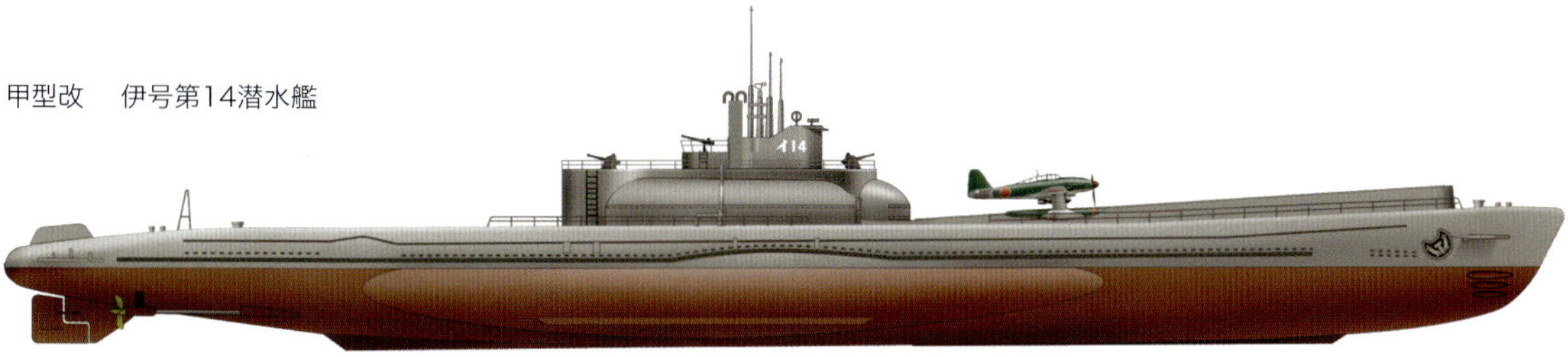

特型潜水艦　伊号第400潜水艦

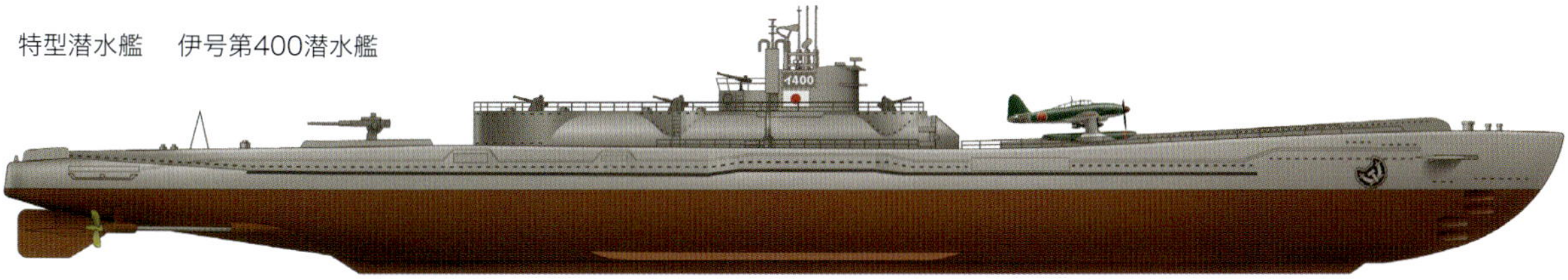

米国で完璧に復元された特殊攻撃機

愛知M6A1「晴嵐」

撮影・取材＝**藤森 篤** Photo & Text by Atsushi “Fred” Fujimori
Acknowledgement for National Air and Space Museum

右：機外突出部を極力減らして、収容スペースを稼ぐと同時に高速化も狙うため、ラジエター空気取入口の縁にオイルクーラーを埋め込んだ巧妙な設計。その下部に突出した配管は、暖機運転を短縮して発艦時間を早めるために、予熱したオイルを注入するバルブである。左：最大で800kg爆弾か九二式改三航空魚雷まで搭載可能な懸吊架。その両脇にはカタパルト発進を行なうためフックが設けられている。

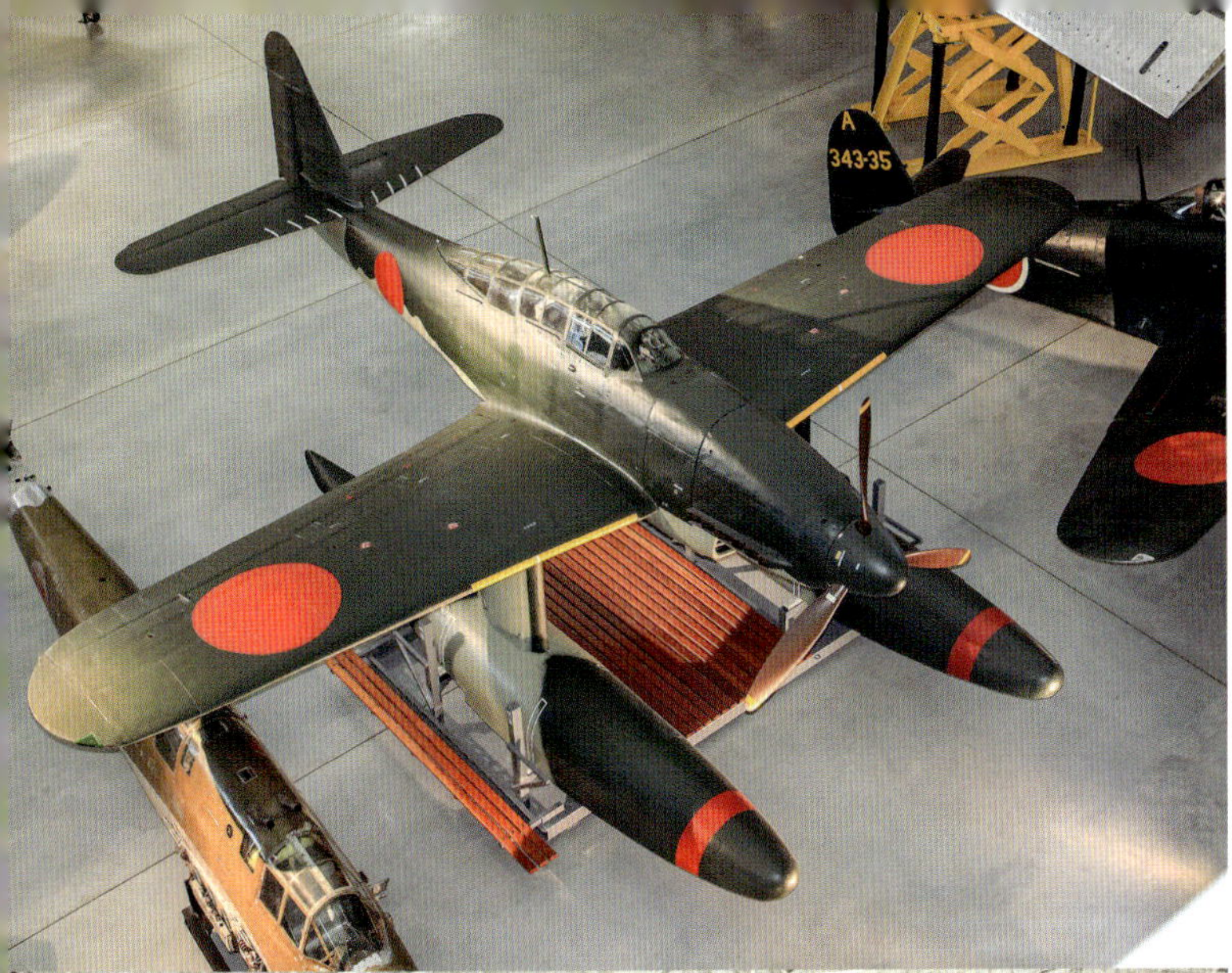

翼幅12.26m、全長10.64mの『晴嵐』は、二人乗り攻撃機としては非常に小柄な機体なのだが、巨大な双フロートを装着するため間近で見ると、かなり大型に見え威圧感さえ感じるほどだ。

NASMにはキャットウォークが設けられているため、機体を上方から眺められるのが嬉しい。機体のフォルムは愛知航空機が生産した、同型式エンジン搭載の艦上攻撃機『彗星』に近い。しかし主尾翼を折りたたみ、双フロートを取り外した状態とはいえ、この機体が伊400型潜水艦の格納筒に収容できるとは、にわかに信じ難い。逆にいうなら伊400型潜水艦が、いかに巨大だったのかが伺い知れる。

機体から降ろしたアツタ三二型発動機は、同館エンジン展示コーナーに置かれている。基本的にドイツDB601をライセンス生産した液冷倒立V型12気筒エンジンだが、同軸機関砲の射撃を行なう中空クランクシャフトは省略され、補器類も簡略化されている。

保有する航空機／宇宙機の数・質ともに、全世界航空博物館の頂点に君臨するのが、米国立航空宇宙博物館(通称：スミソニアン航空博物館／以下NASM)だ。米国首都ワシントンDC市内の本館と、バージニア州ダレス国際空港近傍にある別館“ウドバー・ハージィー・センター”の二施設に別れ、世界で唯一現存する稀少な愛知M6A1『晴嵐』は、後施設で展示・公開されている。

二十数年前からNASM取材を続けている筆者は、交渉を重ねた末に1999年、同館のポール・ガーバー復原施設で、復元作業下にある『晴嵐』の取材・撮影が許可された。その結果、完成後にはまったく見ることができなくなる機体細部まで、つぶさに観察・記録できたのだ。ここに復元作業完了後の姿と併せて、伊400型潜水艦へ搭載するために備わった、『晴嵐』の驚くべき技巧を紹介する。そして敗戦の直前に少数とはいえ、これほど凝った構造の航空機が、生産された事実を立証する。

主翼は主桁付近を軸に90度回転して垂直になり、胴体に沿って後方へ折りたたむ。主桁前方のクランク軸を回転させて、主翼の展開／収納を行う。赤い表示板は固定確認用だ。これほどまで精巧な主翼折りたたみ機構は、他の日本海軍機には類を見ない。当時の米海軍機では多用された主翼折りたたみ方式だが、日本にとっては画期的な構造であり、『晴嵐』の驚くべき技巧のひとつといえるだろう。

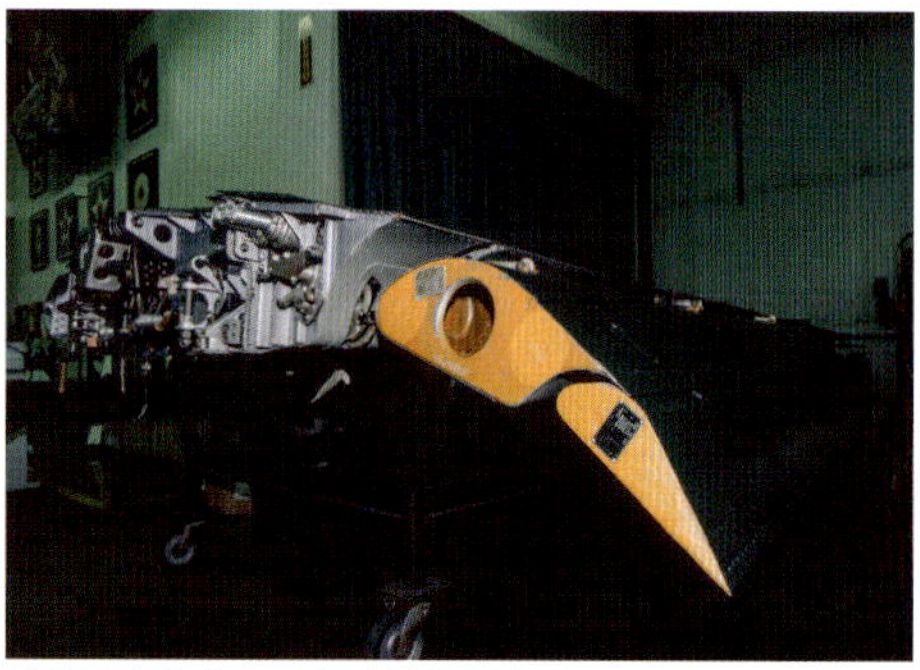

艦船用と比較して加速性能が劣る潜水艦のカタパルトから、爆装（800kg爆弾搭載時は双フロート非装着）のうえ燃料満載で発艦しなければならないため、揚力効率の優れた多段式ファウラー（間隙式）フラップを採用する。

敗戦間際に製造された機体にもかかわらず、主翼折りたたみ機構の工作精度は目を見張るほど高い！ 勤労奉仕者が粗製濫造した、同期の汎用機とは雲泥の差である。特殊な機体であり少数生産のため、残された数少ない熟練工を動員して製造したことは想像に難くない。

米国で完璧に復元された
特殊攻撃機
愛知M6A1「晴嵐」

伊400型潜水艦の格納筒に3機、後には伊13型潜水艦にも2機を収容するため、両水平尾翼は胴体付け根から三分の一ほどで下方に折りたたむ特殊な構造。さらに垂直尾翼先端も折りたたみ式になっており、どちらも展開／収納作業は人力で行なう。列国艦上機で主翼折りたたみ機構の装備は定石だが、水平／垂直尾翼まで折りたたむ機体はまずない。潜水艦搭載機という極めて特異な例だ。

原型機が装着していたスピナーは、何処かで強い衝撃を受けたため先端部の損傷が激しく、修復は困難と判断された。そこで同じ愛知航空機が生産を行なった、艦上攻撃機『彗星』の物が流用された。とはいえ形状は全く同じでありながら、『彗星』のスピナーの方が僅かに長いため、切り詰めて寸法を調整しているという。

修復が九割方終わって主翼と各動翼、フロート等の組み付けを待つばかりの状態（1999年撮影）。『晴嵐』の断面積は実質的にプロペラ径とほぼ等しく、伊400型潜水艦格納筒の直径もそれに準じていることが理解できる。また液冷式のアツタ三二型発動機を搭載する機首は、非常に細身で日本軍機らしからぬ印象を受ける。

光像式三式一型射爆照準装置を筆頭に、計器や操縦系統、配管類に至るまで当時のままに再現した操縦員席。部品は原型機の物だけを修復／複製して使用し、他機からの転用は避けた。

偵察員席の再現性も完璧。九六式空二型無線電信機や航空羅針儀一型等の装備品もすべて整っている。ただし収蔵された時点で欠損していたループアンテナは、NASM が所蔵する水上偵察機『瑞雲』の物を参考にして、金属ではなく FRP 樹脂で複製された。なお風防アクリル板は経年変化で子細なひび割れを起こしているが、あくまでオリジナリティ優先で丹念に磨き上げるに留まっている。

胴体後部下面の油気圧配管扉の裏側には、マニュアル文化が希薄な日本軍にしては、珍しく詳細な取扱説明板が鋲止めされている。また配管扉裏側の暗緑色も当時のまま残っており、可能な限り原型機の塗装を残す NASM では、やむなく再塗装を施す場合に紫外線や雨水の影響を受けにくい部分の塗色を参考にして、新たに塗料を調合するという。

強度上どうしても必要不可欠な部材に補強を加えた箇所には、NASM が複製して装着した部材である旨を示す表記が、必ず特殊インクで明示される。NASM が復元作業に臨む精神は「Least is the Best!」（最小こそが最良)、つまり代用品や複製部材をできるだけ使うことなく、可能な限り原型機のオリジナリティを保全することに、最大限の努力を払っているのである。

胴体左側尾部付近に記されたステンシル。ポール・ガーバー復元施設の専門図書館には、当時の詳細な資料が豊富に揃えられていることに加えて、多数の日本人ボランティアが『晴嵐』の復元作業に協力しているため、表記類は比較的正確だ。ちなみに本機は 28 機が製造された『晴嵐』最終号機であり、愛知県の工廠で米軍に接収され、米国本土へ搬送された。

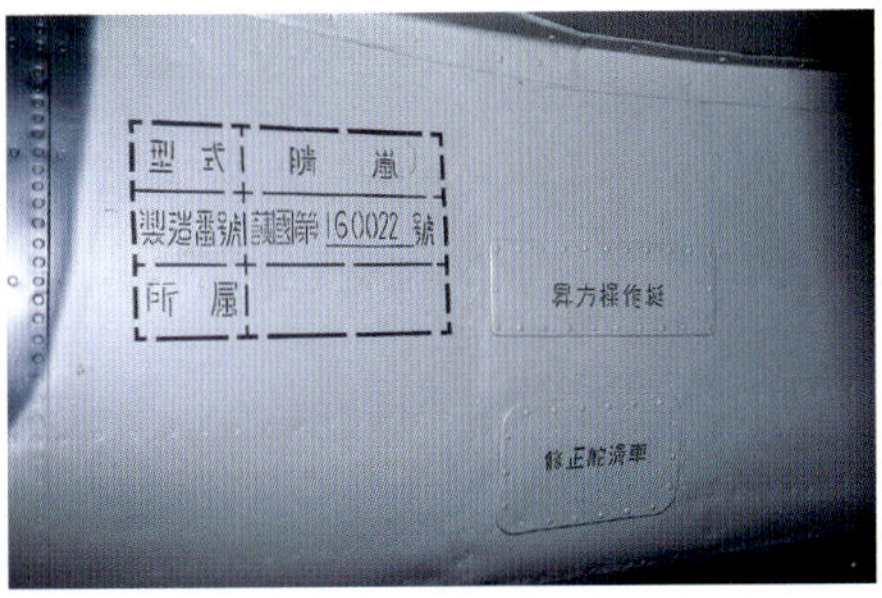

米国で完璧に復元された
特殊攻撃機
愛知 M6A1「晴嵐」

米軍がカラー撮影した「晴嵐」

終戦後間もなく米戦略爆撃調査団が愛知航空機永徳工場で撮影した「晴嵐」。愛知航空機のある熱田は昭和20年6月9日の大空襲で工場も大損害を受けた。それを物語るように背後の建物は破壊され、「晴嵐」も痛みが激しい。機体の所々、塗装が剥げ、下地の橙色が見える。これは練習機の塗装である。調査団の一人が外板の取り外されたエンジン周りを、もう一人は後部座席を調べている。この写真では分かりにくいが、機体後部の奥にエンジンがない未完成の機体がある。日の丸の下に座席の一部が覗いており、同じ永徳工場の最終組立棟で生産されていた「彗星」四三型と思われる。

解説＝時実雅信

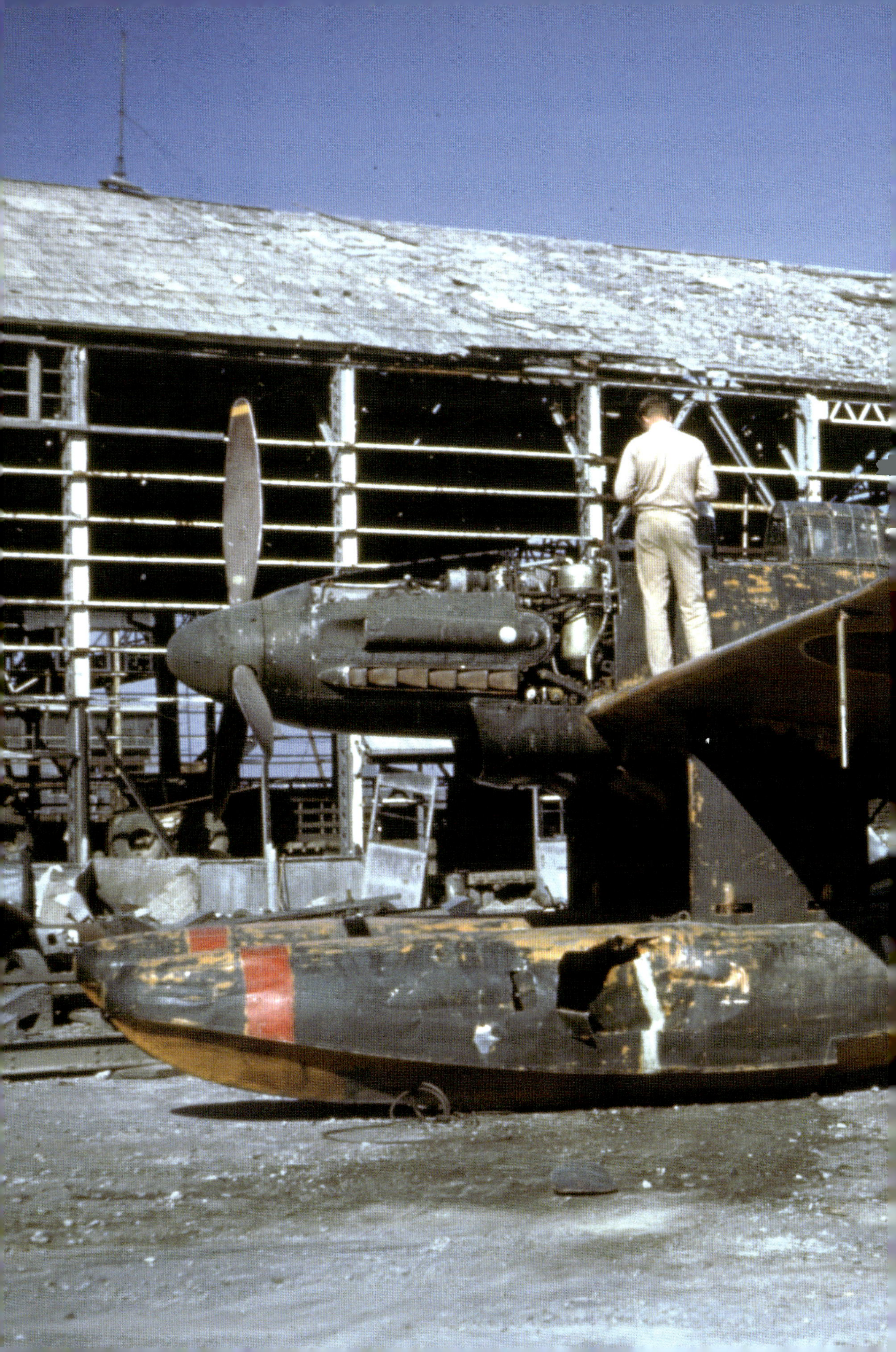

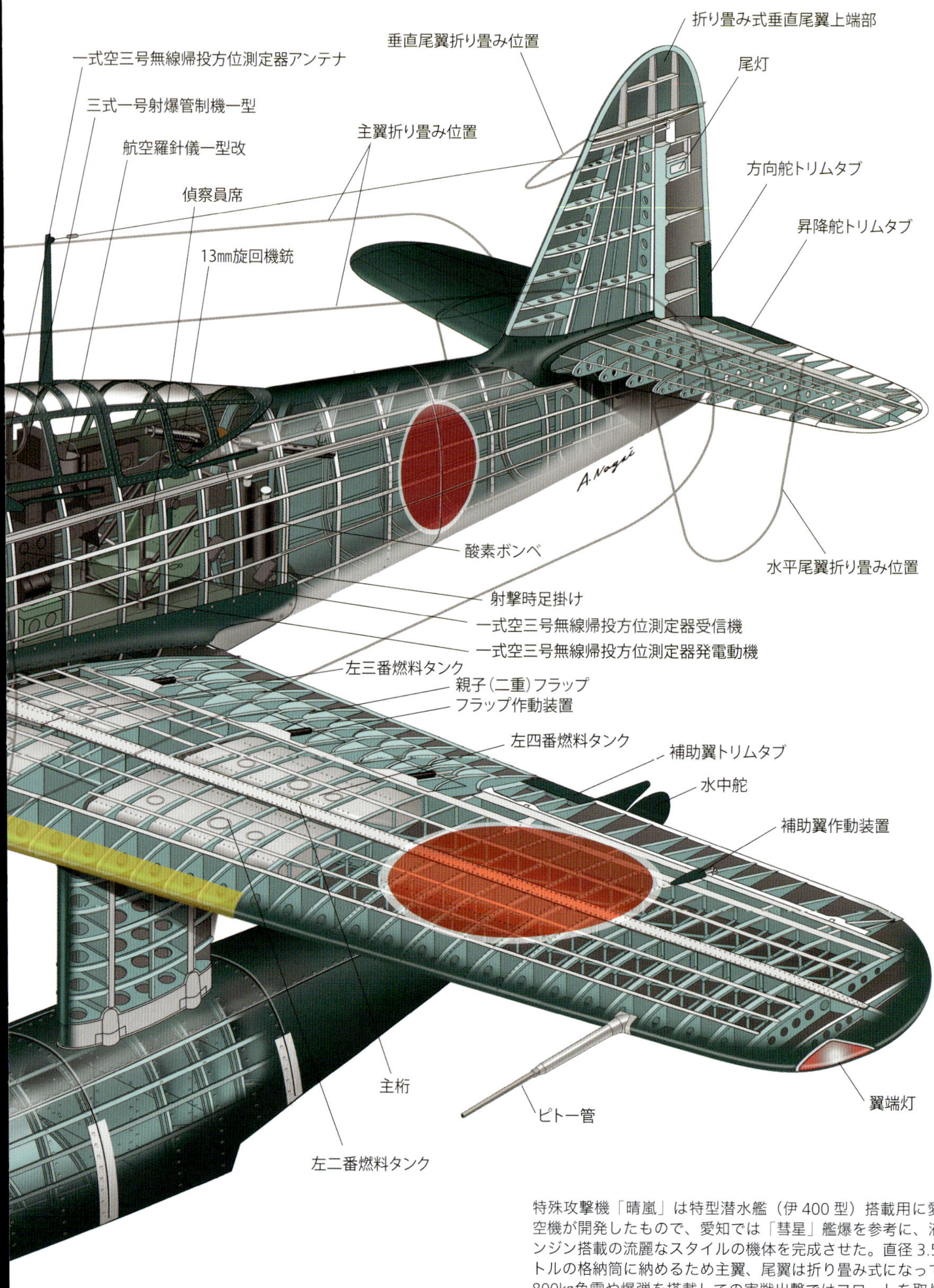

特殊攻撃機「晴嵐」は特型潜水艦（伊400型）搭載用に愛知航空機が開発したもので、愛知では「彗星」艦爆を参考に、液冷エンジン搭載の流麗なスタイルの機体を完成させた。直径3.5メートルの格納筒に納めるため主翼、尾翼は折り畳み式になっている。800kg魚雷や爆弾を搭載しての実戦出撃ではフロートを取り外した状態で発進し、帰還時は母艦近くに胴体着水して搭乗員だけ収容する予定であった。

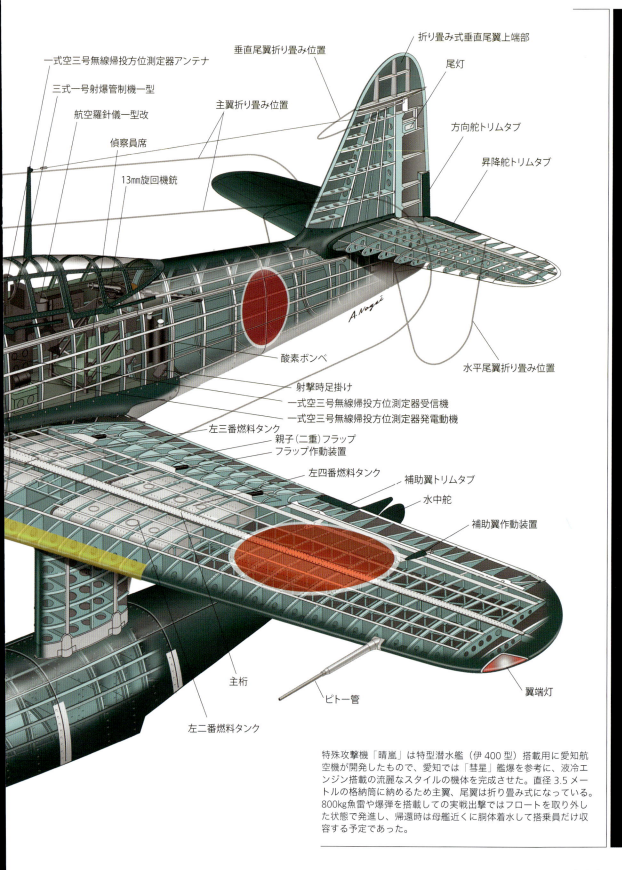

愛知M6A1「晴嵐」解剖図

イラスト＝**永井淳雄**

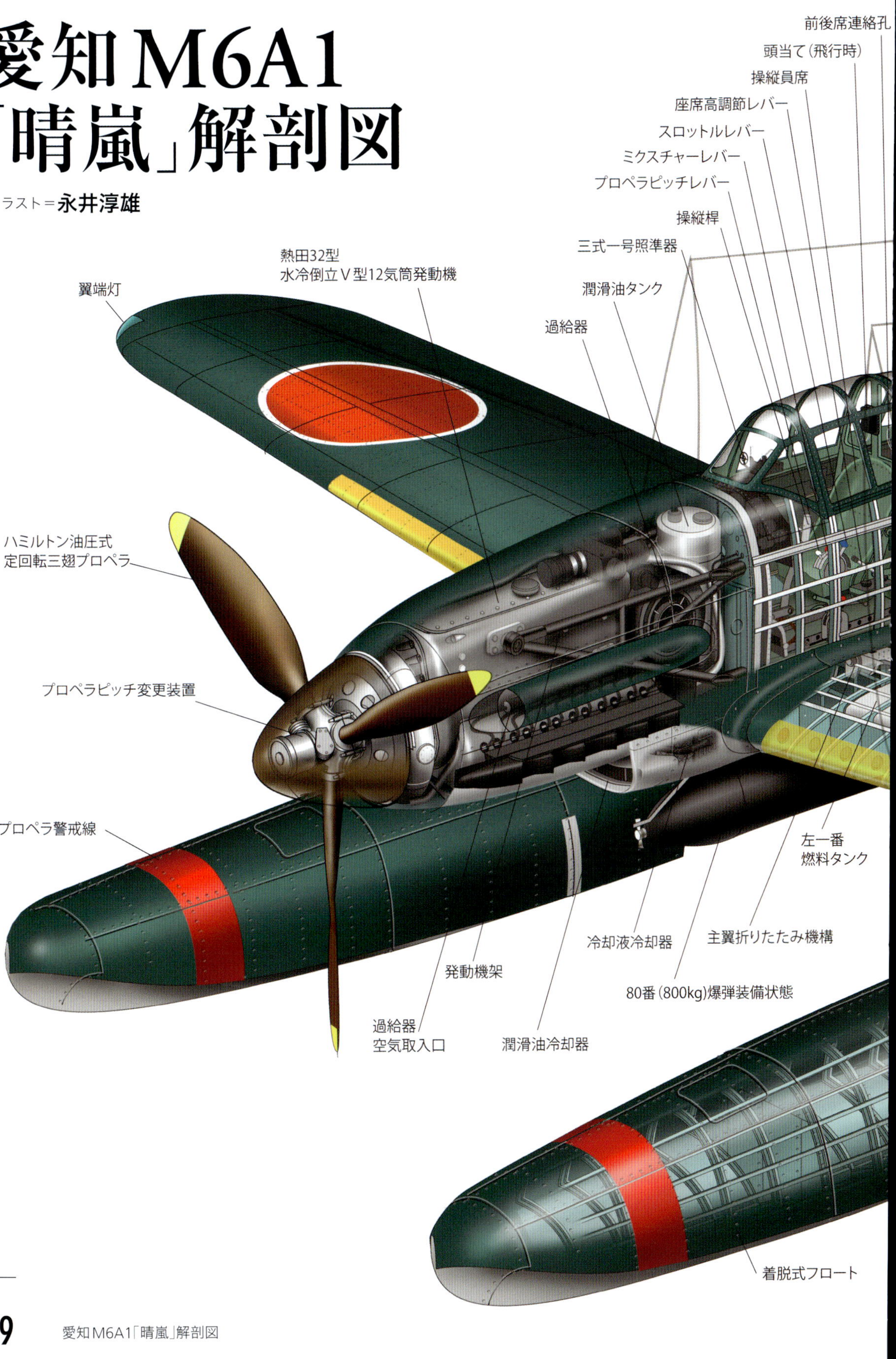

愛知M6A1「晴嵐」塗装図

イラスト＝永井淳雄

通常塗装機

第631海軍航空隊所属機。パナマ運河爆撃を目指して編制された部隊だが、一度も作戦を実施することなく終戦とともに解散した。

国籍偽装機

ウルシー泊地攻撃「嵐作戦」時に、戦時国際法に違反しアメリカ軍機に偽装したとされる。しかし作戦開始直前に終戦となり、作戦中止後に機密保持のため日の丸に塗り替えられた上、海中に射出投棄されたという。

海底の伊401

2013年にオアフ島沖の海底に沈む伊401が発見されている。海底調査を行なったのはハワイ大学と米国立海洋大気庁が協同で設立したハワイ海中研究所のチームで、真珠湾攻撃に参加した特殊潜航艇甲標的の1隻も発見している。映像には司令塔（写真上と中）、25㎜三連装機銃（下左）や14㎝単装砲（下右）が映し出されている。

Courtesy of the Hawaii Undersea Research Lab.

フォトドキュメント 伊400型&伊14
米軍が撮影した海底空母

昭和20(1945)年8月28日の夕方、伊400は宮城県沖で哨戒中の米駆逐艦に遭遇し、乗り込んできた米軍士官と水兵によって鹵獲された。写真は司令塔後部に掲げられていた軍艦旗を一旦降ろし、星条旗を上に掲揚し直している。敬礼する米水兵と沈痛な面持ちで見つめる伊400乗組員が対照的だ。

〔解説:時実雅信〕

Part① 伊400型　鹵獲からハワイ回航まで

米駆逐艦「ウィーバー」から撮影した伊400と駆逐艦「ブルー」。伊400は米哨戒機の通報で付近に待ち構えていた米駆逐艦によって停戦を命じられた。

乗り込んできた米軍士官と交渉する伊400の艦長、日下敏夫中佐（中央）。米軍側の証言では兵学校で英語を学んだ日下艦長との会話は困難ではなかったという。

伊400は米駆逐艦に先導されて8月29日、相模湾に入った。米軍の命令により甲板に勢ぞろいした乗組員。背後にある格納筒を含む司令塔がいかに大きいかよく分かる。

相模湾で待機していた米潜水母艦「プロテウス」に横付けする伊400。司令塔に描かれた「イ400」の艦名は上の写真では左舷が白、この写真では右舷が黒いペンキで描かれているのが分かる。

←「プロテウス」(左)の左舷に接舷中の伊400で、甲板に乗組員が整列している。格納筒の両脇には短機関銃を手に警戒する二人の米兵がいる。

↓同じく米駆逐艦に鹵獲された伊14が伊400に続いて接舷した。左の潜水母艦「プロテウス」には大勢の米軍乗組員がこの様子を見物している。

横須賀に移動後の31日に第1潜水隊旗艦の伊401が加わった。写真は9月に入って「プロテウス」から撮影した海底空母3隻。伊14が外側に移動し、伊400との間に伊401が入っている。

10月下旬、佐世保に回航された伊400、伊14、伊401は潜水母艦「ユーラール」に接舷し、米潜水艦乗組員によってハワイに回航するための準備を行なっている。

見開きの写真４点は横須賀で伊400の艦内清掃と荷物の搬出作業。〈上〉伊400から米袋や食料品を艀に移し替えている。艦内ではネズミの死骸が大量に見つかったという。〈左ページ上〉格納筒の昇降口から運び出された荷物がカタパルト上に積まれている。〈同下右〉甲板に移された荷物。右舷では乗組員が担いだ物資を艀に積み替えている。〈同下左〉格納筒内での作業の様子。

昭和20年7月24日に就役した伊402はウルシー攻撃の出撃に間に合わないため呉で整備中に終戦を迎えた。この間、呉空襲で伊402は損傷を受けた。また完成直前の伊404は大破したため海没処分されている。写真は10月16日、呉港に停泊する伊402で、この後、呉に残っていた他の潜水艦とともに佐世保に回航された。

同じく10月16日に撮影された伊402の司令塔。各種電探の空中線やシュノーケルがひしめき合う様子がよく分かる。潜望鏡が主体だった日米開戦時の潜水艦から3年半余りで戦争の様相が一変したことを物語っている。

10月下旬、呉を出航した伊402は豊後水道から九州南部を経て佐世保に向かった。写真は最後の航海となった佐世保途上の伊402の後部。手前から25㎜単装機銃の銃身、司令塔後部の旗竿に翻る日章旗、25㎜三連装機銃２基と14㎝単装砲。

昭和21年3月31日、佐世保湾にある庵の浦で明日に控えた海没処分を待つ伊402。この日は米軍水兵によって艦内に爆薬が運び込まれた。翌早朝、伊402は他の潜水艦と共に五島列島沖まで日本人乗組員が操艦して行った。

↑12月1日に米乗組員によって佐世保を出航した海底空母3隻は、伊201、伊203と共に年明けの1月6日にハワイへ到着した。ハワイで詳細な調査が行なわれた後、5月21日から6月4日にかけてオワフ島沖で海没処分された。写真は2月27日に撮影された真珠湾基地の空撮。左下の米太平洋艦隊司令部に隣接する岸壁に伊14、伊401、伊400の順で接岸している。向かい側の岸壁一帯が海軍工廠と石油タンク群、その奥に真珠湾と外洋を結ぶ水路が遠望できる。

←日本を出航する前に伊400の格納筒で、米乗組員のうち絵心のある水兵がキャンバスに同艦をモチーフにした漫画を描いた。このイラストは真珠湾に停泊中、司令塔に飾られていた（45ページ上）。

伊400の司令塔附近の右舷を撮影した写真。引き伸ばされたシュノーケルのうち排気筒（左）は格納筒の横を通って艦内に引き込まれている。司令塔後部（左）には双眼鏡の下に25㎜単装機銃が見える。

↑真珠湾基地の海底空母で左から伊400、伊14、伊401。潜水空母が係留されていた米太平洋艦隊司令部周辺の岸壁は太平洋艦隊潜水艦部隊の基地になっていた。

↓ガトー級の改良型バラオ級（右）と並ぶ伊400。バラオ級は全長85m、排水量1526tで伊400型の半分程度しかなく、司令塔だけ見ても両者の大きさの違いが明らかだ。

伊400と伊14。司令塔の艦名は伊14（イ14）が横須賀入港時のままだが、伊400（I-400）は米乗組員が描き直している。また伊400には米水兵が描いた漫画（42ページ）が貼られている。

真珠湾基地に停泊する海底空母。左手前が伊14と伊201、伊203で右上が伊400と伊401。米軍は戦争末期に建造された潜高（水中高速潜水艦）大型に着目し、残存していた伊201型２隻も調査対象として海底空母と共にハワイに回航した。

↑ & ↓ 海軍工廠の乾ドックに入渠して調査を受ける伊400を左舷と右舷から撮影した写真。長い間海水に浸っていたため喫水線下は付着物と腐食でひどく傷んで変色している。一度も魚雷を発射することのなかった発射管も、窪みでかろうじて位置が分かる程度である。

↑艦尾の状況。船体下部は一面にフジツボで覆われており、横舵の痛みが激しい。↓艦首の錨付近の状況。船体に敵のレーダー波やソナーの反射を軽減するための塗装として特殊ゴムが貼り付けられていたが、著しく剥離している。上に見えるケーブルの束は機雷用の消磁電路。

Part②

伊400型の艦内と兵装

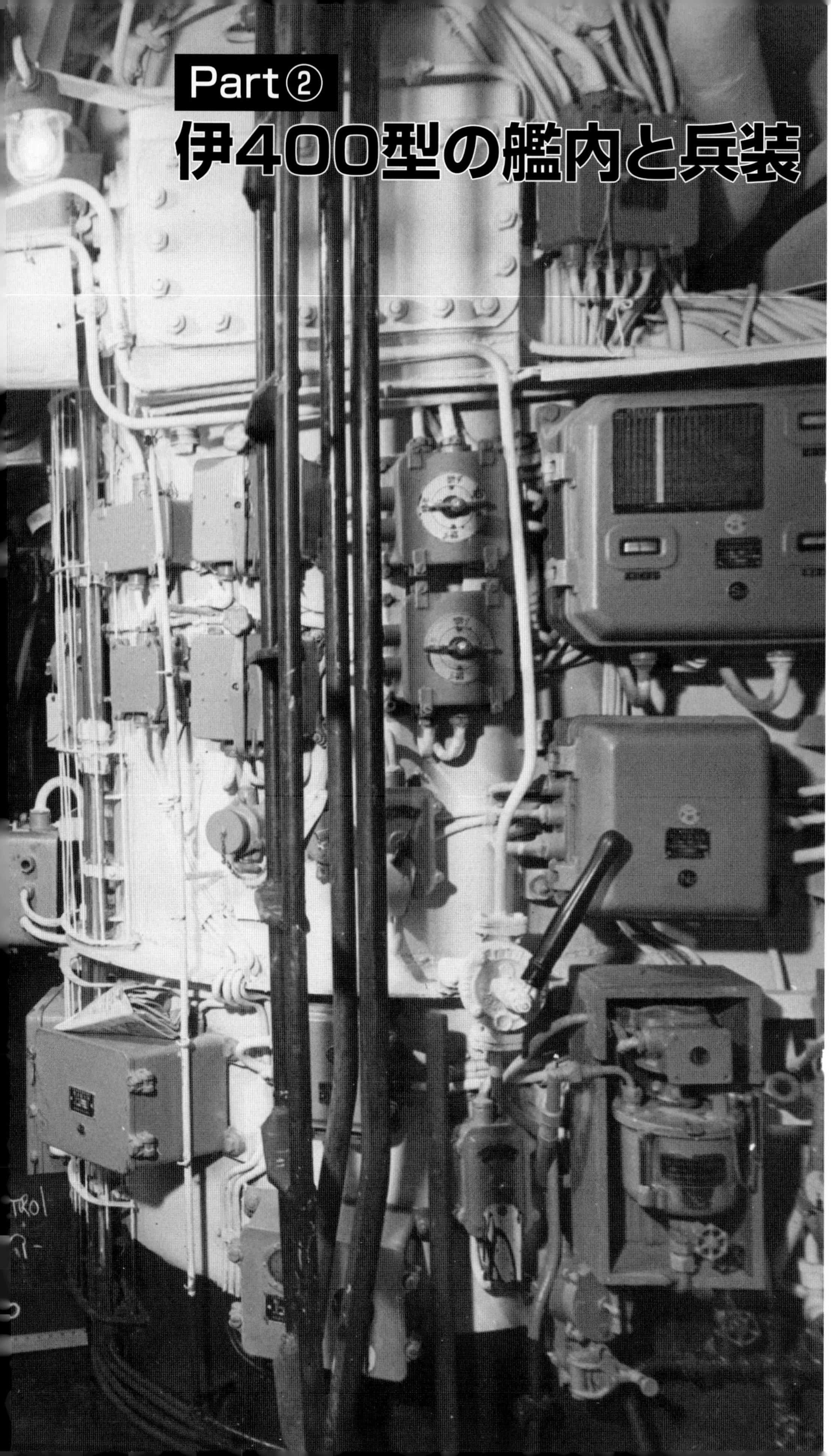

発令所

発令所に三ヵ所ある操舵区画のうち右舷後部の一角。各種パイプや装置におびただしい数のハンドルが取り付けられている。左上天井にある太い通風管の表面にはアスベストが吹き付けられている。耐熱性、絶縁性に優れたアスベストは断熱材や防火材として、かつては建物や機械によく使われていた。

発令所

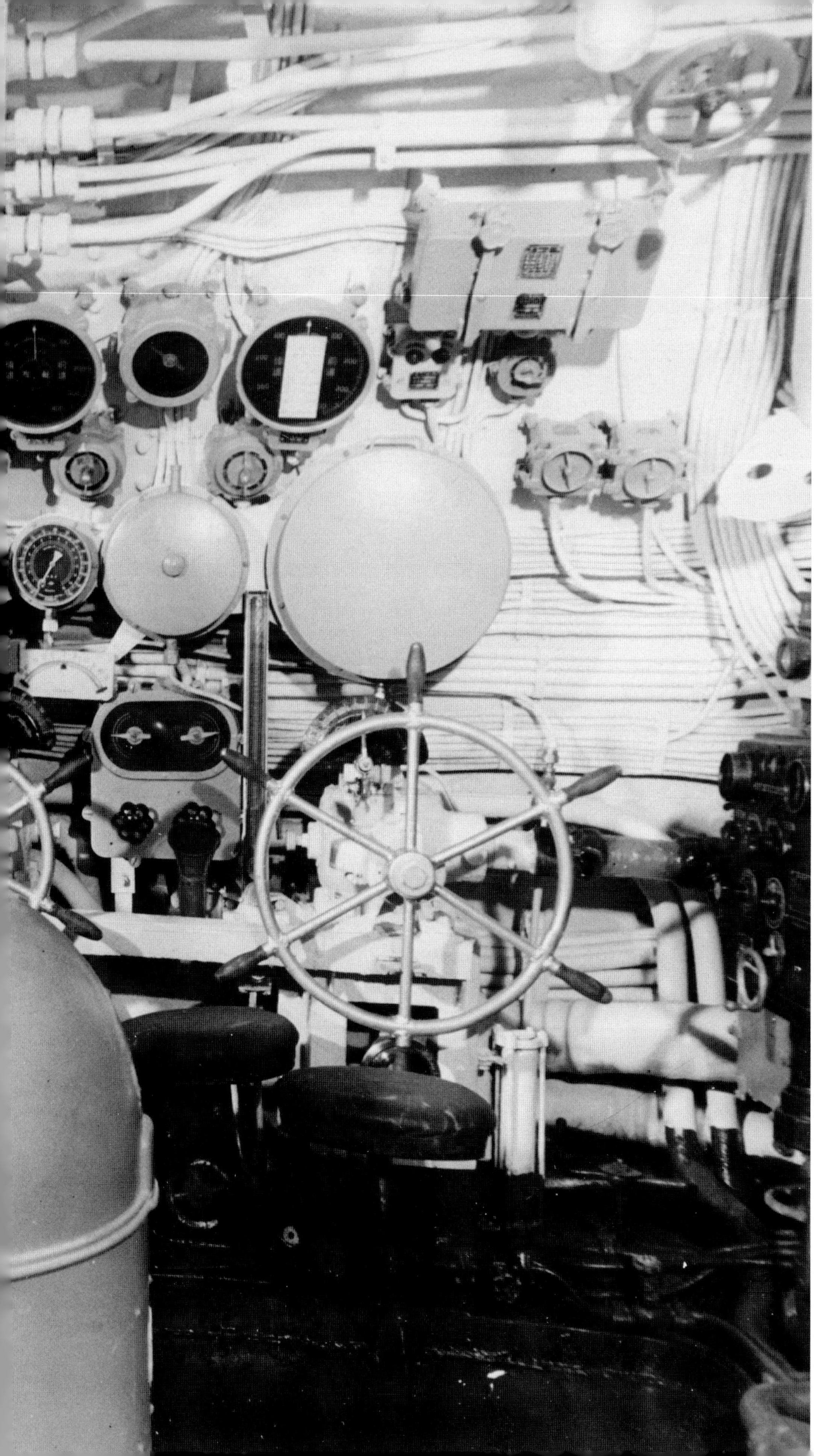

発令所前方にある操舵区画。二つある舵輪のうち右の大きい方が潜舵（深度調整の操作）、左の小さい方が横舵（姿勢制御）の舵輪で、壁にはメーターがある。潜舵の手前には丸椅子がある。手前にあるドーム型の蓋が付いた二つの装置には羅針儀（正と副）が収められている。画面左の壁にある多数の穴は伝声管。

MAIN CONTROL
-ROOM-
I-400

機械室

左舷の機械室。伊４００型は主機に艦本式22号10型内火機械（ディーゼル・エンジン）四基を搭載した二軸推進だった。左に「起動気蓄器　四群」と書かれた圧縮空気タンクがある。右上のタンクと奥の壁には「急潜ニ備ヘ」の注意書き。通路及び作業用の足場としてグレーチング（鉄の格子板）が敷かれて、奥には艦尾寄りの管制盤室に通じる丸いハッチがあり、その右下には消火器が置かれている。天井には室内灯がいくつかあるが、ハッチの上にあるのは非常灯であろう。

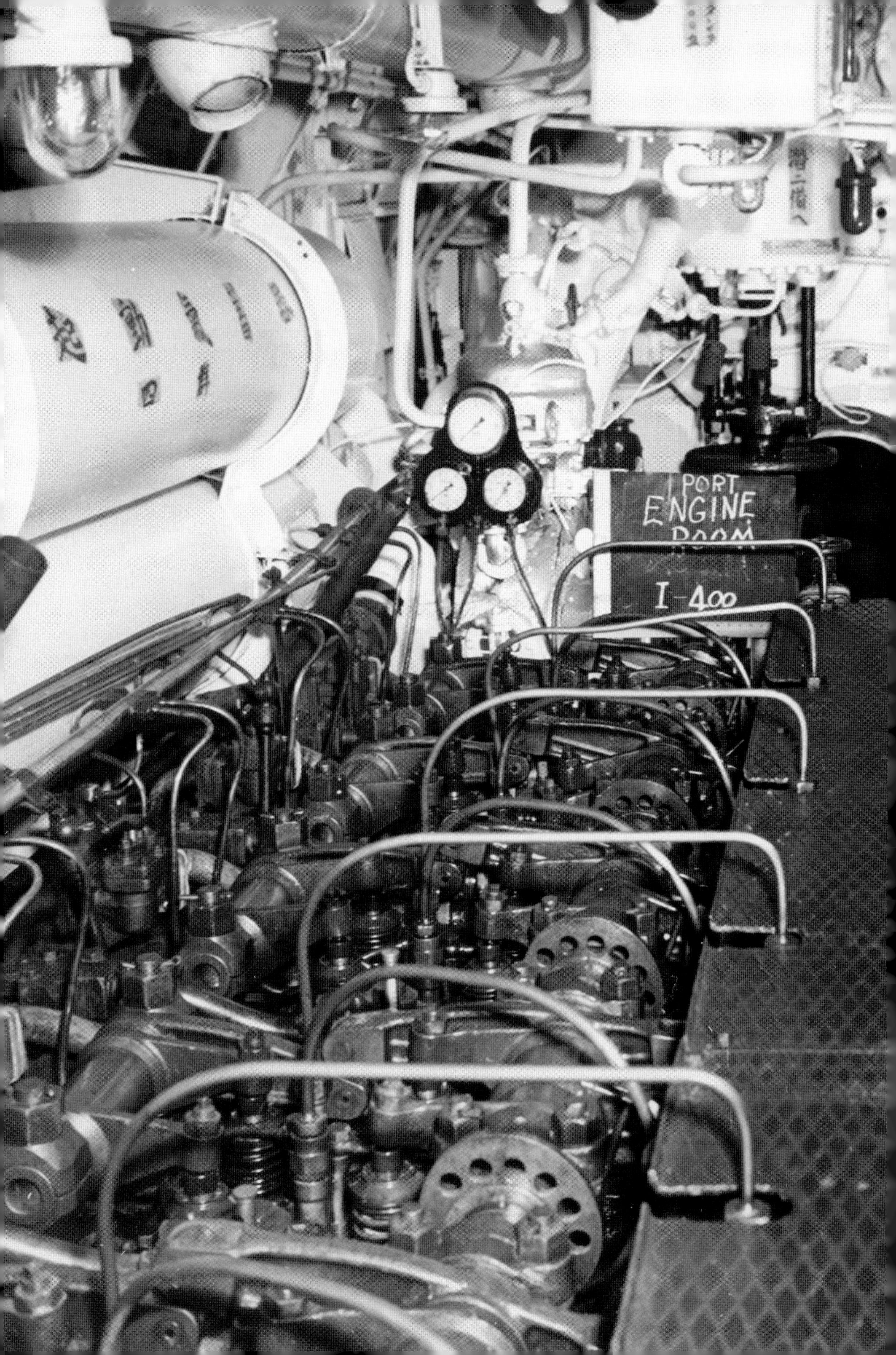
PORT
ENGINE
I-400

〈下〉右舷の機械室を艦首側から艦尾方向を撮影した写真。右下に圧縮空気をエンジンに送り込む過給機ポンプがあり、右上の潤滑油汚溜タンクには「三〇立」とあり、容積30立方センチメートルを表わしていると思われる。艦本式22号10型は昭和9(1934)年3月に竣工した第一号駆潜艇に搭載されたのが最初で、以後潜水艦や海防艦など小型艦艇の主機として使用された。

機械室

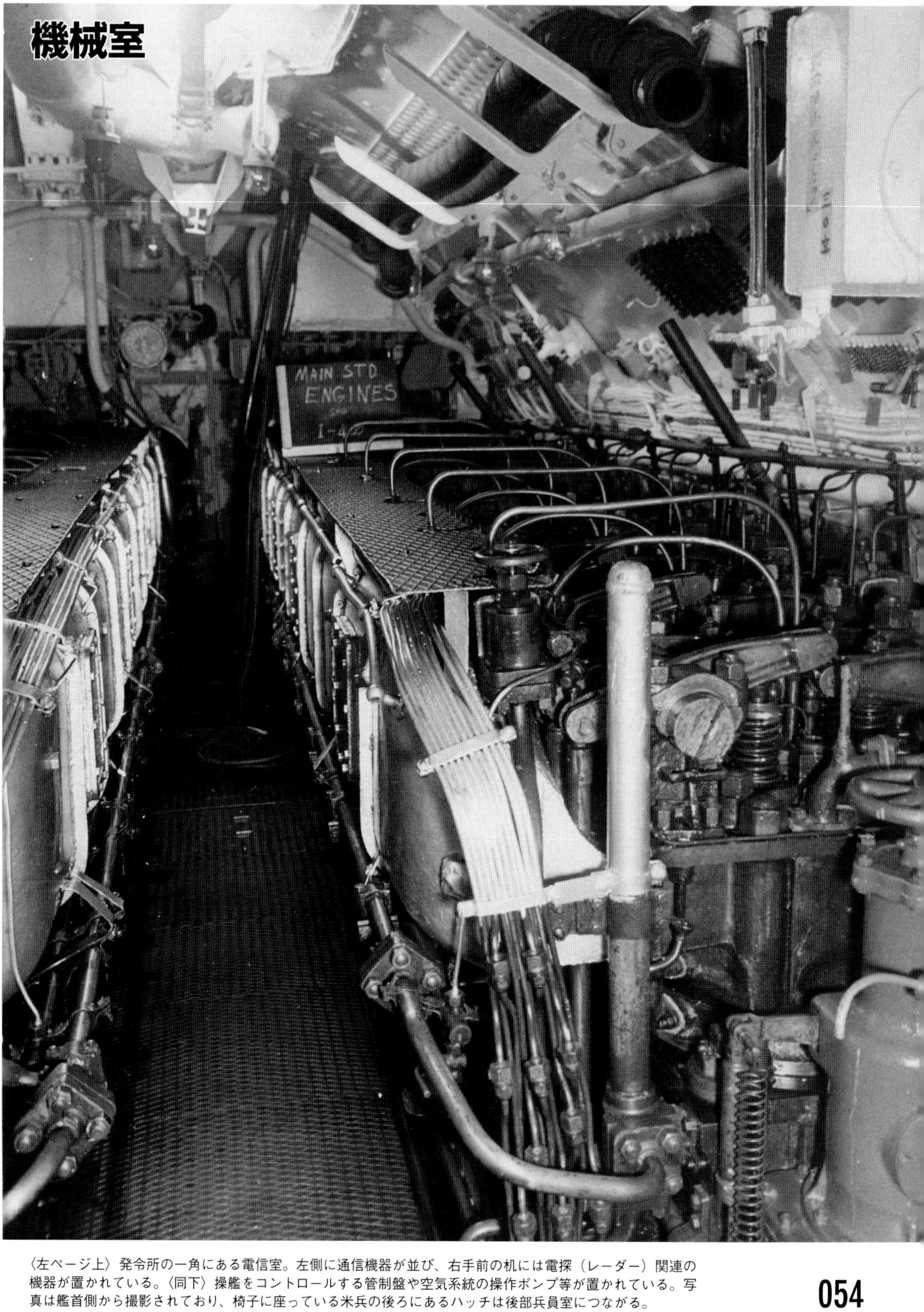

〈左ページ上〉発令所の一角にある電信室。左側に通信機器が並び、右手前の机には電探(レーダー)関連の機器が置かれている。〈同下〉操艦をコントロールする管制盤や空気系統の操作ポンプ等が置かれている。写真は艦首側から撮影されており、椅子に座っている米兵の後ろにあるハッチは後部兵員室につながる。

電信室

管制盤室

士官室

左舷中央部の艦首寄りにある士官室。右舷は兵員室になる。コーヒーカップが置かれているテーブルのスペースは食卓と打ち合わせ場所を兼ねている。右には二段の蚕棚式寝台と下に私物を収める引き出しがある。寝台にはカーテンがあり、プライバシーを保てるようになっている。奥の壁には右に丸いハッチ、左には窓の付いた扉があり、奥は艦内通路と思われる。右上のベンチレーターがある通風管はアスベストの状態が分かりやすい。

OFFICER, QUARTER
ADMIDSHIP
PORT
T-400

兵員室

艦尾近くにある後部兵員室。吊り寝台は跳ね上げ式で、普段は右の様に折り畳んである。下の台は収納箱と寝台を兼ねており、椅子にもなる。奥にある扉の右横に卓上扇風機が置かれている。扇風機は大正時代から国産品が量産されていたが、太平洋戦争中は海軍の艦艇用のみ製造されていた。

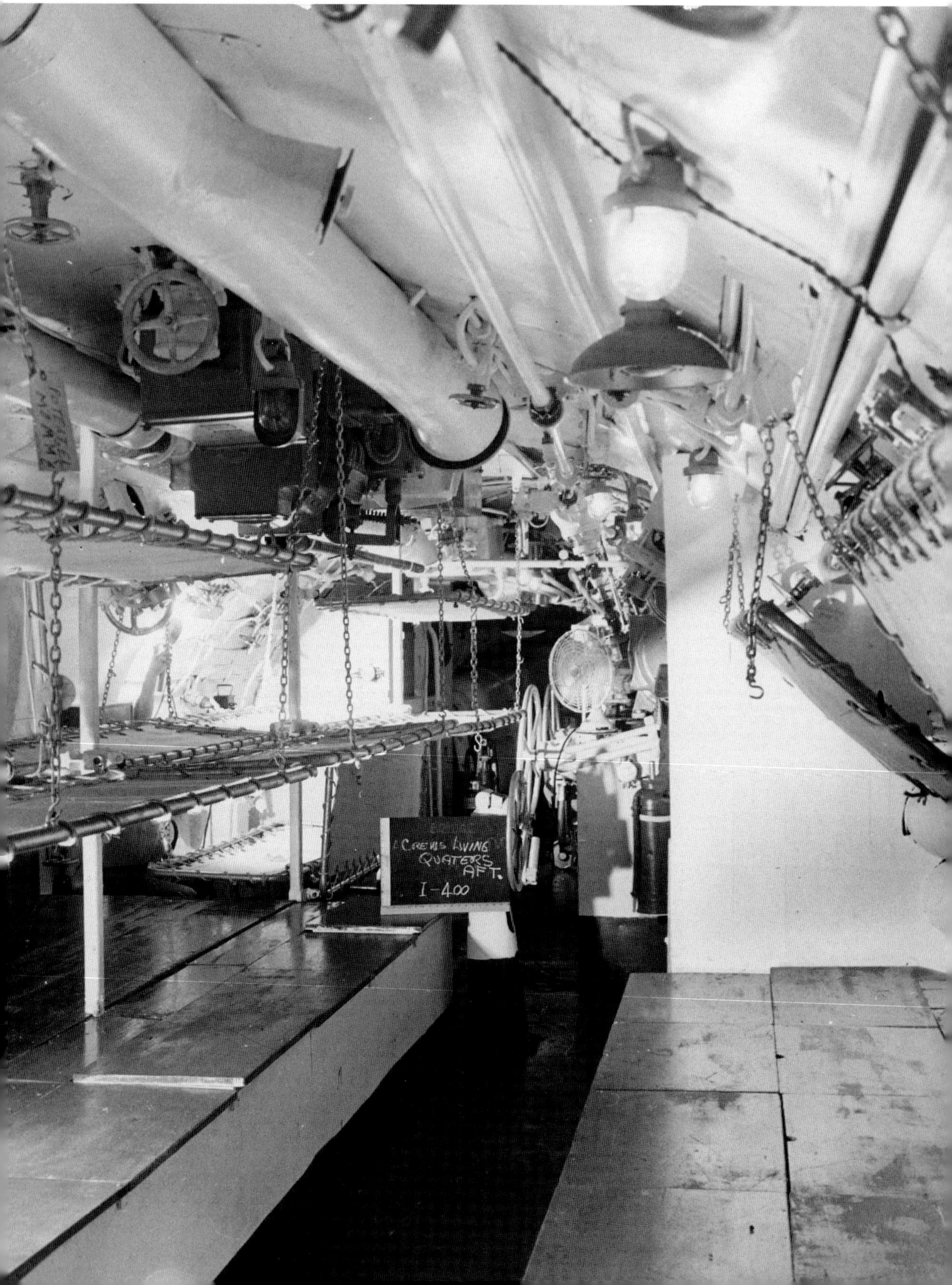

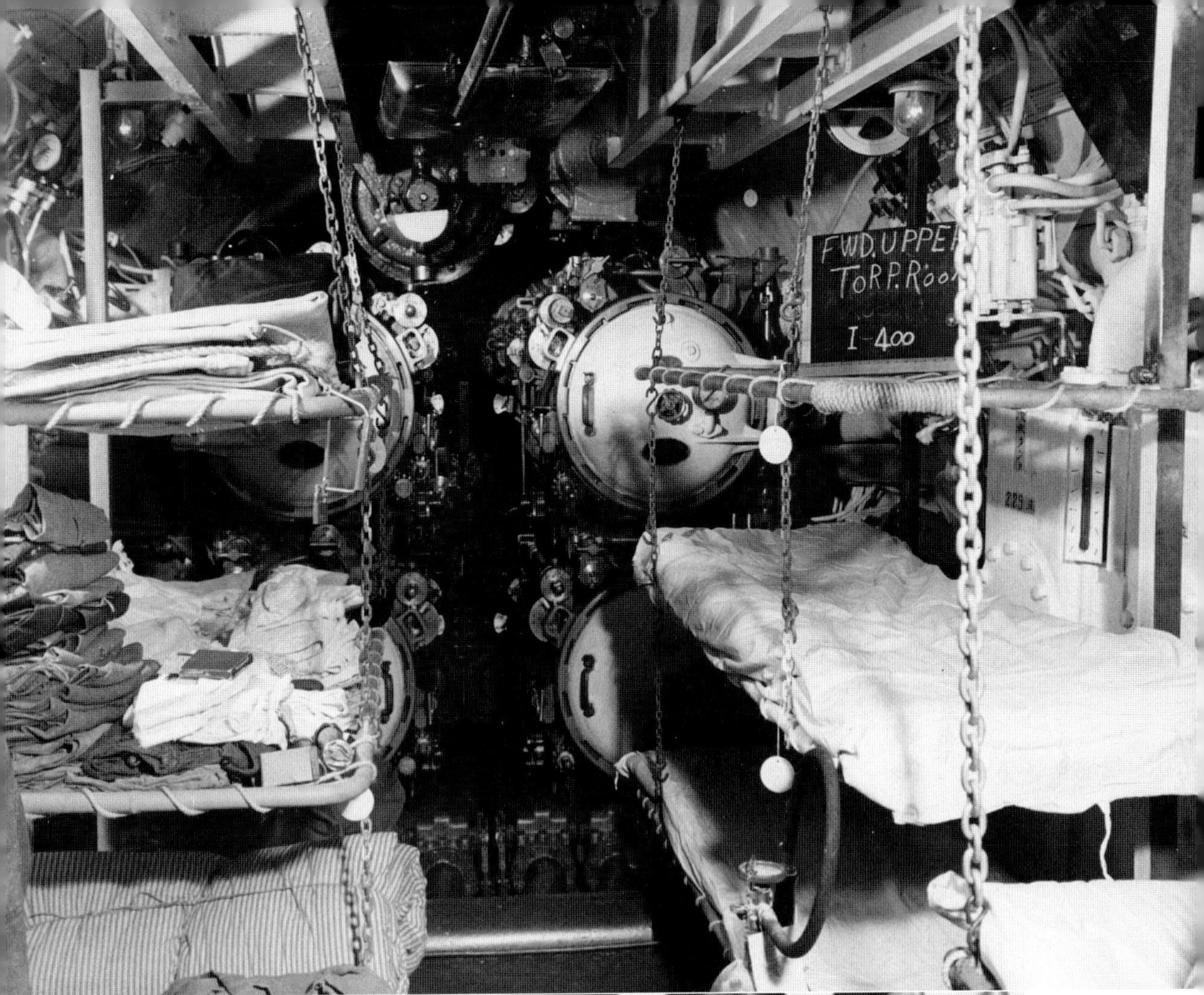

発射管室

〈上〉艦首の上部発射管室。発射管は計八本で、上部と下部の発射管室にそれぞれ四本ずつ分かれている。兵員の寝室を兼ねているので吊寝台がある。〈下〉艦首の下部発射管室。すでに室内の片づけが進んでいるらしく閑散としている。

艦首上部発射管室の後部。撮影は終戦後の９月だが、艦内は暑さで日本人乗組員は上半身裸である。上は導水管の調整弁を操作する回転ハンドルで横にある文字は「六右？會四弁22½回」（一部判読不能）と読める。下にある円筒形の黒い缶の側面には持ち運び用の取手があり、蓋にはウエス（ボロ布）が置かれている。

兵装

〈上〉十一年式40口径14㎝単装砲。潜水艦用の備砲で、砲口には潜航時に閉じる栓が付いていた。

〈下〉九六式25㎜三連装機銃。司令塔の前に1基、後に写真の2基がある。左右にある座席でハンドルを回して方位と俯仰角を調整した。奥にいるのは米兵で、ハンドレールに毛布が干してある。

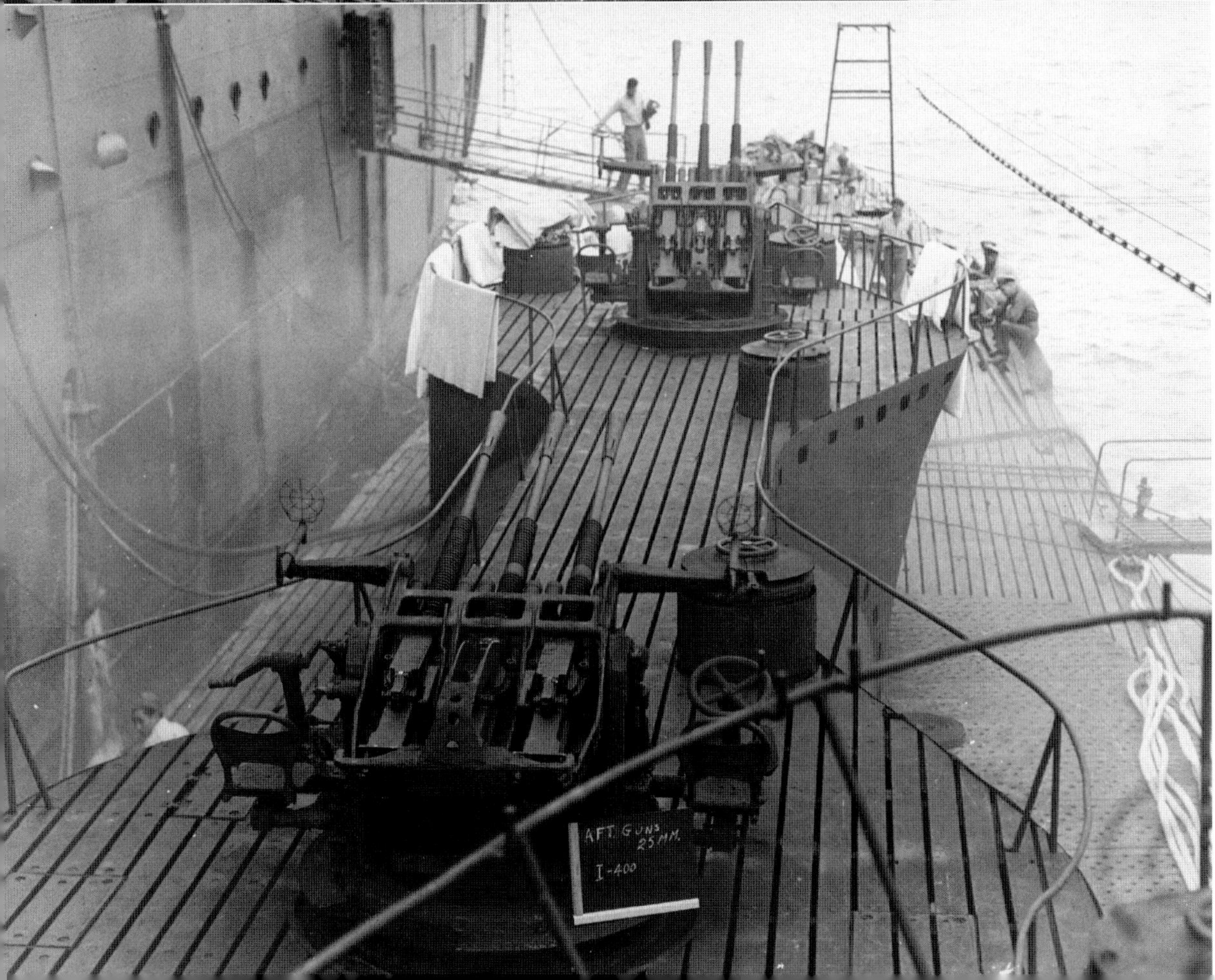

格納筒と搭載機「晴嵐」

〈上〉横須賀で米軍が調査中に撮影された格納筒。水密扉の左に格納筒との連結器を開閉するハンドルが覗いている。左下はカタパルトで、格納筒との間に扉を移動させるアーチ状の軌条（レール）が見えている。扉の内側はロープなど作業用機材の収納棚で、格納筒の出口近くの横壁面には消火器が二つ備え付けてある。〈下〉格納筒内部の様子。一番奥に搭載機を支える支柱を折り畳んだ飛行機射出用運搬車が置かれている。

〈上〉搭載機「晴嵐」。伊400型よりも前に搭載されていたのは小型の偵察機しかなく攻撃機はこれが初めてだった。伊400型と伊13型の狭い格納庫に搭載するため翼の根元で折りたたむなど、様々な新機軸が導入されていた。〈右〉カタパルト両脇の甲板に設けられたフロート収納筒。ここに1、2番機のフロートを収納するが、3番機のフロートは飛行機格納筒の天井に吊るした。〈下〉「晴嵐」生産機の一部を飛行試験及び訓練用として陸上機改造した機体である。

シュノーケルと電子兵器

太平洋戦争末期には潜水艦にも電探が装備されるようになり、司令塔には潜望鏡だけでなく各種電探の空中線（アンテナ）やシュノーケル（日本海軍の呼称は「水中充電装置」）が装備された。左は伊400の司令塔上部で左が艦首。❶探照灯　❷昼間用１番潜望鏡　❸E27電波探知機の空中線　❹無指向性電波探知機の空中線　❺夜間用２番潜望鏡　❻シュノーケル（収納時）　❼13号対空電探の放射状空中線　❽22号対水上用電探空中線　❾13号対空電探の八木式空中線　❿双眼鏡

伊400型のシュノーケルは潜航時に主機（ディーゼル・エンジン）を駆動するためではなく、補助発電機用であった。〈右〉昇降式のシュノーケルを引き出した状態。右が排気筒で左が給気筒。〈左〉艦首側から見た給気筒で、口には海水が流れ込むのを防ぐためにフロート弁が取り付けられている。右はE27電波探知機の空中線。

〈左〉上から順に22号電探（二号二型電波探信儀）の八木式空中線（3素子が上下に2つ）。13号電探（三式一号電波探信儀）の放射状空中線（8素子）。22号電探のホーン式空中線。

〈上〉E27電波探知機（逆探）のラケット型空中線。金網の傾斜角は45度に設定されている。〈左〉同じくE27電波探知機のθ型空中線。θ型はラケット型を輪状に折り曲げて無指向性としたもの。素子が2本取り付けられている。無指向性のθ型で敵のレーダー波を捉えたら、指向性のラケット型で方位を確認した。

〈上〉48号A型電波探知機（逆探）のパラボラ型空中線。浮上時に電信室の受信機とケーブルでつながったこのアンテナを司令塔に運び手動で操作した。敵駆逐艦が使用する波長の短いマイクロ波用。日本海軍はマイクロ波電探の開発が遅れて、他の空中線の様に司令塔に取り付けられないため可搬式で対応した。右手前はこれも可搬式の艦橋羅針儀。

Part③ トラック島に偵察機を輸送した伊14

↑ウルシー攻撃に出撃した伊400、伊401とは別に伊13と伊14はトラック島への偵察機「彩雲」の輸送任務を行なった。途中、伊13は米駆逐艦に撃沈されたが、伊14は8月4日にトラックへ到着、そこで終戦を迎えた。8月18日に出航した伊14は27日、東京の南東227マイルで米駆逐艦2隻に捕捉された。写真の伊14も潜望鏡に黒三角旗を掲げている。

←駆逐艦「マーレ—」から部隊が乗り込み武装解除を行なった。艦内に不穏な空気があり、米軍は乗組員を人質に米駆逐艦への移送を要求した。翌28日に米潜水艦乗組員を乗せた護衛駆逐艦「バンガスト」が到着。伊14の人質と入れ替わった。写真は伊14の発令所でトンプソン銃（短機関銃）を手に警戒する米兵。

〈上〉28日、LCVP（車両人員揚陸艇）で「バンガスト」に移送される伊14の乗組員（砲術長と乗組員40名）。
〈下〉「バンガスト」に収容された伊14乗組員。この後、伊14は「バンガスト」に護衛されて相模湾に向かった。

29日朝、相模湾に到着した伊14。36ページの上写真の直後で、すでに潜水母艦「プロテウス」に接舷している伊400の甲板には乗組員が整列している。翌朝、3隻は東京湾に向かい、午後には錨を降ろした。30日はマッカーサーが厚木飛行場に降り立ち、東京湾で待機していた米艦艇から上陸した部隊が横須賀に進駐している。

横須賀に入った伊14と、左は遅れて到着した伊401。３隻の海底空母は渡り板で行き来が出来るようになっている。右奥には横須賀で終戦を迎えた「長門」が写っている。

11月5日、佐世保湾に到着した伊14。潜水母艦「ユーラール」から撮影した写真で、奥に停泊している米艦艇は上陸用舟艇と病院船である。

071

真珠湾基地の海底母艦。伊14の奥が伊400なので、右手前に格納筒の扉とカタパルトの一部が見えているのは伊401になる。約4年前のハワイ作戦で甲標的が侵入した真珠湾に、日本海軍最後の巨大潜水艦が停泊している光景は感慨深いものがある。

伊14の司令塔まわり。巨大なシュノーケルや22号電探ほか各種電波兵器の空中線、探照灯や双眼鏡などの形状がよく分かる。司令塔前に25㎜三連装機銃、後部に同単装機銃、右奥に別の司令塔の前部が覗いているのは伊400。

073　トラック島に偵察機を輸送した伊14

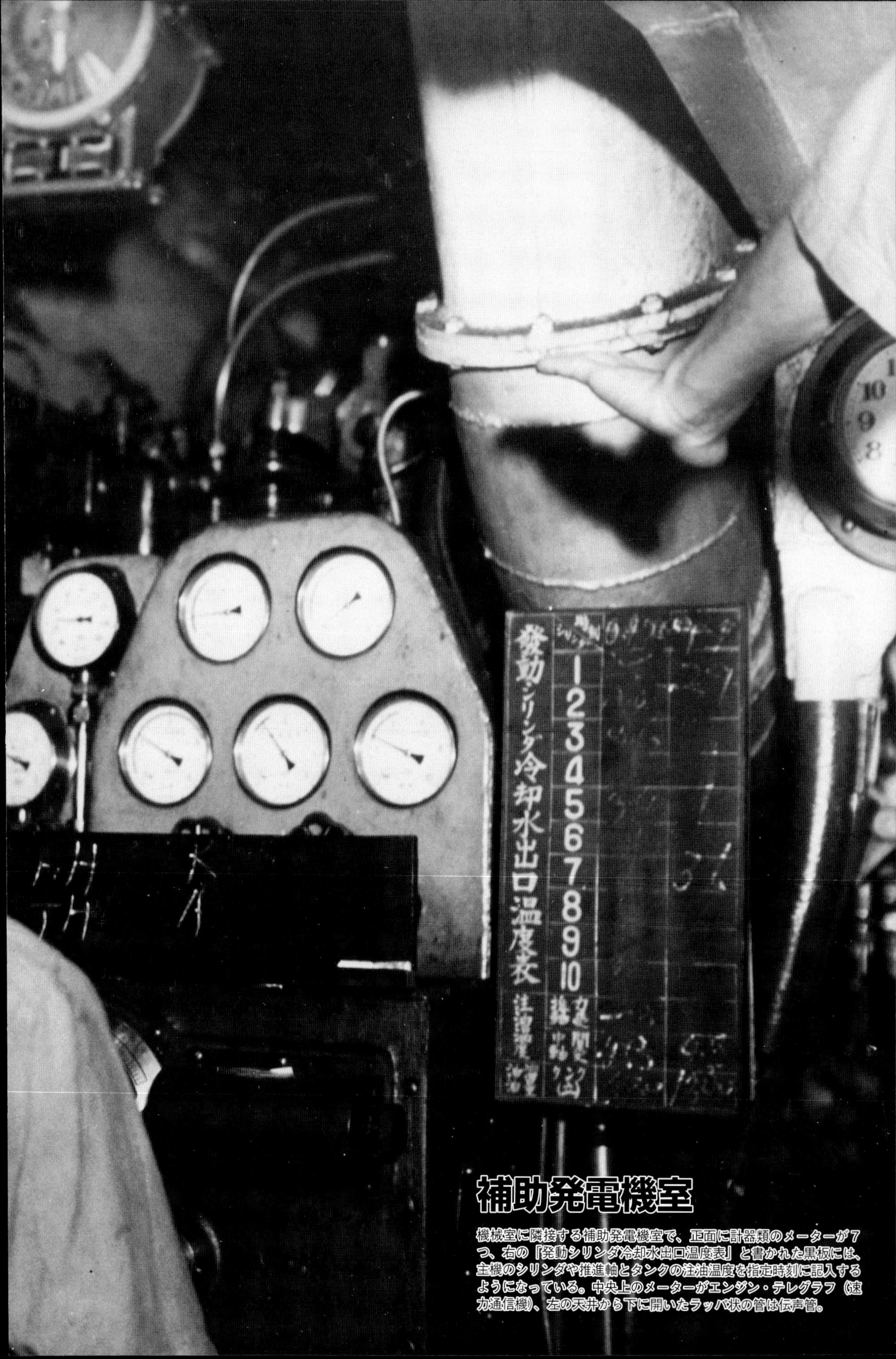

補助発電機室

機械室に隣接する補助発電機室で、正面に計器類のメーターが7つ、右の「発動シリンダ冷却水出口温度表」と書かれた黒板には、主機のシリンダや推進軸とタンクの注油温度を指定時刻に記入するようになっている。中央上のメーターがエンジン・テレグラフ（速力通信機）、左の天井から下に開いたラッパ状の管は伝声管。

補助機械室

補機室（補助機械室）の左舷側を写した写真。重油タンクから送られてくる燃料や潤滑油、冷却水の過熱や冷却など主機に関わる機器類が収められている。複数の電灯が見えるが一部は点灯中で、右上のカバーがない裸電球は非常灯か。ハッチの向こうはポンプ室につながる。

AUX. ENGINE RM.
T-14

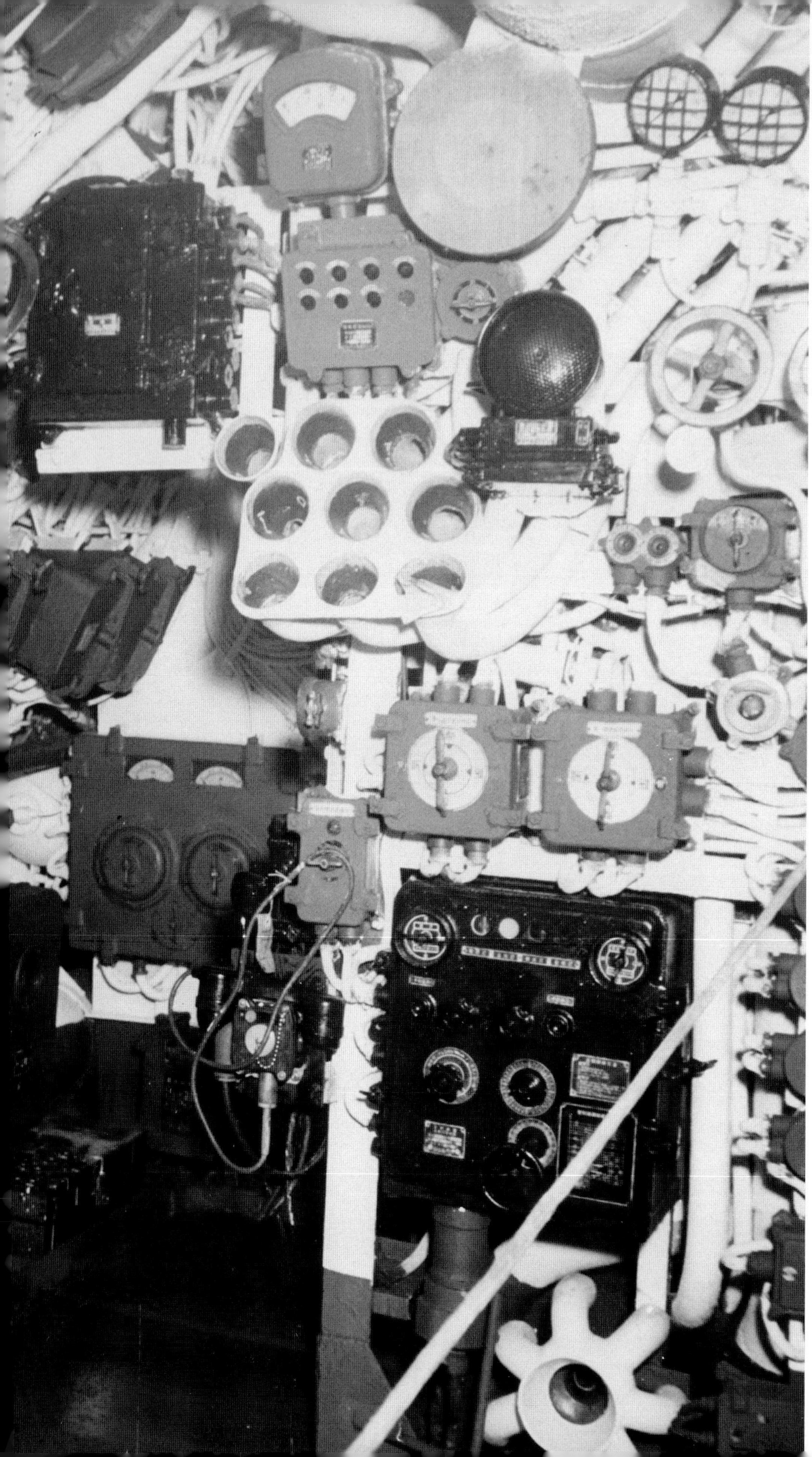

発令所

発令所の操舵区画。伊400（50〜51ページ）と同じく横舵と潜舵を操作する舵輪と速度計（一番大きい文字盤の黒いメーター）などがある。横舵の舵輪（右側）の間と右に九つまとまった管は伝声管。下の白いカバーを付けた丸椅子に、米軍が撮影場所を示すため「DIVING STATION I-14」と書かれたボードが置かれている。

DIVING STATION
I-14

烹炊所

手前の烹炊員は電気釜の汁物を混ぜ棒で調理している。奥の烹炊員が履いているのは、くるぶしで切り詰めたゴム長。左の流し場には配食用の食缶、左下の床には野菜屑などを入れるバケツが置かれている。日本海軍の艦艇で烹炊所のしかも潜水艦の写真は他に例がない。

伊号第400潜水艦 解剖

イラスト・永井淳雄

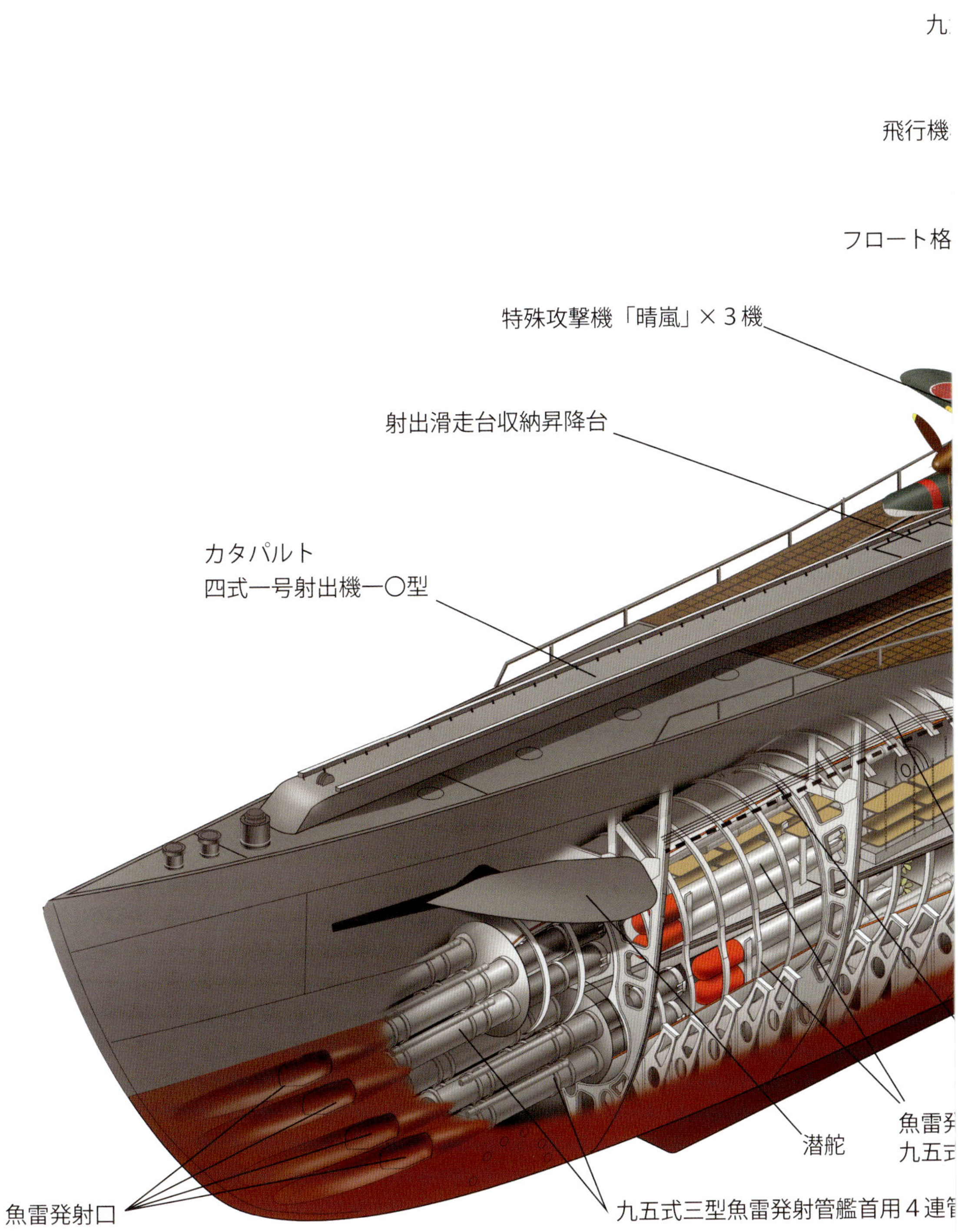

日本海軍潜水艦「伊

(S

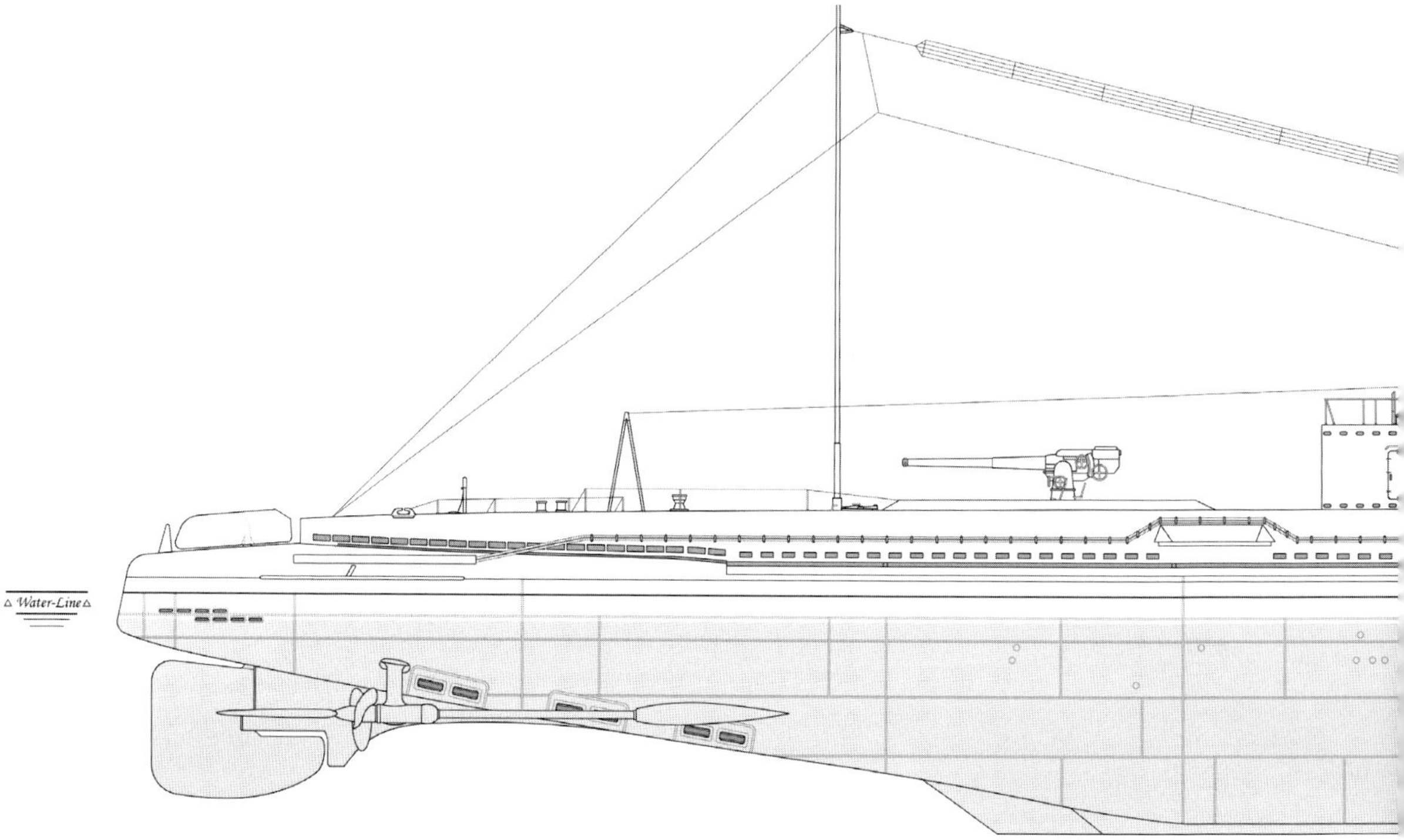

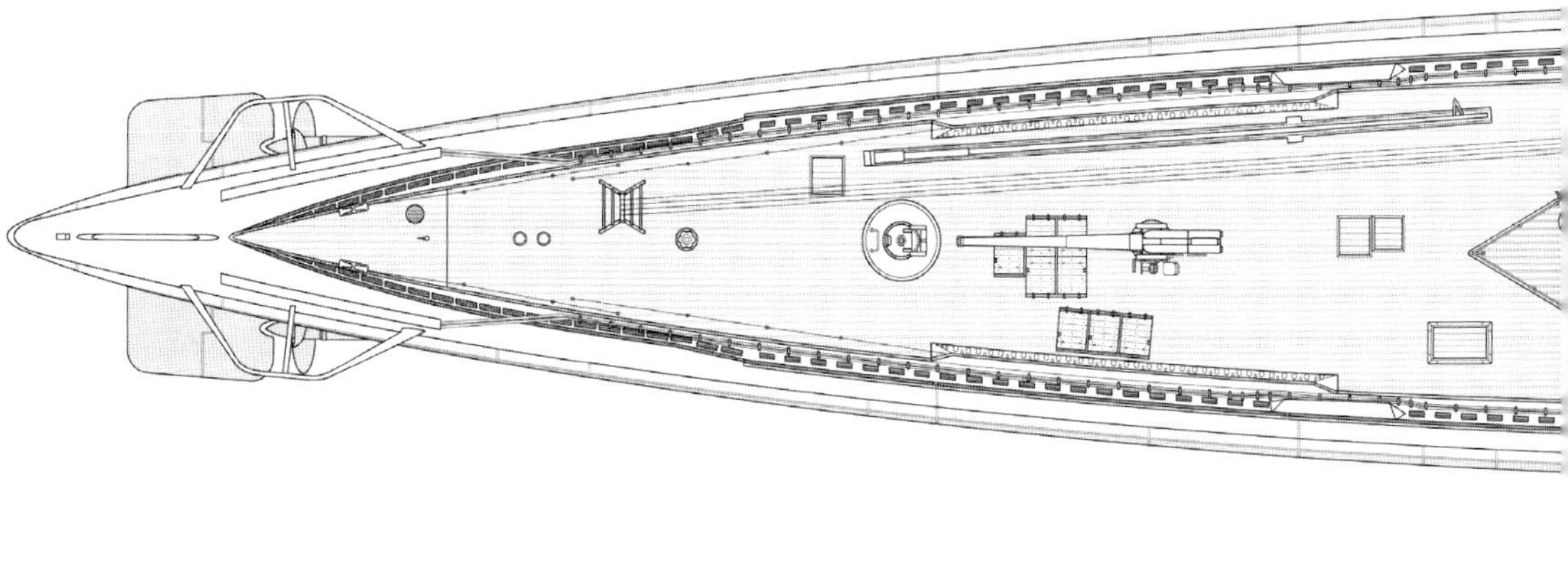

伊400型潜水艦

世界最大「海底空母」の全貌

目次

MARU Military Collection

カラーグラビア

モノクログラビア

折込

写真提供：U.S.NAVY/NARA

建造計画＆メカニズム

巨大な船体に攻撃機３機搭載、長大な航続力で地球上どの地点へも往復可能という夢の戦略潜水艦潜特型――日本海軍潜水艦40年の集大成といえる伊400型の全貌

■軍事ライター　勝目純也

佐世保に回航された伊402潜水艦の格納筒と艦橋構造物

伊400型とは何なのか

日本海軍は潜水艦の国産化を実現し、四〇年の歴史のなかで大小あわせて二四一隻保有するに至った。その中で最も大型で、当時最高度の技術を結集して建造された、いわば日本海軍潜水艦の集大成ともいうべき潜水艦と言えば潜特型すなわち伊400型である。

日本海軍が建造したこの超大型の潜水艦は、これまでの伊号潜水艦の基準排水量が平均して約二〇〇〇トン、全長約一〇〇メートルだったのに対し、伊400型は基準排水量で三五三〇トン、燃料満載時の最大排水量は五五二三トン、全長は一二二メートルと、水上艦に例えれば駆逐艦を超え、軽巡洋艦に匹敵する大きさであった。後に昭和三四（一九五九）年に米海軍原子力潜水艦「トライトン」が竣工するまで当時世界最大の潜水艦であり、通常動力型潜水艦（機関が原潜ではないディーゼル等を使用する潜水艦）ではごく最近まで伊400を超える大きさの潜水艦は造られていなかった。

この超大型潜水艦を初めて見た時の感想は異口同音だった。伊四〇一潜の艦長をつとめた南部伸清少佐は「随分と長い間潜水艦に乗ってきたが、あんな大きな艦は見たことがない」と語り、伊400潜の乗員だった高塚一雄は「余りの大きさに潜航しても本当にまた浮上出来るのか不安になった」と言わしめる程だった。

超大型潜水艦伊400型の大きな特徴は、二隻の潜水艦を合体したようなメガネ型の船体に水上攻撃機三機を収納する巨大な格納筒を設け、前甲板に発進用のカタパルトを有していた点にある。南部は「これまでの潜水艦は前から後ろに一本の通路を通るだけだったが、この艦は横にハッチが付いていて隣の部屋に行けるようになっていたのは驚いた」と語ってくれた。

その双胴のような船体に乗る格納庫には、「晴嵐」と称されるこれまでの小型偵察機ではなく、魚雷や爆弾を搭載して急降下爆撃まで可能な特別に開発された水上攻撃機が三機も搭載されていた。

更にその巨大な船体を活かして、一七五〇トンの燃料を搭載、水上速力一四ノットで三万七五〇〇浬（六万九四五〇キロメートル）という長大な航続距離を有しており、途中給

油を受けることなく米本土西海岸を三往復、パナマ運河まで二往復、往復だけなら米東海岸はもとより地球上のどこにでも到達することが出来、航空機を発進させ日本に帰還することが可能とされた。すなわち隠密裏に敵の要衝に潜入し、爆弾や魚雷をもった航空機が突然複数機、攻撃を加えることが出来るという運用は、後の戦略潜水艦の発想の礎となったと言われている。

　またこれだけ大きな船体であるにもかかわらず水中の運動性能は良好で乗員からの信頼は厚く、特に潜水艦にとって重要な敵の航空機に急襲された際等に、いち早く水中に潜航するための急速潜航時間も一分と短かく、安全潜航深度は一〇〇メートル、速力は水上一八・七ノット、水中六・五ノットでやや速度的にはこれまでの潜水艦よりは劣っていた。しかも雷装は強力で、艦首に魚雷発射管八門を有し、搭載魚雷数は二〇本と対艦攻撃力も優れていた。

　そして大型の耐圧の船体、格納筒、カタパルト、飛行機を揚収するクレーン、水中充電装置（シュノーケル）等は、伊400型を建造するに当たり、前例のない多くの困難と高い技術によって開発されたものであり、日本海軍の最高傑作の潜水艦と言っても過言ではない。

潜水艦を発進、米本土を爆撃した零式小型水偵

構想から開発に着手するまで

日本軍が破竹の勢いで勝ち進んでいた昭和一七（一九四二）年一月、艦政本部第四部設計主任であった片山有樹造船大佐（後に技術少将）は軍令部から「航空魚雷または八〇〇キロ爆弾を搭載できる攻撃機を積んで、四万浬航行できる潜水艦はできないか」と相談を受けた。

　この要求は当時の潜水艦技術では、到底簡単には達成できない能力が求められていた。潜水艦に航空機を搭載して作戦運用を行なうことは、すでに日本海軍では実現している。しかし、搭載する航空機は偵察機で、攻撃力は有していなかった。それが航空魚雷や爆弾を搭載できる潜水艦用の航空機を開発できるかと聞いている。更に、当然それだけの爆弾等の積載量であれば、それ相応の大きさの航空機が必要となり、水圧に耐えられるだけの大型の格納筒が必要になる。

黒島亀人先任参謀

　航続距離も四万浬とは桁外れの性能で、これまでの潜水艦で最大の航続距離を有している艦で二万浬である。もっとも標準的な潜水艦であれば一万四〇〇〇浬である。従ってこれまでに類例を見ない大型・高性能の潜水艦を求められたのである。ではいった誰が何の目的でこの潜水艦を計画したのであろう。

　伊400型潜水艦の着想の主は山本五十六連合艦隊司令長官だと言われている。山本長官はアメリカと戦争した場合、長期不敗体制は日本には国力の差があり困難である。従って、次々とアメリカの急所を叩き、戦意を喪失させアメリカ国民からも対日戦早期和平へと導くのが目標としていた。その一つとして米本土空襲を着想していた。しかし、日本の航空兵力では後に日本本土を焼野原にしたような重爆撃機を多数、アメリカ本土に差し向けることは困難である。考えたのがアメリカ東海岸まで行ける大型の潜水艦に攻撃機を搭載して、主要都市に爆撃を加えアメリカ国民の戦意を喪失させようと考えた。

　この着想は大胆であっても全く未知の領域ではなかった。日本海軍はこれまで潜水艦に航空機を搭載する努力を続け実用化に成功している。各国は同様の開発を進めていたが、いずれも断念しており唯一実戦で頻繁に使用したのは日本海軍だけであった。

　真珠湾攻撃前の昭和一六（一九四一）年一一月三〇日にはフィジーのスバに在泊艦船がいないか、伊10潜から偵察機が発進し未帰還となり、開戦の意図や作戦が漏洩したのではないかと緊迫するなど、開戦前から矢継ぎ早に潜水艦による航空偵察を実施していた。真珠湾攻撃の後に戦果確認を実施したのも伊7潜の偵察機だった。昭和一七年九月には伊25潜から発進した偵察機に焼夷弾を搭載（七六キロ焼夷弾二発）して前後二回に渡りオレゴン州に空爆を実施している。森林地帯に焼夷弾を投下して山火事を起こす作戦であったが大被害に至っていない。しかし規模は小といえどもアメリカ本土を空襲実施したことは歴史的事実である。このような実績があったからこそ、実現可能ではないかと考えた。

現にこの時の伊25潜の潜水艦長田上明次中佐が「潜水艦の長距離隠密行動の能力を活用して米本土に接近、飛行機を飛ばしてアメリカの軍事施設やパナマ運河などを爆撃すべきである」と意見具申をしている。当時の潜水艦の性能を考えれば補給路遮断作戦に専用すべきであったことからも、この伊400型の潜水艦でパナマ運河を爆撃する、あるいは日本海軍の潜水艦が出没するなど予想もしない場所で交通破壊戦や航空爆撃を繰り返すことは極めて先見性と正しい潜水艦の使いかたであったと太平洋戦争の潜水艦史は教えている。

山本長官は、これまでの対米作戦の基本構想である、西太平洋に進出してきたアメリカ艦隊を潜水艦や甲標的、中型爆撃機などによる漸減を図り、日本海海戦の再来を実現して大艦巨砲をもって一気に雌雄を決するという作戦に疑問を持ち、独自の作戦構想を練り実行してきた。それが真珠湾攻撃であり米本土東海岸大都市爆撃である。そこで山本長官は、昭和一八（一九四三）年までに水上攻撃機二機を搭載し長大な航続距離を有する潜水艦を建造できないか、腹心の黒島亀人先任参謀に検討を命じたのである。

黒島は先任をもじって「仙人参謀」などと言われるほどの変人であったといわれるが、部内においてとかく固定概念、既成概念にとらわれることが多いなか、斬新かつ奇抜なアイデアを発想できる柔軟な頭脳を持っていたため山本長官の信頼が厚かったとされている。通常、このようなトップの特命はナンバー2たる宇垣纒参謀長に相談するのが筋と思われるが、そのような形跡は見られない。黒島参謀はただちに軍令部に相談を持ち込み、軍令部では戦備を担当する第二部長の鈴木義尾少将、そして後に伊400型の潜水隊司令を務めることとなる軍令部潜水艦主務参謀の有泉龍之介中佐が検討に入った。

軍令部での検討をへて、冒頭記述したように続いて艦政本部の潜水艦部である第七部に持ち込まれ、第四部の設計主任である片山造船大佐、潜水艦設計班長の中村小四郎造船大佐が本格的な検討に入ったのである。その結果、早々に実現可能と判断され「軍機」扱いで、ただちに艦政本部は潜水艦の船体、機関、兵器を担当し、航空本部が搭載する計画の水上攻撃機の機体以外に射出機も担当して開発をスタートさせたのである。そして最初の原案である設計基礎案が立案されたのが昭和一七（一九四二）年三月と言われているので異例の速度で検討が進んでいったことがわかる。

ただし戦時とはいえ、組織の壁は厚いものがある。基礎設計案が出来ても本来では様々な紆余屈折なり、横やりが入るものだがこの案については海軍省、軍令部両者で意見の一致を見た後、なんと翌月の四月には軍令部次長名で潜水艦と搭載攻撃機の要求が正式に出されたことにより、伊400型は本格的に始動することとなった。恐らく山本長官の着想が表面化してから、数ヵ月で実現に向けて動き出したことになるのである。

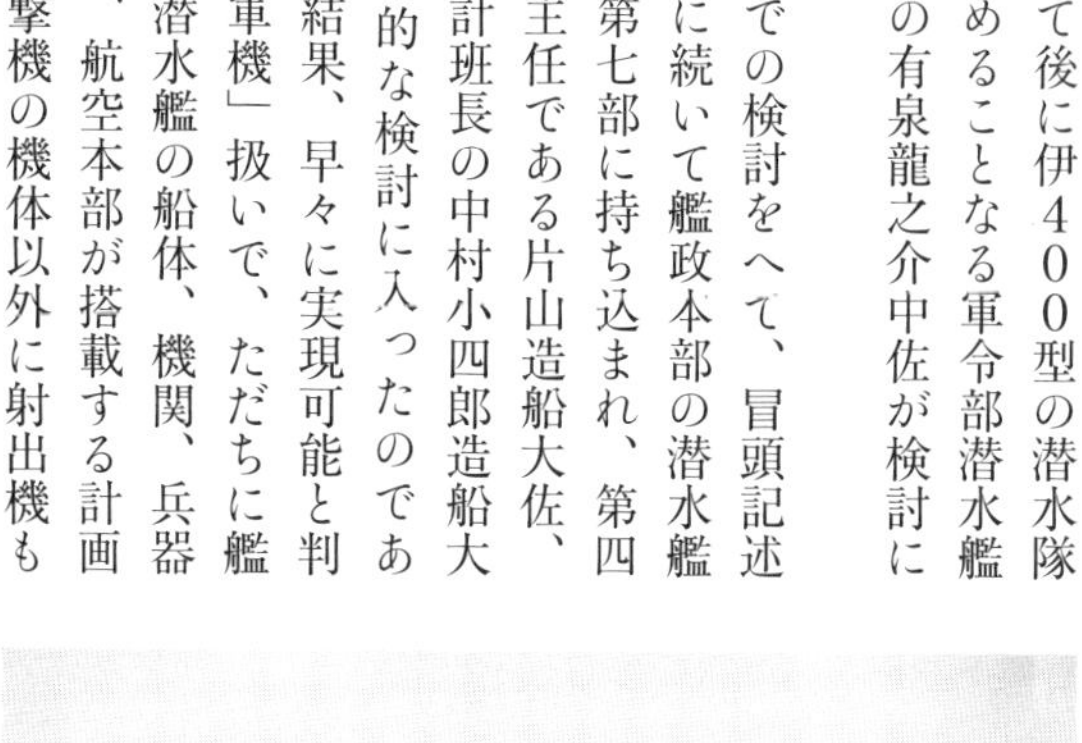
大西洋と太平洋を結ぶパナマ運河にある閘門

ここからは更に加速的に検討が進められていく。五月一七日は艦政本部内の技術的な検討を実施する最終会議「技術会議」を開催し、設計の概要案が決定を見た。これにより次の様な設計概案が固められた。

驚異の航続距離四万二〇〇〇浬

中村設計班長が戦後にまとめた「潜水艦建造計画の大要」には次の

ような記載がある。
一、本艦の特徴は航続距離大であること。攻撃機二機を搭載することであって、この特徴は艦型を著しく大にして常備状態約四五〇〇トン、満載状態約五六〇〇トンの排水量に達する。
二、要求航続距離一六ノットで三万三〇〇〇浬、一四ノットに換算し四万二〇〇〇浬、このため重油量一七五〇トンが計上された。
攻撃機二機を搭載するため、極めて大なる水密格納筒を上甲板に装備する必要あり。かかる大なる筒の装備は初めてのこと故、詳細計画、特に扉の開閉装置に細心の注意を必要とする。射出機の長さは二六メートル、飛行機吊揚用の起倒式クレーンは約三・五トンの荷重を揚ぐるを要し、これまた潜水艦としては類例なき大規模な装置であり、艦の潜航性能に不安なからしむるよう細心の注意が払われなければならない。艦橋など上部に装備する兵器などは潜水艦として忍び得る限りこれを節し、上部構造物を極力小とする要がある。
三、舵面積、排水量がかつて経験せざりし程大なる潜水艦なるに鑑み、操縦性能に関してはこれを低下せしめぬように留意すべきは勿論、従来の艦に比し最良と認めらるる程度優秀なるものとし、潜航舵についても急速潜航を容易ならしめるよう充分考慮された。
四、飛行機格納筒は、浮量二二〇トンあり、被害などにより浮力を喪失したる場合の対応策として、これに充当する重油の量を排除し、浮力を保ち、かつこの場合における復原性能を考慮し、水中ＢＧ（完全水没状態における浮心（Ｂ）と重心（Ｇ）の距離のこと。距離が長いほど艦は復原力が大きい）を大ならしむるように内殻内に重油タンクを配置した。
五、満載時の予備浮力を一八％とし、かつ前後のタンクトップを高くし、凌波性を良好ならしむるよう考慮すること。
六、行動日数四ヵ月を要求せられている関係上、倉庫はこれに対して一〇〇立法メートルとる必要がある。
七、本艦型中、若干隻は司令潜水艦としての施設を要するも、艦型は同一とし、ただこれに対応するための次の二点を改装する。
・予備魚雷を六本減ずるほか、聴音室、測探室、兵員室などの配置を変更し、司令部職員の居住施設、作戦室などを設ける。
・電信室容積を増大し、受信機数を一〇台にすること。
八、要求潜航所要秒時は一分であるが、これを可及的に短縮するよう前記の如く舵面積を極力大にし、かつ装備位置を能う限り前方とし、舵の利きを助ける外、前部の補充タンクを負浮力タンクとして使用するように考慮した。

攻撃機２機搭載可能に改造された甲型改二型の伊14潜

　かくして伊４００型の設計計画案は、その後「戦備考査部会議」（軍務局、軍令部、艦政本部、航空本部の部局長等が出席し新しい艦艇の建造を検討する最高会議）を経て、建造に向けて準備が正式に開始されるに至ったが、昭和一七（一九四二）年の後半に入ると、㊄計画（昭和一七年度艦船建造補充計画）で伊４００型の潜水艦を一八隻建造の計画に疑問の声が軍令部を中心に高まってきた。
　昭和一七年という年は六月のミッドウェー海戦を境に前半と後半では全く戦局も情勢も大きく異なる。開戦後まもなく竣工する計画で進められているならともかく、設計も着手したばかりでこれから建造を開始するとなれば、二年はかかる。搭載の航空機でも同様で実戦使用は当分先となる。それよりも今、必要な潜水艦を建造するべきではないか。米本土空襲も心理的効果を狙うのは、こちらの戦局が有利であれば可能かもしれないが、今の状況下では限られた資材や労力をつぎ込む余裕がないというのが反対派の意見であった。
　ただ片山大佐は、すでに多くの資材は発注している、今更全廃はできないと昭和一八（一九四三）年一月に呉工廠で伊４００潜が、つづく二番艦伊４０１潜は四月二六日佐世保工廠で起工を果たした、遂に伊４００型の建造が始まったのである。と

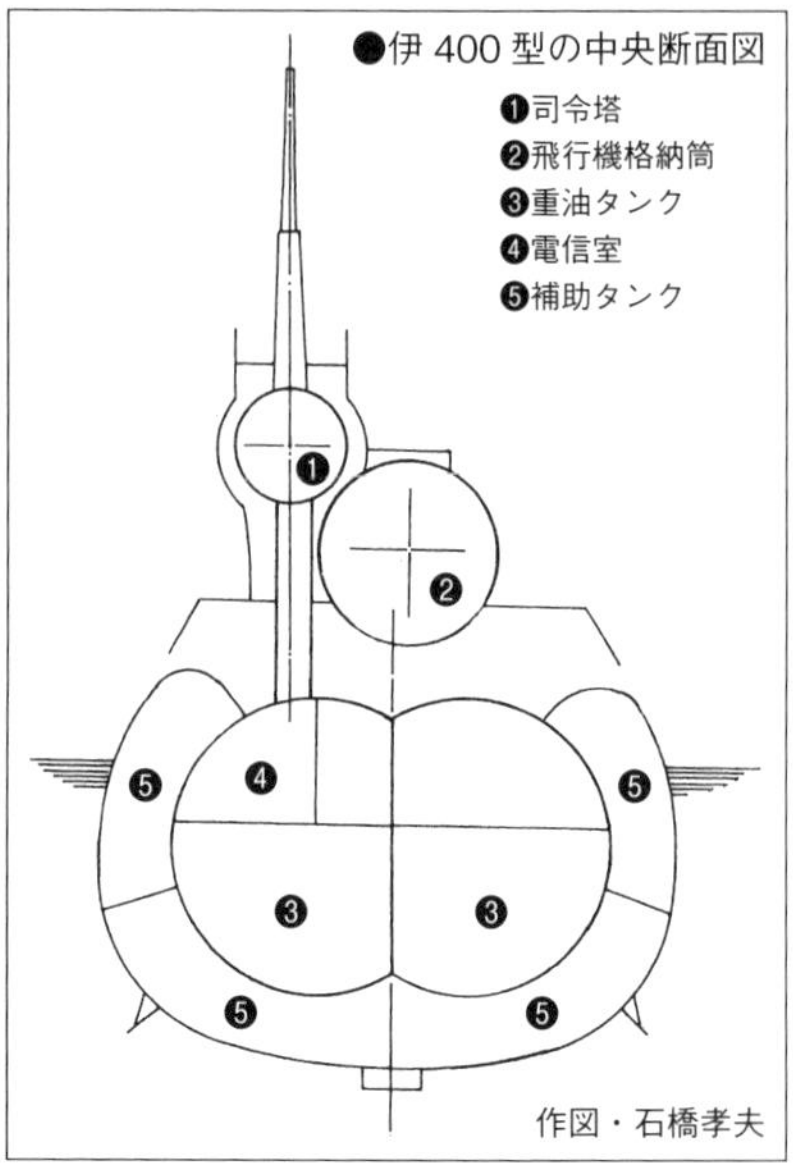

●伊400型の中央断面図

ころが二番艦、伊401潜の起工日よりわずか約一週間前、発案者とされる山本五十六長官がブーゲンビル上空で戦死している。いざという時に強固な後ろ盾を失った、伊400型の建造は山本長官亡き後、紆余屈折を繰り返すことになるのである。

全体設計と格納筒

昭和一八年八月、軍令部藤森康男参謀は、第一課長山本親雄大佐に同行してラバウルの前線視察を行なった。当時はガ島の撤退が行なわれた後で、ラバウルではソロモンの海空戦で多くの艦艇や優秀な搭乗員が多数の飛行機とともに失われており、このままでは益々彼我の戦力差が生まれる可能性が高く、予想以上の戦況悪化の状況を目の当たりして危機感を抱いた。

山本課長と藤森は帰国後、打ち合わせを行ない、何としても味方の消耗を抑え、敵の損害を増やすことは出来ないか議論を重ねた。その中で、重きを置かれた案としてパナマ運河爆撃が見直された。そしてパナマ運河爆撃が実施できるのは起工したばかりの伊400型なら成し得る作戦であると一致を見て、早速パナマ運河爆撃作戦の構想に入ったのである。

藤森参謀はパナマ運河爆撃構想を実現させるため、片山技術少将に再検討の依頼を実施した。その改正案は、伊400型は㊄計画で一八隻の建造計画が立案されたが、資材調達の厳しさや戦力投入を少しでも早めることからも、建造隻数の縮小を考えなくてはならず、その結果隻数減を補うため伊400型に攻撃機を三機に増機し、甲型を改造して攻撃機二機を搭載可能とする甲型改二型に改造する計画をまとめた。片山技術少将は、この案を受け早急に再検討を実施する旨、回答したのである。

片山技術少将は検討の結果、増機案は可能と回答がなされた。これによりパナマ運河爆撃作戦は、急ぎ進められることとなった。

パナマ運河は北米大陸と南米大陸を結ぶ場所にあり、多額の資金と長い年月をかけて運河が建造され、一九一三（大正二）年に完成した。運河の完成はアメリカに非常に多くの利益をもたらすことになる。例えば航路ひとつとっても、サンフランシスコからニューヨークに船で移動する場合、パナマ運河がない時代では、遠くマゼラン海峡を通るしかなく、パナマ運河を通峡すれば、大幅な航路短縮となった。これは当然軍事においても有効で、第一次第二次世界大戦において、アメリカとヨーロッパの艦隊に対して必要に応じて随時、かつ迅速に太平洋と大西洋を行き来できる利点は計り知れないメリットを生み出した。

従って日本軍の狙いとしては、パナマ運河を爆撃して使用不能することが出来れば、ヨーロッパでドイツに苦戦している艦隊兵力を簡単には太平洋に転用することは困難となる。また東海岸にある造船所で建造した大艦も、太平洋に簡単に回航できないことを意味し、膨大な戦略物資も同様のコースをとっていたため、パナマ運河を通過できない場合のタイムロスは約三ヵ月とみなされていた。

伊400型によるパナマ運河爆撃は具体的な検討段階に入ったが、当時、日本ではパナマ運河のことがよくわかっておらず、どのような構造になっているのか不明だった。しかし戦前にパナマ運河の工事に従事した日本人がいることを探しあて、協力を依頼。なんとか概要であっても運河の構造等が明らかになってきた。これによりパナマ運河攻撃に対して効果的な方法が導き出された。

それによるとまず、運河といっても高低差のある二つの湖と「閘門《こうもん》」といわれる二個一組の水門ドックを三つ要している。これにより太平洋と大西洋の高低差を乗り切っている。全ての閘門に爆撃を加えることに超したことはないが、どの閘門に対しての爆撃が、破壊効果が高いか検討された。

その結果、大西洋側のガトゥン湖のロックを破壊すれば、ガトゥン湖の貯水が流出することで当分は復旧困難であると見積もられた。またその際、魚雷で閘門を破壊し、その上で爆弾を周辺部に投下することが有効とされた。この攻撃により少なくても約半年は運河が使用できなくなることは確実で、軍令部内でも反対する者もなく逆に何とか早めることができないか、検討を急ぐ状況となった。以上から伊４００型の設計には変更が加えられた。

・「晴嵐」の搭載機数を二機から三機とする。また甲型改二である伊一三と伊一四に対しても「晴嵐」を二機搭載するための格納筒を拡大する工事を実施する。

・格納筒の拡大により、重油の搭載量が約一〇〇トン減り、航続距離が約二〇〇〇浬短縮されるにいたるが、元々の航続距離が長大なため大勢に影響はないと判断された。

・同じ格納筒の拡大により、水上速力が二〇ノットから一七・六ノット、水中速力が七ノットから五・六ノットに減じた。特に水中速力が遅くなったことは大きな影響を及ぼすと考えられたが、爆撃効果を優先とされた。

・乗員が約四〇名増員され、特に航空要員が増えた。

・備砲について一四センチ砲が一門減じ、機銃が増備され、予備魚雷も四本減じた。

・「晴嵐」に装備する魚雷や爆弾も航空機増備に伴い増大した。

やはり最大の変更点は格納筒の拡大であるが、伊４００型は元々船体が大きいため、速度や航続力がダウンするものの許容範囲として設計変更が可能となった。これにより伊４００型の最終仕様が固まった。

これまでにないメガネ型の船体

全長は一二二メートル、全幅は一二メートルで、これまでの潜水艦より全長では約一〇メートル、全幅でも三メートル程大きく、基準排水量が三五三〇トンと巨大であった。船体における最大の特徴は、攻撃機三機を収容する格納筒を支える船体がメガネ型のように二隻の潜水艦を抱き合わせたような船体になっていることで、乗員の証言にも「艦内には横にハッチが付いていて隣の区画があるのが驚いた」と記憶している。燃料搭載も格納筒拡大で減少したといっても、一六六〇トンは普通の潜水艦の排水量にも相当する搭載量である。これによりパナマ運河、米東海岸まで往復にも余りある航続距離となった。

基本仕様の他の装備についても、新しい装備、水中充電装置「シュノーケル」が実用化された。「シュノーケル」とはドイツ語で豚の鼻という意味らしい。その名の通りドイツでの開発が先行しているが、日本も戦争末期に採用され、丁型と称される輸送潜水艦、伊３６１型に装備され、以後潜高型にも装備が計画されていた。作戦用の潜水艦で実戦活用されるのは、伊４００型が初となる。当時の日本海軍のシュノーケルは、補助発電機用に搭載されたもので、当時のドイツや現代の海上自衛隊の潜水艦のような、潜航した状態で主機を動かすものではなく、発電機を駆動させ二次電池に充電をするために装備されたものである。しかし、この装置は連続で数十日間の潜航が可能ともなり、常に艦内の空気や二次電池の充電量が不安となる当時の潜水艦にとっては、被探知のリスクが少ない中での充電・換気が出来ることは画期的な装備となる。

これまでにない大型の潜水艦であったが、一番重要な潜水艦としての水中運動性能や操艦性能は良好で、これはメガネ型の船体が故に安定性があったのではないかと思われる。特に船体の大きさから懸念される急速潜航速度も一分以内と、これまでの最新鋭の潜水艦と遜色がなかった。途中設計変更で搭載機を三機に増備した「晴嵐」であるが、八〇〇キロ爆弾もしくは七八〇キロ魚雷を搭載することが可能であった。

■伊400型潜水艦の建造経過

艦名	建造所	起工	進水	完成	備考
伊400潜	呉工廠	18.1.18	19.1.18	19.12.30	攻撃機が2機から3機に変更されたため1番艦の完成が遅れた。終戦後米軍に引き渡し
伊401潜	佐世保工廠	18.4.26	19.3.11	20.1.8	
伊402潜	佐世保工廠	18.10.2	19.9.1	20.7.24	21.4.1五島沖で海没処分
伊404潜	呉工廠	18.11.18	19.7.7	ーー	工事進捗率95％で終戦
伊405潜	神戸川崎重工	19.9.27	ーー	ーー	船台上で建造中止

●伊401潜

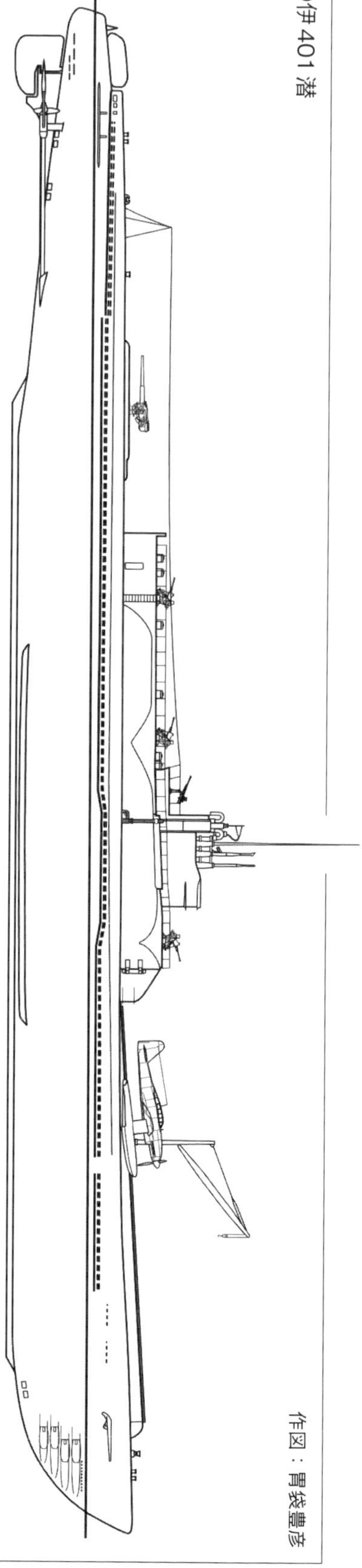

作図：胃袋豊彦

これまでの潜水艦搭載機としては画期的な重装備となったが、連続発射が可能な四式一〇号型というカタパルトが装備された。仰角が三度、全長が二六メートルと長大で射出速度は六八ノットだった。これにより性能上では「晴嵐」三機を一〇分以内で射出できる能力を持っていることになる。潜水艦から航空機を発進させる場合、出来るだけ早く発進させられることは言うまでもない。特に三機発進ともなれば続く発進が遅れれば、先に発進した航空機は上空で待機しなくてはならず、被発見や燃料の無駄につながる。そのため、分解した航空機をどう速やかに組み立てるかが勝負となる。伊４００型では「晴嵐」を格納筒に収容した状態で暖機運転と同じ効果がある、暖めておいたオイルと冷却液を発動機に送り込む機能や、カタパルトの架台に機体がセットされると両主翼下に格納筒から引き出されたフロートが装着できるようになっていた。

　しかし問題は増備された三機目のフロートであった。当初予定していた二機のフロート分しかスペースが確保できていなかった。三機目のフロートは、飛行機格納筒に搭載されており、二番機の後ろに設置されていた。従って一番機、二番機は迅速に発進することができても、その後はフロートを取り出し、三番機をカタパルトに引き出してからフロートを装着するという手順が必要になった。よって二番機までの発進は二機で約五分程度、ところが三番機だけで約一五分かかってしまうと想定された。途中から搭載機を増備した弊害のひとつである。

　こうして当初建造計画から一〇隻とされることとなったが、山本長官の意志を継いだ形となった黒島参謀が、軍令部に転勤になった機会に再び、一八隻に復活する案が再浮上した。しかし、昭和一八年一〇月以降は益々戦局が厳しい状況となり、南方からの軍需物資が一層少なくなってきた。そのため、伊４００型の建造案は二転三転の後、現在資材調達がついている五隻のみの建造で取りやめとなったのである。

　最終的には伊４００潜は昭和一九年一二月三〇日に竣工、二番艦伊四〇一潜は昭和二〇年一月八日、三番艦伊四〇二潜は昭和二〇年七月二四日に竣工している。四番艦は工事進捗率九五％で終戦。最後の五番艦は昭和一九年九月二七日に起工したが、その後工事が中止となっている。

　伊４００潜竣工と同日に第一潜水隊が開隊された。厳密に言うと同潜水隊は三代目で先代は昭和一八年九月二五日に解隊されている。司令は有泉龍之介大佐で、一足早く竣工していた伊13潜とともに、パナマ運河爆撃実行に向けて訓練に入った。しかし翌年になると、ヨーロッパの戦いではドイツは益々劣勢となり、客観的に見て連合軍側の優勢は覆えないものとなりつつあった。これに向けて大西洋から太平洋に移動する艦艇も増え、パナマ運河への爆撃の意義が時間とともに薄らいでいく状況になりつつあった。

　そして昭和二〇年六月、海軍大臣、軍令部総長や次長部長が出席する定例会において、軍令部次長から中止の判断がなされた。戦局悪化が異論をはさませることを許さず、そのままパナマ運河爆撃作戦は永遠に中止となったのである。

搭載機運用への工夫

「晴嵐」の実用化に向けて開発が進む中、昭和一八（一九四三）一一月二五日に一機、二七日に一機が横空水上機班において、実験に近い訓練が開始された。後の分隊長浅村敦大尉が語るには、操縦性能は良好、ただし液冷式のため前方の視界が良くなかったと語っている。

昭和一九（一九四四）年一二月一五日、第一潜水隊の潜水艦に搭載される予定の水上攻撃機の航空隊、第六三一海軍航空隊が開隊した。初代司令は有泉龍之介大佐である。飛行長は福永正義少佐、第一分隊長が浅村大尉である。

しかしこの後「晴嵐」の増備がなかなか進まない。原因は天災と空襲だった。不幸にして昭和一九（一九四四）年一二月七日に東南海地震、翌年の昭和二〇（一九四五）年一月一三日には三河地震と、立て続けに起きた地震は空襲で疲弊する工場に更なる深刻なダメージを与えた。結局、昭和二〇（一九四五）年二月で「晴嵐」の保有機数はわずか六機にとどまった。この機数では第一潜水隊の伊４００型二隻だけで終わってしまう。甲型改二の伊13型への四機には充足できていなかった。

五月二〇日、遂に六三一空から第一潜水隊各艦への搭乗員割りが発表になった。浅村大尉は伊４０１潜の飛行長を命ぜられた。他に伊４００潜と伊４０１潜に三機ずつ。伊13潜と伊14潜にはそれぞれに二機ずつ編制が整った。そして待望の潜水艦と航空機の共同訓練が開始されたのである。これだけの未曾有な潜水艦と特殊な潜水艦搭載航空機をほとんどゼロからわずか着想三年半で成し遂げたという点について、あらためて驚異的な関係者の努力があったのだと思う。

しかし搭載を果たしただけで満足はしていられない。一分でも早く、正確に「晴嵐」を組立て、発艦する必要がある。それでなくても元々二機搭載で計画・設計されていたものが三機搭載となったために無理が生じている。当初、一番機と二番機が発艦するのに約四分から五分。しかし三番機発艦には約一五分を要していた。これでは敵の威力圏下での航空機発進は危険である。整備員はその他潜水艦乗員とともに文字通り、血のにじむような訓練を続け、三機連続一〇分以内の発艦を可能とした。

当時、伊４００の艦橋前部機銃員の配置だった高塚一雄によれば、浮上すると「飛行機射出発艦、砲戦機銃戦用意」の号令で各乗員は脱兎のごとくハッチから艦外に飛び出し、まだ海水掃けぬ甲板を駆け、それぞれの配置についた。そして次々と「晴嵐」が物凄い爆音とともに、発艦、それを見届ける暇はなく「潜航急げ」で再び、五〇名近くの乗員がわずか一分以内で艦内に突入、急速潜航を終える。その鮮やかで勇壮な発艦作業に、よくぞ伊４００潜のような素晴らしい艦に乗れたものだと誇りに思ったという。このような発艦訓練を記憶では四、五回繰り返

●伊400潜

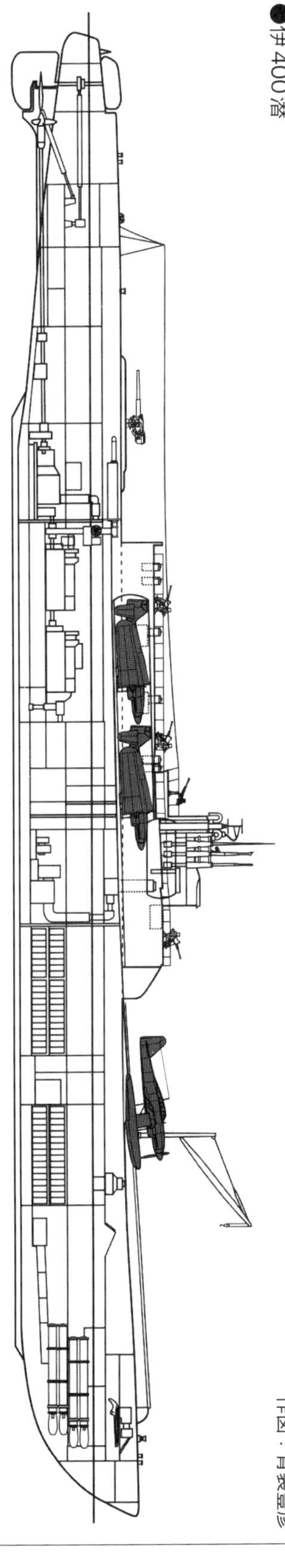

作図：胃袋豊彦

し、遂にウルシー環礁への出撃の日を迎えるのである。

伊４００型を支えた技術・特徴

あらためて伊４００型の特筆すべき特長や技術をもう少し詳しく見て行こう。

●船体の特徴

船体は前述したようにこれまでの巡潜型、海大型と同様の複殻式を採用したが最も大きな特徴はいわば二隻の潜水艦を合体させた構造にある。航空機を三機も格納できる格納筒、艦橋を有する必要から単一構造では困難であるため、二隻の潜水艦を接合するようにして、内殻の構造断面をメガネ型とした。写真で見ての通り、長大な船体に極めて大きな格納筒と艦橋、前部に伸びるカタパルトが印象的である。

当然船体は大型になるため、潜航性能や水中性能に支障が出てしまっては実戦では使えない。よって横舵や潜舵の面積を出来るだけ多くとり、また空気抜きタンクの構造に工夫がなされた。特に当時の潜水艦の死命を制するといえる急速潜航速度については一秒でも早く潜航できるように研究が重ねられた。

結果として艦首部分に配置されている潜舵を出来るだけ広く、前部に配置し、場合によっては危険とも言われるネガティブタンクを前部補助重油タンクとして使用できるなどの処置がなされた。結果的には急速潜航性能を一分とすることに成功した。その他旋回性能、水中での運動性も高かったとされ、乗員からは好評を博した。

巨大な船体が故に重油の積載量も多く、一七五〇トンに達し、これにより水上一四ノットで三万七五〇〇浬となり、これまで長大な航続距離を有していた巡潜型の二万四〇〇〇浬を大きく超えるものであった。赤道一周の距離が約二万二〇〇〇浬であることから、伊４００型は無補給で世界のどこにでも日本から往復が可能であるという航続距離を保有していたことになる。

●機関

これだけの大型の船体を動かす主機であるが、過給機付きの四サイクル単動方式の艦本式一二号一〇型ディーゼル二基二軸が搭載されている。この主機は水上で七七〇〇馬力を有しているが、これまで強馬力を誇った甲型や乙型が装備した艦本式二号一〇型ディーゼルの一万二四〇〇馬力よりだいぶ省力である。これは機関の構造を容易にするための処置で、いわば戦時生産効率を高めるものであった。甲型改一、改二、乙型改二などに装備された機関と同様のもので構造をシンプルにし、そのぶん速度は低下するが、機械の小型化により生じた余積を燃料タンクにあてて航続距離を延ばす処置をしている戦時建造潜水艦に普及したものである。よって水上速力は一八・七ノット、水中速度は六・五ノットであるので当時の最速の潜水艦よりは水上速力で約五ノット程度低下している。

最大の攻撃力は三機の搭載機

●兵装について

伊４００型の主兵器は何といっても搭載機三機を有する点にある。搭載機は伊４００型にあわせて設計された水上攻撃機で、我が国には珍しい水冷式のエンジンを有し、最大速度四七四キロで、これまでの零式小型水上偵察機が時速二四六キロであることから格段の性能向上が図られた。しかもフロートを装着時は二五〇キロ爆弾一発、フロートを装着しない場合は八〇〇キロ爆弾もしくは航空魚雷一本を搭載できる攻撃力を有していた。

単艦では三機ではあるが、複数で潜水隊を編成すれば地球上のあらゆる場所に隠密裏に潜入でき、突如浮上して、例えば伊４００型三艦なら九機の水上攻撃機から爆弾や魚雷が投下される脅威は戦略潜水艦と言ってよく、後に米国が戦略原潜を着想した原点となったと言われている。

兵装について航空機ばかりが注目されるが、本来の潜水艦としての攻撃性能も劣っていることはなく、魚雷発射管が八門もあり、搭載魚雷数は二〇本も積載可能であった（他に航空魚雷が三本）。

また艦上には一四センチ単装砲が後部甲板に一門、二五ミリ三連装機銃を三基有していた。

●伊４００型ならではの装備

これまでの日本海軍の潜水艦にはない航空機を三機も搭載する必要性から、独自の装備が求められた。航空機を三機搭載するための格納筒は巨大であるため、格納庫の浮量は二二〇トンにもなった。そのためにも極めて扉の開閉装置には細心の注意が払われた。

その他、格納筒には艦内から行き来が可能な交通筒や、航空機の暖気運転時間を短縮する処置として、エンジンオイルをあらかじめ温める装置も開発された。

航空機を発進させる射出機、カタパルトも長大で長さ二六メートルにも達した。航空機の揚収等に使用する吊揚用のクレーンは約三・五トンまでの荷重上げ下げが可能で、クレーンそのものの支柱も太く、伊400型の左舷前甲板に設置されているのも外見上の特徴になっている。

伊400潜艦内の食事風景。艦内は従来の潜水艦より広かった

また伊400型は潜航充電装置が装備されていた。シュノーケルを使用して潜水艦が浮上しなくても内燃機関を運転して充電と換気が可能な装置のことである。第二次世界大戦ではドイツが実用化先行していたが日本海軍の潜水艦に装備されたのは戦争末期で、まずは輸送用潜水艦の丁型に装備、試験運用された。この他に潜高型（片舷用）、潜高小型、潜輸小型に装備していたが、実戦に投入された作戦用潜水艦としては伊400型が初めて装備した。装備された時期については明確ではないが昭和二〇年の四月以降と思われる。ただし当時のシュノーケルは補助発電用に使用され、ドイツのように主機を動かす際のものではなく、発電機を動かし水中航走に必要な電気を発電して二次電池に充電する役割を担った。それでも敵の威力圏下に浮上することなく、シュノーケルのみで充電できることは被探知防止には大きな力を発揮できると期待され、現に後に伊14潜は同装置で危機を脱したといわれている。

電波や探信兵器については当時の最新型のものが装備されていた。現在ではソナーといわれている三式探信儀は太平洋戦争中期に実用化されたアクティブソナーであるが、敵に接近しているような場合は、パッシブソナーとして使われた。しかし当時の日本海軍では海水の温度や潮流、塩分濃度や海底地形、深度によっても音の伝播が変化することをわかっておらず、しばしば季節や地域によって探知にバラツキが起きることに悩まされていた。

電波兵器としては水上見張り用のラッパの形をした二号電波探信儀二型、通称二二号電探、対艦艇用として用いられた一号電波探信儀三型、通称一三号電探を装備していた。その他、逆探用の電波探知機、ドイツから導入した無指向性の逆探電波アンテナを装備していた。

●居住性その他

船体が巨大であるぶん乗員の数も多く、これまでの大型の伊号潜水艦では約一〇〇名だったのに対して、伊400型は一五〇名と一・五倍になっている。艦内は当然のことながら従来の潜水艦より広くなっていて、特にユニークなのはメガネ型船体のため、船内で横に区画がある構造が乗員を驚かせた。ただ同時期の米潜水艦のような居住性という点では見直されている部分がなく、シャワー設備や飲料水などの装置もなく、兵員の場合は居住区画と食事する区画が同一など、伊400型の問題というより、日本海軍の潜水艦に共通する乗員生活面での負担軽減という部分には改善は認められなかった。

＊

伊400型は最終的には三隻の完成に留まったが、日本海軍が建造した最後の潜水艦であるとともに、世界最大の潜水艦でもあった。戦局厳しい時期において資材調達もままならぬ中、前例のない巨大潜水艦を独自の技術と工夫で作り上げ、あわせて不得意ともいうべき水冷式の水上攻撃機もこれも前例なく短期間に実用化を成し遂げたことは驚嘆に値する。しかも、実戦寸前で終戦となったとはいえ、それまでの試験航海やウルシーへの航海においても、目立った欠陥や致命的な設計ミスなどなく実用化に成功したことは、日本の潜水艦建造技術の高さを物語るものとして特筆に値すると言ってよい。

トに見る伊400型

■軍事ライター
時実雅信

●終戦直後、米海軍は日本海軍についての技術調査報告書を作成。その中には伊400型に関する詳細なリポートもあり、日本側には資料が残されていない海底空母のメカニカルな機構が克明に記録されていた！

〈左〉飛行機格納筒の水密扉を動かして開閉状況を調べる米軍。

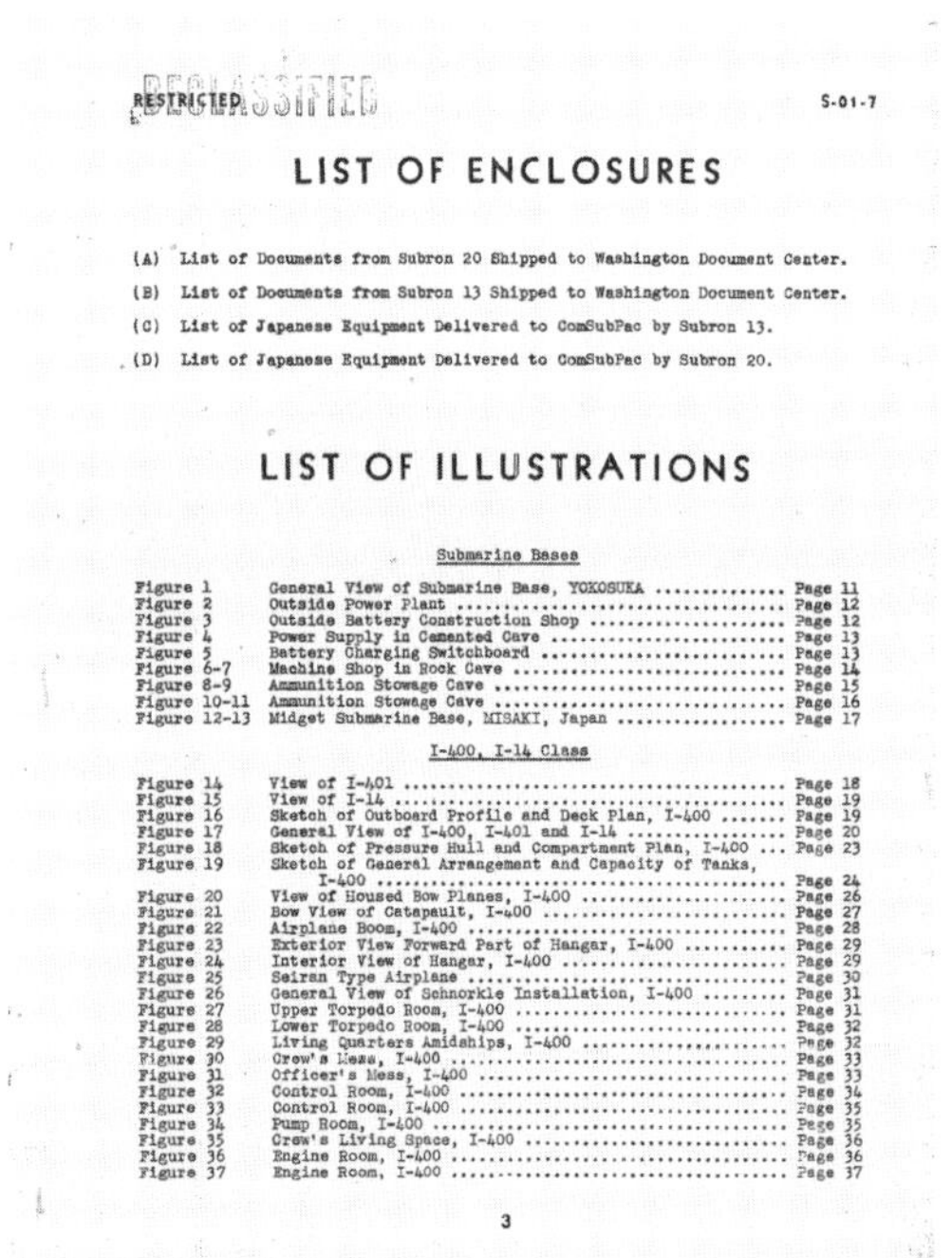
RESTRICTED　DECLASSIFIED　S-01-7

LIST OF ENCLOSURES

(A) List of Documents from Subron 20 Shipped to Washington Document Center.
(B) List of Documents from Subron 13 Shipped to Washington Document Center.
(C) List of Japanese Equipment Delivered to ComSubPac by Subron 13.
(D) List of Japanese Equipment Delivered to ComSubPac by Subron 20.

LIST OF ILLUSTRATIONS

3

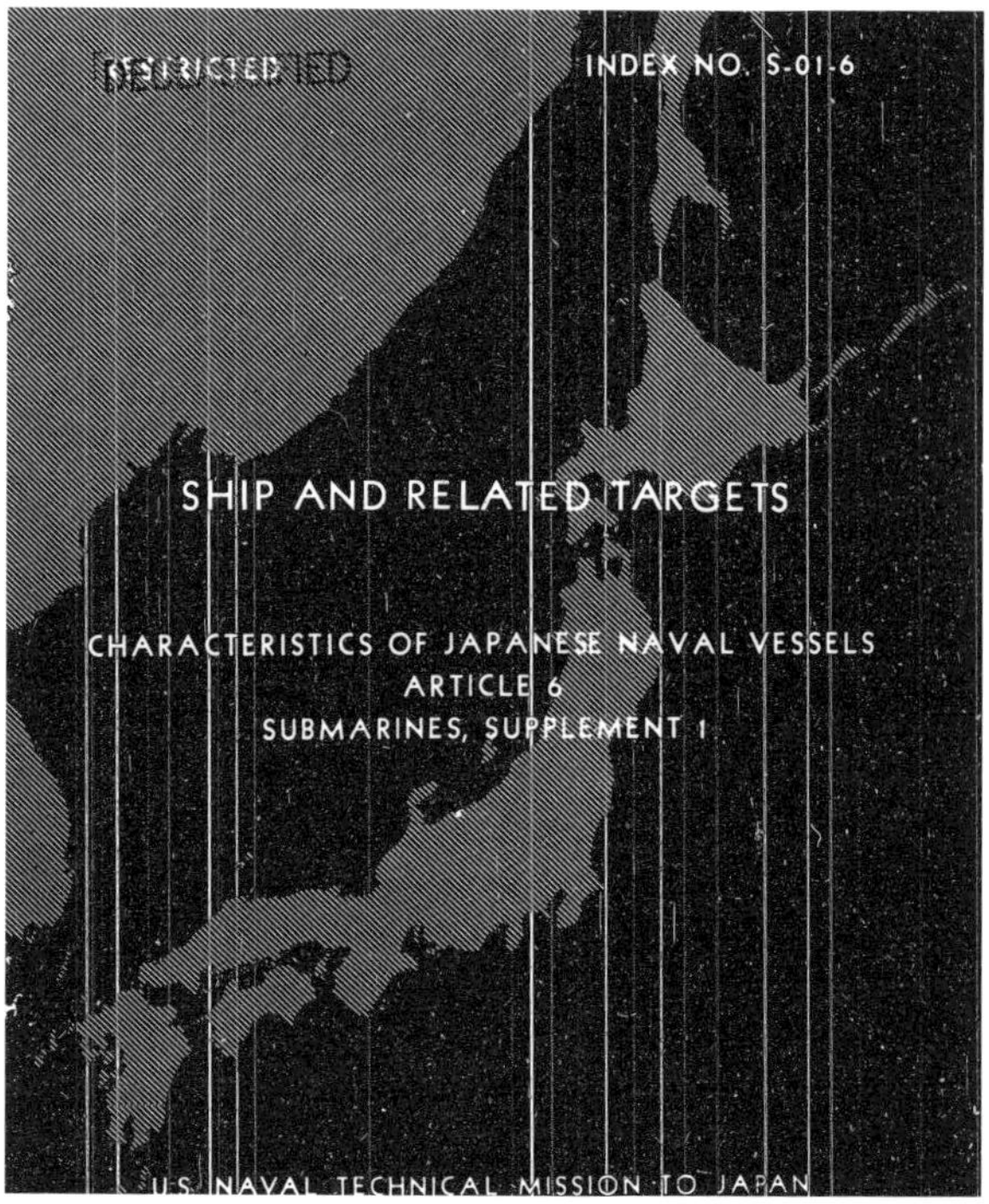

伊400の調査報告が掲載されている潜水艦パートの表紙（上）と目次（左）。

米軍の調査報告書

伊400型潜水艦に関する日本海軍の資料は、他の海軍文書と同様、終戦時に多くが失われたため、元乗組員が戦後かなり時間が経って発表した刊行物など限られている。それらの書籍によって、建造や作戦経緯については読者もご存知だろう。

しかしメカニカルな機構の詳細は分からない部分が多い。それを補完する資料となるのが、終戦直後に米海軍が行なった日本海軍の技術調査報告書に含まれる伊400型のレポートだ。

しばしば名前を目にする米国戦略爆撃調査団は陸海軍が合同で、原爆を含む日本本土爆撃の効果を調査した。それとは別に米海軍は艦艇や軍事関連施設、医療など多岐に渡って日本海軍の調査を行なっている。その調査チームはU.S. Naval Technical Mission to Japan（対日本米海軍技術調査団）と呼ばれる。

この調査団は昭和二〇（一九四五）年九月下旬に佐世保入りし、そこを本部に日本各地で調査を行なった。そして横須賀や舞鶴、呉に残っていた自力航行可能な潜水艦が、同

米軍リポート

年一〇月下旬に佐世保へ集められたのは調査団の本部が佐世保にあったからだ。

伊４００の記事が掲載されている報告書は、同艦がハワイに回航されて間もない一九四六（昭和二一）年一月一〇日付で作成されている。

伊４００型はこの報告書の一つである「CHARACTERISTICS OF JAPANESE NAVAL VESSELS ARTICLE 7 SUBMARINES SUPPLEMENT II」（日本海軍艦艇の特徴 第７項　潜水艦、補給２）の中に「伊４００と伊14型潜水艦」のタイトルで記述がある。

伊４００と伊14（実際は伊13型）を一緒にまとめたのは、航空機を搭載する潜水艦として主機（ディーゼル・エンジン）他、共通点が多いためであろう。

冒頭にある報告書の概要には「このレポートは様々なタイプの日本潜水艦と、それらに搭載された注目すべき装置について記述する。伊４００と波２０１型潜水艦のより詳細な記述は、海軍艦艇の特徴として１～６の記事で提供される。詳細な情報は船殻と機関装置である」と書かれている。

この概要にあるとおり、報告書は大部分が伊４００の耐圧殻にある区画の配置と主機を中心とした機器類について述べられている。

なお、記事は膨大で機器の専門的な記述が多いため、限られた誌面では全文を紹介しきれない。報告書には伊14も含まれているが、今回は伊４００の記述から一般の読者にもわかりやすく興味を引くと思われる部分を紹介する。なお、資料として米軍が作成した伊14の図面を掲載する。

船体構造と配置

まず目を引くのは冒頭に書かれている伊４００の使用目的である。

「日本潜水艦の伊４００型は、主として遠方の島々に補給物資、燃料、航空機を輸送するため設計された」

米軍は伊４００型を輸送艦と解釈していたという話を戦史でも目にするが、その大元がこの記述である。

調査団は乗組員からも聞き取り調査を行なっている。だが、この記述から日本側は航空機による敵地攻撃という本来の目的を誰も証言しなかったと思われる。

輸送潜水艦という解釈は、実際に伊14がトラック島に偵察機「彩雲」を運んでいるので、あながち間違いではない。また、同じ報告書には伊369（潜輸大型）の項目で、目的を「貨物・燃料輸送潜水艦」と書かれており、伊400型も同種の潜水艦と理解していたようだ。

●米海軍報告書の伊400諸元

【全体的な特徴】

全長……………………………約400フィート（122m）
最大船幅………………………約40フィート（12.2m）
断面頂部のキール間隔 ………約56フィート（17m）
平均喫水………………………約24フィート6インチ（7.47m）
水上排水量（捕虜による）……5700英トン（5791トン）
公試深度………………………100m（328フィート）
耐圧殻　厚さ ………………… 3/4インチ〜1 1/16インチ（19〜27cm）
　　　　肋材間隔……………… 60cm（23.6インチ）
乗組定員………………………士官21人、兵卒170人
竣工（捕虜による）……………1945年4月（※1）

【推力】

最大速力（水上）………………19＋ノット＊
巡航速力（水上）………………16ノット
　　航続距離……………………20000マイル（32187km）
潜航速力………………………5〜7ノット
エンジン……………………… MAN式（※2）4基、各2250馬力
プロペラ……………………… 2
＊減力エンジン航行

【兵装】

発射管…………………………艦首8
甲板砲　145mm（5.7インチ）…後部1
　　　　25mm三連装…………3
　　　　　　単装…………… 1
水上機………………………… 4＊（※3）
＊組立済の3機が格納筒、1機は分解して木枠に。

※1　実際の竣工は昭和19年12月30日なので、捕虜の証言は嘘である。
※2　MANはドイツの機械メーカーで潜水艦用ディーゼル・エンジンも製造しており、日本とも技術交流があった。
※3　日本側の情報によるものなのか具体的な収納方法を記してあるが間違いだ。

耐圧殻の構造のうち米軍が注目した発射管についての記述。

「第一に興味を引くのは耐圧殻のデザインである。艦前方に二つの発射管室が上下対になっており、いずれも四本の発射管を内包している。外観は構造上の威力が共有する面として八本が縦方向に見えている」

伊400型の発射管は艦首のみだが、片舷四本、両舷で八本という巨大な船体ならではの強力な武装であるが、その発射管を両舷で上下に四本ずつ二つの発射管室に分けられている点は他に例がなく、米軍が注目している。

次にハッチの数について。

「耐圧殻に通じる内径二五・五インチ（約六四・八センチ）のハッチが七つある。

a発射管室前方の左舷側
b右舷第二区画（兵員室）の前端
c司令塔
d格納筒から右舷の補機室（発令所の反対側）へ。外径一九・七五インチ（約五〇・二センチ）
e右舷機械室
f左舷機械室
g後部兵員室」

以下は全体的な配置についての説明が続く。

「前方と後部の巻上機は艦内の電動モーターから連動装置で操作する。上甲板のレバーで回転させる設備だ。錨の巻上機は艦首の巻上機の外に配置されたクラッチにより同じモーターで操作する」

「格納筒の端は少し右舷側にあり、航空機の軌条とカタパルトは艦首の中心線に向かっている。カタパルトの軌条の長さは（航空機の）発射位置から八五フィート四インチ（約二六メートル）」

「カタパルトの操作は空圧ピストンで行なう。カタパルト軌条の下には空圧ピストンと並列し接続している四馬力の空気瓶（一五〇kg／㎠）がある。ピストン棹はピストンの前方から伸びて、複雑な滑車で動きが接続している。二本のワイヤー・ロープがカタパルト台に接続しており、可動式の座金を通してケーブル房に束ねて止めておく。ピストンで射出する時は、房が後方へ約八〜一〇フィート（約二・四〜三メートル）移動する。台車用のアレスティング・ギア（引き留め索）は、重いワイヤー・ロープがスプリングの張力によって引き留められる可動式座金の回りに引き込まれると思われる。使用しない時、発射ケーブルはケーブル房にしまい込まれており、外径が約一五インチ（約三八センチ）の耐圧扉に保管され、潜航している間は空圧によって浸水から守られている」

「飛行機用の斜檣（ブーム）はカタパルト後部の左舷に並行してある。とても大きく、ケーブルのサイズを元に推定すると約五トンの能力がある。艦内の電動モーターでシャフト

カタパルトとハッチ。左奥が発射管室、右手前が前部兵員室のハッチ。

25ミリ三連装機銃の右（左舷）の手前と奥に二つ並ぶ弾薬入れ。

司令塔の構造物。左が指揮所の双眼鏡。

が引き上げられる。巻胴が駆動してケーブルを巻き上げる」

「格納筒からカタパルトにつながる軌条の一部は昇降式だ。積荷は台車に乗せた飛行機をカタパルトに導く傾斜路の下に備えられている。昇降機は二つの翼部分（潜舵のことか）と両舷の耐圧積荷スペースを使用するための関連性を考えるべきかもしれない。空圧ピストンは重いギアの操作を容易にし、長い積荷スペースの端に（積荷を）降ろすのを可能にしている」

「弾薬入れは艦橋構造物上にある甲板の左舷寄りに装備されている。それは司令筒後部の下から連なっている。一〇五（原文ママ）ミリ甲板砲は主甲板の後部。長さ四五フィート（約一三・七メートル）の通信用マストは甲板砲と後部兵員室のハッチに並行して設置されている。それは艦内の電動モーターでマストの下端の旋回軸に取り付けられた歯車と循環連鎖で立ち上がる」

「三連装二五ミリ機銃は司令塔の前方に一基、艦橋構造物後部の甲板に二基、中心線に沿ってある。また司令塔後部の二五ミリ単装機銃一基は、中心線から左舷寄りにある」

「司令塔の中心線に、前方から攻撃潜望鏡（一番の昼間用）、高角潜望鏡（二番の夜間用）、垂直アンテナ、補助のSDアンテナ、SJとSDが整列している。あとの二つは昇降せず、前の三つより二フィート（約六一センチ）高い。RDFループは前方にあり、一番潜望鏡の左舷側で昇降できる」

　電探に関する記述はこれだけである。日本海軍の電探は米軍の関心を引くほどのものではなかったということなのか。

「シュノーケルは司令塔の右舷側に装備されている。それは水圧で昇降し、補機のためにだけ吸排気される」

「艦橋に大型の耐圧双眼鏡が五組ある。重いが良く釣り合いが取れており倍率は二〇倍である」

「晴嵐」の記述はわずかで米軍が重要視した形跡は窺えない。

「日本の晴嵐型航空機。この型は最近これらの潜水艦によって輸送された。車輪付きの運搬車はフロート付で運搬する時に取り付けられる。これは本来、翼を折り畳んだJUDY(彗星)のための装置である」

このうち「最近これらの潜水艦によって輸送された。」とあるのは伊13と伊14が「彩雲」をトラック島に輸送した「光」作戦のことであろう。一〇〇ページに掲載した調査団による伊400の諸元表には搭載機が四機となっている。

飛行機運搬車の説明もそうだが、伊400型を輸送潜水艦とするなど、航空機関係の記述には明らかな間違いが多い。米軍が鹵獲した伊400以下、三隻の海底空母は終戦直後に「晴嵐」を海中投棄している。米軍は愛知航空機で「晴嵐」を目にしているものの、伊400の実地検分では掴めない搭載機の用途や細部の情報について、日本側が尋問の際に意図的に間違った情報を混ぜて答えたのではないかと思われる。

「将来の潜水艦計画では、この航空機を廃棄して、ジェット推進の52型BAKA自殺爆弾に変えられる」

ここで述べられている「BAKA自殺爆弾」とは「桜花」である。

米軍は沖縄戦で鹵獲した「桜花」を調査し、今後は地上か艦艇から発射される可能性を指摘していた。五二型は、エンジンを推力の大きいネ二〇型ターボジェットに換装した三三型を、潜水艦のカタパルトから発射する計画だった四三甲型のことだと思われる。また地上発射型は四三乙型である。

いずれも計画だけで実機が生産される前に終戦を迎えたが、四三乙型については本土決戦に投入が予定され、地上発射基地の建設が進められていた。

攻撃機を搭載した伊400型は、アメリカの弾道ミサイル型原潜に影響を与え、米軍は格納筒の水密構造をミサイル格納筒の参考にした、というような話が巷間言われている。

実際に米海軍は一九五一年にドイツのV-1飛行爆弾をコピーした「レギュラス」ミサイルを開発した。そして弾道ミサイル「ポラリス」に更新された一九六四年まで「レギュラス」を潜水艦に配備していた。

伊400型がどのように「レギュラス」に結びついたか今後の研究が俟たれるが、「桜花」を発射する計画に米軍が着目していた点は重要なポイントである。

報告書に掲載の写真から、前部右舷の兵員室。

船体区画の配置

ここからは艦内の区画配置についての記述になる。

「上下発射管室には左舷後部と右舷の隅に補水タンクがある。錨鎖庫は補水タンクそばの右舷にあり、約四フィート五インチ(約一三・五センチ)まで高くなる。平らな上部の径は歩けるほどだ。右舷と補水タンク前方の上部平面に排水ポンプがあ

操舵部に設置されている主及び補助の羅針儀収納筒２台。

アンシュッツ式羅針儀（ジャイロスコープ）（左２点）。

る。トリム・ポンプは下部発射管室に取り付けられている」

「右舷は乗員の居住区で、外舷艦首寄りの角にトイレが三つある。左舷側は聴音室、さらに士官用烹炊所、六人の下士官用寝室へと続く。それらの床下には六〇個の電池がある」

「右舷区画の乗員居住区には、通路の床下に一二〇個の電池と一〇個の電池用精製水タンクがある。左舷区画には士官室と上級士官室があり床下には一二〇個の精製水タンクがある」

「右舷の前方外舷の一角に貯蔵庫と隣接する乗員用烹炊所がある。これらの空間と並行する内舷に沿って、発令所に低圧の空気を送風する多用途の管が束になって隔壁を通っている。管の束に隣接して潜望鏡の昇降モーターが頭上にある。前方に発電機のある二基の補助エンジンは、（両舷の）通路の間に設置されている。二台の補機用分電盤はそれぞれ後部の角に据え付けられている。上下にハッチのある一本のハッチ筒が、補助発電機のすぐ前方から格納筒に通じている。冷蔵室とビルジ・ポンプは前方通路の下に位置している。左舷には前方の隔壁にあるベント管、縦方向の隔壁に沿って右舷区画に通じる低圧空気管の束がある。主及び補助羅針儀は、司令塔に通じるハッチ筒のすぐ後方にある区画の横に設置されている。潜望鏡とアンテナの筒はその近くにある」

「発令所の前方三分の一の長さにあたる下部はポンプ室で、トリム・ポンプ、排水ポンプ、二本の排気ガス管、おそらく配管、負浮力タンクのためのバルブが二つ、そして両舷用の補助タンクが含まれる」

「残りの区画は電信室、電探室、弾倉を収める床下の弾薬庫と貯蔵庫は通路の外舷側にある。士官室、シャワー、弾薬庫の入口、海図室は通路の内舷側にある」

ここで目を引くのはシャワーだろう。伊6の艦長だった稲葉通宗（大佐）は、『針路東へ』（改訂版『海底十一万里』）で、通商破壊戦を行なったインド洋では乗組員に一日おきにシャワーを使わせることが出来たと書いている。伊400型での使用状況は分からないが、現在の潜水艦と同様にシャワー室が装備されていたのである。

「両舷の区画はほぼ同じで、左右対称になっている。それぞれの区画にある二基の主機は後部の端に減速ギ

司令塔の指揮所。上は艦橋羅針儀。米兵が20倍の双眼鏡を覗いている。中央は操舵機器か。

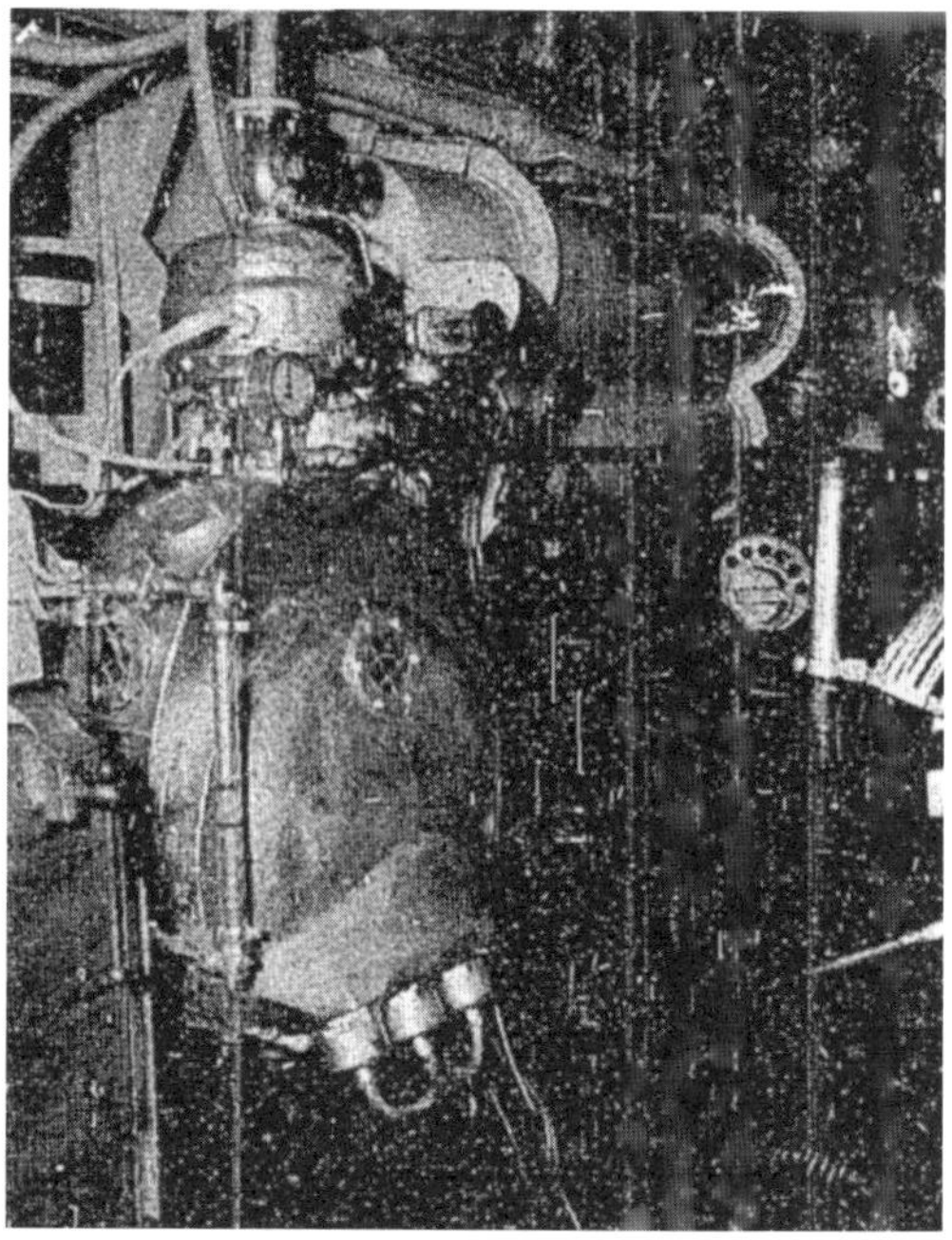

主機後部に設置されている蒸発器。

4基ある補機室のメイン・モーターは両舷に2基ずつある。

アがある。エンジンと減速ギアの歯車との間には油圧クラッチがあり、過給機などの補助機械と循環系統の水圧ポンプは電力で駆動する。それぞれの区画前方の角に空気管の束がある。両方の機械室には居住区や操舵室から吸水するビルジ・ポンプがある。主機後部の端はエンジンから発生する排気ガスの熱を使用する蒸発器になっている。この蒸発器は電気ヒーターでもある」

「(すでに述べたように)左舷と右舷の区画はほとんど左右対称だが、右舷後部の貯蔵庫は違う。

両舷区画の通路に面した外舷側と内舷側に管制室がある。両舷区画に二台の空気圧縮機(エア・コンプレッサー)がある。二台を対にした水圧ポンプの系統は、頭上の補充タンクと共に左舷の部屋にある通路の内舷側に配置されている。四つある蓄電池は左舷寄りの下層にある。両方にあるモーターは一列に並び、前後のブルギアーからシャフト、機械的に動く四角いノコギリ状のクラッチへと電気子で接続されている。摩擦ブレーキが艦尾両舷のクラッチに接続されている」

「後部区画は乗員の寝室で、前部兵員室の三分の二の長さがある。左舷後部は電気モーターと艦尾甲板を操作する機械装置になっている。さらにその後部は操舵用モーターと舵柄のための水圧ピストンを備えた装置になっている。空気シリンダーは右舷後部にある。トリム・ポンプは中心線上に、排水ポンプは前部隔壁の外舷にある。水中信号排出装置はこの区画の上部中心線の右舷に配置されており、空気によって放出される。

扉は外から閉めたら内側からは開けられず、逆もまた同様になるように連結装置があり、空気放射バルブで外から扉を開けられないようになっている」

水中信号排出装置(Submerged signal ejector)は、現在の潜水艦でも各種信号装置や対魚雷用デコイなどの用途として装備されている。

「空気管は艦内の耐圧殻を通して雑然と取り付けられている。それらは寝台の下や食卓、貯蔵庫、天井などにある」

「司令塔では操舵を行ない、潜航前に最後に残ったタンクを満たすためのベント管群を制御する。DQマストは一番潜望鏡前方の左舷。魚雷発射指揮装置は縦に並ぶアンテナ・マスト後部の少し左舷。聴音機と電探装置は司令塔後部にある」

「全てのタンクの正確な形状や境目は分からず、現時点で判別できていない。図面を入手できず、様々なタンクの大きさを確かめるために、艦を入渠させる必要がある。しかし、船殻内外の配置、おおよその大きさ、容量はバラスト・タンクを除いて分かっている。

注記すべきは安全タンクがないことで、補助タンク群がこの用途に使われている。捕虜の情報によると、大型の負浮力タンクに注水して潜航していた。魚雷の発射時はトリム水を前方に移して充塡し、第一負浮力タンクは警戒のため残りを排出し、均等になるように前部と後部のトリム・タンクに水を入れておく。両舷の第一補助タンクは第二補助タンクの上にある。第三補助タンクは耐圧殻の外側後部にある」

米軍の記述は各種タンクと注排水システムに関してかなりのスペースを割いている。その正確な数やサイズを確認するためにドック入りが必要だと提言している。海底空母をハワイに回航して調査を行なったのは、ドック入りした伊400の写真が残されていることから、この提言が理由の一つになったと考えてもよいだろう。

日本独自のディーゼル主機

主機についてレポートはかなりのスペースを割いている。それだけで誌面が埋まるほどの分量があるので、今回はごく一部を紹介するにとどめる。

「四つあるメイン・エンジン（主機）は、過給機付四サイクル単動一〇気筒の反転可能なディーゼル・エンジンという基本設計を除いて日本が独自に製造したものだ」

「全速力時は、良く機械が整備された状態ならエンジン効率が約七三パーセントと考慮して、約二二五〇馬力（毎分五一〇回転）である。全力航行時にピストンの最大速力は一分間に約一五五〇フィート（一五・二四メートル）である。艦内の燃料はおそらく我々の標準的な重油の一九〇〇〇英熱量より低い。巡航時に各エンジンあたりの燃料消費はエンジンが四一〇回転、プロペラが二四五回転、艦の速力一六ノットで、二四時間あたり七トン、時間あたり八六・五ガロンになる」

「主機は完全に二つに分かれた機械室に配置されている。この二つの区画は、水密隔壁で仕切られて縦に並んで配置されている。一番と二番の主機は右舷のエンジン区画に位置している。潤滑油汚溜タンクは隔壁の前部と後部の二つに分けられているが、水平になるようメインのタンクに放水バルブで連結されている。タンクに搭載してある潤滑油の基準総量は約七三〇ガロンである」

「エンジンは従来の方式である直列したボルトで固定し、土台の安全が保たれている。クランクシャフト下部の軸受鞍部からエンジン・フレーム頂部まで、二本ほど直径四分の三インチ（約一九ミリ）の大きな連結棒が通っている。（中略）エンジンの駆動時に、クランクシャフトの端に直径約三八インチ（九六・五センチ）の捩じり振動ダンパーがクランクシャフトに接続される。このダンパーは、我々の一〇気筒フェアバンクス・モース・エンジンで使われているフライホイール（弾み車）と同種のものだが、特徴は全部で八つあるバネ懸下式ピストンで、エンジンに接続したポンプから潤滑油を供給して水圧を弱めている（注記：この特徴的なダンパーの長所は、我が本国の専門家によって調査されるべきだ）」

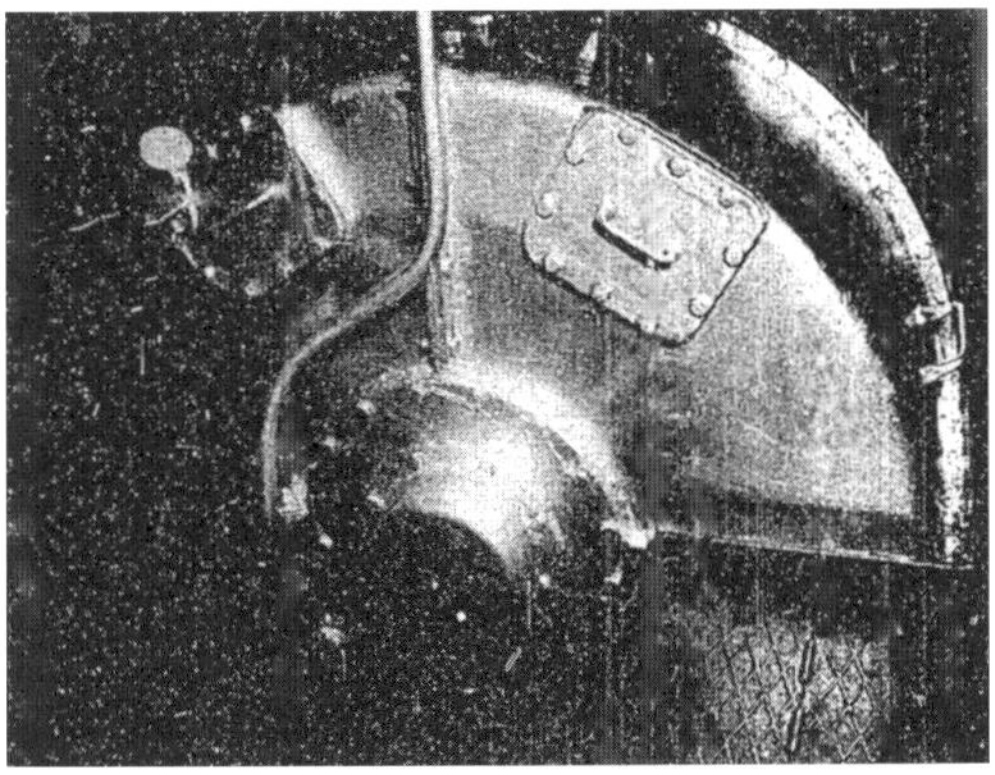

米軍が注目した捩じり振動ダンパー。

ディーゼル・エンジンのクランクケース。

フェアバンクス・モースは一八三二年に設立されたアメリカの工業機器メーカーで、一九世紀末には各種エンジンの製造を開始、両大戦間には鉄道や船舶のエンジンの製造も始めていた。第二次大戦中に米海軍の潜水艦はフェアバンクス・モース社のディーゼル・エンジンを搭載していたのでこの記述になっている。

全般的なコメント

ここからは船体各部の特徴について詳細な記述になっている。

「乾舷の表面全体、そしておそらく船体の全ては耐音響物で覆われている。この遮蔽は幾つかのドイツUボートで見つかったものと同種ではないか検査を行なうべきだ。いくぶん弾力のある土台は、合成ゴムか、薄いセメントあるいはプラスチックの覆いを含んでいる。ゴムとセメントの癒着は良好だ。金属との癒着は全般的に良好で、衝撃や摩擦に若干の耐性がある」

四七ページに真珠湾基地のドックに入った伊400の右舷艦首、錨付近の写真があり、対ソナー用の特殊ゴム製塗装が剥がれた状況が写っている。

この塗装もハワイでの調査対象になった。

「上甲板にあるメインの吸排気はアメリカで用いられている物とは異なる様に思われる。艦橋甲板上部と司令塔後部に穴の開いた金属製装置に三つの円盤型バルブがある。前方のバルブは主として左舷に空気を取り入れるためで、左舷の機械室のハッチ筒下部の左側を開けて接続する。海中にいる時は上部ハッチが閉じられる。先端が枝分かれし、耐圧殻前方に入って電池と左舷の換気装置に空気を供給する」

「二つめの吸排気バルブは、右舷に空気を供給する給気パイプ用で、格納筒の左舷を垂直に下り、その下、右舷の機械室後部のハッチにつながる。そこで枝分かれして右舷の船体とバッテリーの換気装置に空気を供給する。艦橋構造物にある円盤型バルブのすぐ下で分岐したシュノーケルの供給をバルブで止められる」

「艦橋構造物にある三つ目の円盤型バルブは船体と電池の排気用である。排気筒は右舷を横切って格納筒の左舷下部で左舷の排気ラインにつながり、バルブで格納筒に沿って上に上がる様になっている。船体内の全ての排気ラインは艦内で操作され、外部のバルブはバックアップになる。シュノーケルの排気管は二つの補機へと分岐する。二組と単独の排気管は格納筒の右舷でシュノーケルの排気筒へと導かれる。

両舷の主吸排気筒の連結は、船体内で初めの二本を除き、上甲板のバルブに不測の事態が起こったり、時化で潜航したりすると、下部ハッチを閉めるため個別に操作できず明らかに不利だ」

「排気管部分の安全性についての方法は興味深い。各部分にはフランジが付けられ、大きく間隔を開けてリベットが打ち込まれている。フランジは見たところ傾斜して溶接されている。傾斜面の後方は激しく打ち付けられており、奥行きが約一インチ八分の三インチ（約三・五センチ）ほどの広さで接合部の隙間を詰めてある。ハッチ筒の部分も同様の手法で接合されている。いずれの接合部も、打ち付けられているのは疑いない」

「上甲板の各所でクレーンを操作するための注油は、一般的な接合部、バルブの操作レバー、巻上機など

機械室天井の配管。右の太い管が通風管。左は低圧空気管の束（マニホールド）。

で、グリス容器を使って行なわれる。個別に行なわれていた上甲板での注油は、おろそかなのが目につく」

「大型の浮力タンクは主甲板直下の艦前方と後部に広がっている」

「主甲板にある全てのハッチにはフックがあり、機雷に備えてハッチのすぐ下にある横棒と結合するようになっている。耐圧船殻との出入りのためハッチは二重になっている」

「魚雷搬入扉は我々が避難路として出入りした前方のハッチ筒と一致している。下部ハッチは前方が細く枝分かれしてその先端は、魚雷を収容するため上に傾斜している」

後部兵員室に通じるハッチ。蓋の３ヵ所に固定用フックがある。ハンドルの回転は左が開、右が閉。

「バラストの位置に関しての知見。

a両舷第二区画の長い隔壁に沿っている。

b右舷の補機室にある積荷室の中。

c上甲板後部にあるタンクの直前。」

「日本人はパイプの組み立て工に何かを負わせた十分な証拠がある。パイプの全てのサイズは外径が約一・五インチ（三・八一センチ）以上あり、内半径には皺が寄っている」

「発射管の外扉は人力で発射管室前方の隔壁を通した軸棒か、発射管ごとに装備された電動モーターで開く」

「操舵は後部区画にある電動空気ポンプの傾斜機を発令所から操作してシャフトとギアを動かす。同じくトラベリングナットを昇降し管制用のウォームギアを回転させる。トラベリングナットの回転と連結し、後端は舵の操舵機までは作動しないようにバネ仕掛のベルクランク（変速装置）追跡機構と接続しており、前端は傾斜板を動かすベルクランクに接続している。左舷のピストンを前方か後方に動かし、追跡機構は標準的な位置に傾斜板を戻す。排水網は舵がどちらの方向に動いてもピストンの逆端に圧力がかかる様に接続されている。非常時の操舵は直接、舵のピストンに水圧を駆使する。操舵所は艦橋と司令塔、発令所にある」

「後部甲板で艦首甲板の傾斜と原則的に同じ操作を行なう。すなわち、電動モーター、水圧の始めと終わり、ネジ歯車、斜桿架である。しかし、後部甲板にはこれらのセットが二つあり、配水管の束を通していずれかを使用するのかもしれない。加えてギアに通じるハンドルが二つあり、軸系はクラッチを切断する水圧機構の後側にあるネジ歯車と斜桿架で艦首甲板の操作に使える。管制は発令所か後部区画からになる。艦首甲板では傾斜角三〇度で昇降する」

「トリムの制御。

捕虜によると容量約八トンのトリム・タンクが艦内にある。一つは下部発射管室の後部、もう一つは後部区画の端に位置している。いずれのスペースにもトリム・ポンプがあると（捕虜が）述べている。それらのタンクから吸水管が伸びている。ポンプからの排水と他のタンクとのラインは、幾つかの隔壁を通る前に共有する水路に合流する。一つのトリム・タンクから他のタンクに排水す

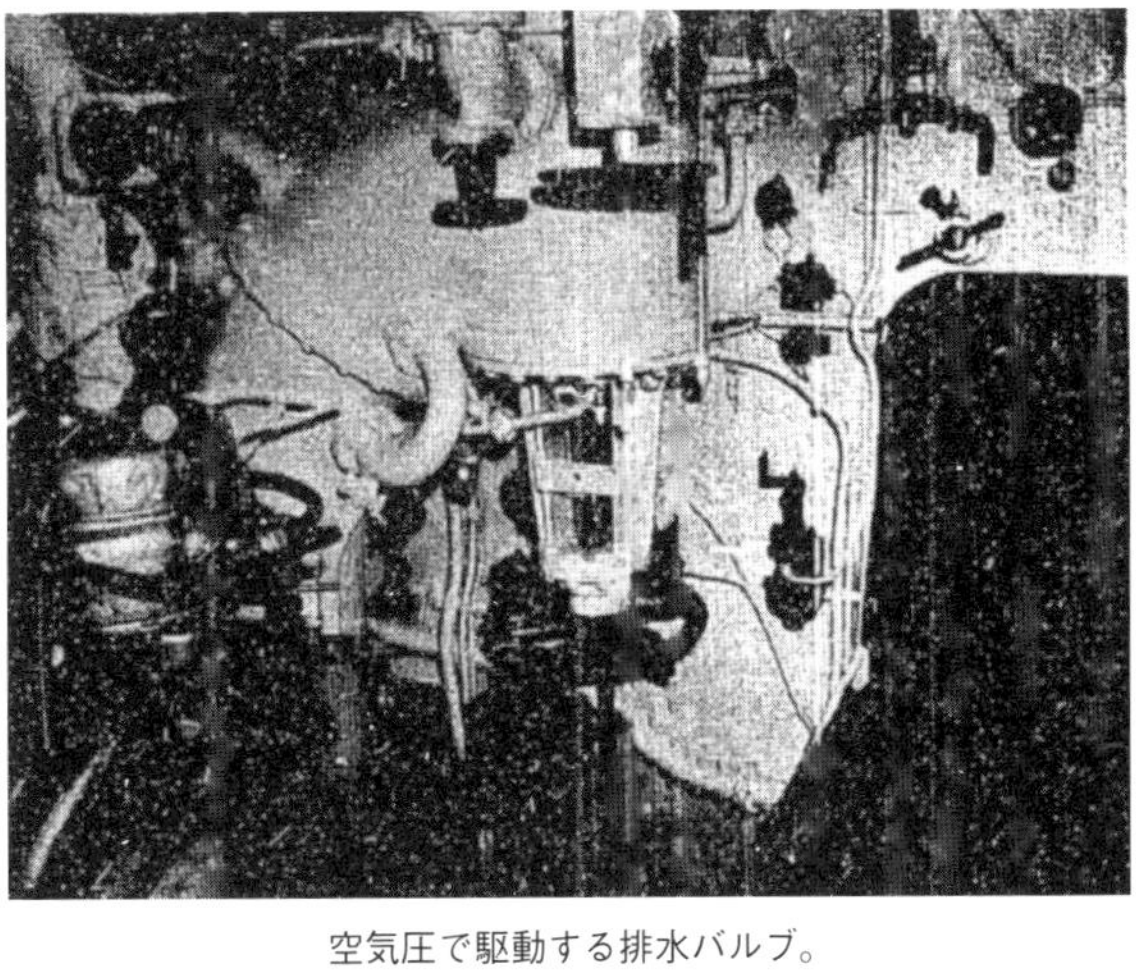
空気圧で駆動する排水バルブ。

水圧系のシャフト・クラッチ。

蓄電機室に３台設置してある水素検出器。

電池用分電盤の操作パネル。

るには三方向から接続した調整用バルブを通る。各部屋にある中継起動機でシステムを操作したい時に停止できる。実際にポンプの始動や停止は発令所で行なわれる。発令所には共通の放水路を（調整する）バルブがあるだけだ。それは監視用バルブなので、点検のために開くことは出来ない。レバーを操作する時はニュートラルにして、いずれのポンプも運転しない。

一度だけレバーで放出させるか、調整バルブを操作して、各ポンプからの流水が可能だ。前方のタンクから後部のタンクへのベント・ラインは、三方向を接続した発令所にあるバルブで交わっている。ニュートラルの位置ではどちらか一方のタンクをベントにして、他のタンクに吸水することが可能だ。このバルブに接続する空気圧は約八五重量ポンド毎平方インチ（五八六一ヘクトパスカル）。栓を回して、一つのタンクをブローに、別のタンクをベントにしてどちらか過剰な水を移動させられる」

「自動浮力制御」

浮力の自動制御は頻繁に自動トリムと誤称されている。このシステムは基本的に、制御部と二つの補助タンク、それに空気を満たして注排水する二つのバルブから成っている。捕虜によると、通常は深度一三〇～一六五フィート（約四〇～五〇メートル）で釣り合いを取っている。その手順には理由がない。

制御部には船底の水圧によって作動するピストンが含まれる。希望した深度はハンドル車で設定し、制御部を操作する時は、電動モーターが、いくぶん複雑な差動装置の変速ギアの列を通して、ピストンのシリンダーをはじかせて圧縮に調整する。モーターの特徴として、変速ギアが作動時に勢いが弱まるのに備えるとの指摘を捕虜が報告している。とはいえ、装置はこの供述を確かめるために取り外されてはいなかった。レバーは支点になるピストンの頂部にあり問題ない。レバーの一端は堅く固定されており、もう一方は二組ある電気接触器の間に伸びている。ピストンには水圧とスプリングの差圧を上下の動きで示す測定器があり、それによってレバーの端に接触する機器を通して電路が完結している」

「接続している二組の電気接触器は二つのソレノイド形空気バルブが、第一補助タンクにバルブを開いて水を満たすか第二補助タンクから排水する動作を行なう。補助タンクのための二つのバルブは発令所にあり、船外の接続部と共用している。左舷

姉妹艦のため同一という理由で米軍は伊401の詳細な調査は行なわなかった。

の第一・第二補助タンクだけは浮力システムと接続している。空気圧式の給排水バルブはピストン式で、回転軸で水量値を見て円形ハンドルを手で回して調整する」

「左舷の第二補助タンクは水を含んでおり、規則的に排出接点から一一五〜一二五重量ポンド毎平方インチ（七九二九〜一万五五一三ヘクトパスカル）の空気圧を保っている。潜航時に設定した深度より下に行き、管制部でピストン・レバーを閉めて上がる様に接続する。このソレノイド形バルブの動作で、第二補助タンクのバルブが開き一二五重量ポンド毎平方インチの空気が排出される。タンク本来の圧力は水圧より低く、潜水艦が正確な深度に達するまでバルブを閉めてソレノイド形回路は切断され水を排出する」

「このシステムは、特に潜水艦が作戦中の深度で、ほとんど並み浮力の状態でなければ、明らかに追跡できるだろう。特定の艦では装置の詳細について熟知できるようには思えない。捕虜の司令官は作戦中に浮力装置がかなりの騒音を出すと述べた。得られたこの情報に基づいて、作戦中に潜航している装置のテストをせずに、質問することで予備的な評価は全般的に好ましいものになった」

レポートには名前が書いていないが、ここで証言している捕虜の司令官は日下敏夫中佐である。

伊４００型の艦本式二二号一〇型ディーゼル・エンジンは、運転時の騒音が大きかったことは元乗組員の証言でも語られる。しかし、米軍は潜水時の深度調整で補助タンクから排出する空気音が米艦艇の聴音で捉えやすい点に着目している。文面からは調査団は実際に伊４００を運航したわけではなく、日下艦長の証言から注排水システムの弱点を推測したのである。

「船殻の外側は捕虜の情報によると潜水艦の船底勾配は比較的小さい。艦外の中心線にある一直線のバラスト・キールの長さについて。船殻近辺の幅四フィート（約一・二二メートル）、船底の幅二・六フィート（約〇・八メートル）、一番底の幅が約一・三フィート（約〇・四メートル）」

「大部分の補助機械は主として多数のバルブ、スイッチ、表示板が複合している。前に述べたパイプ・システムの方がより広範囲に渡って配置されており、最も簡略化するよう努力して設置されている。この印象は、外国の職人技の一部や、性急にデザインされた実験用の潜水艦にも相当する」

「伊４０１は姉妹艦でほぼ同じである。この記述はどちらの潜水艦にも当てはまる」

米軍は伊４０１の見分も行なったであろうが、同型艦であるとしてレポートは伊４０１についてこれ以外には触れていない。

この全般的なコメントから分かるのは、伊４００の艦内に張り巡らされた吸排気と水圧システムに米軍の関心が向けられていたことだ。

伊４００の艦内を写した写真を見ると発令所はいうにおよばず兵員室や士官室など、居住区画にまで配管や操作用のバルブが至る所に取り付けられている。

潜航や浮上、潜航中のトリムなど、船体の動きや姿勢制御は各種タンクと補機を動力とするピストンで水と空気を移動させて行なわれる点がレポートで詳細に記述されている。この駆動系が米軍にとって重要な注目すべきポイントだったのである。

伊400 外形・甲板平面図

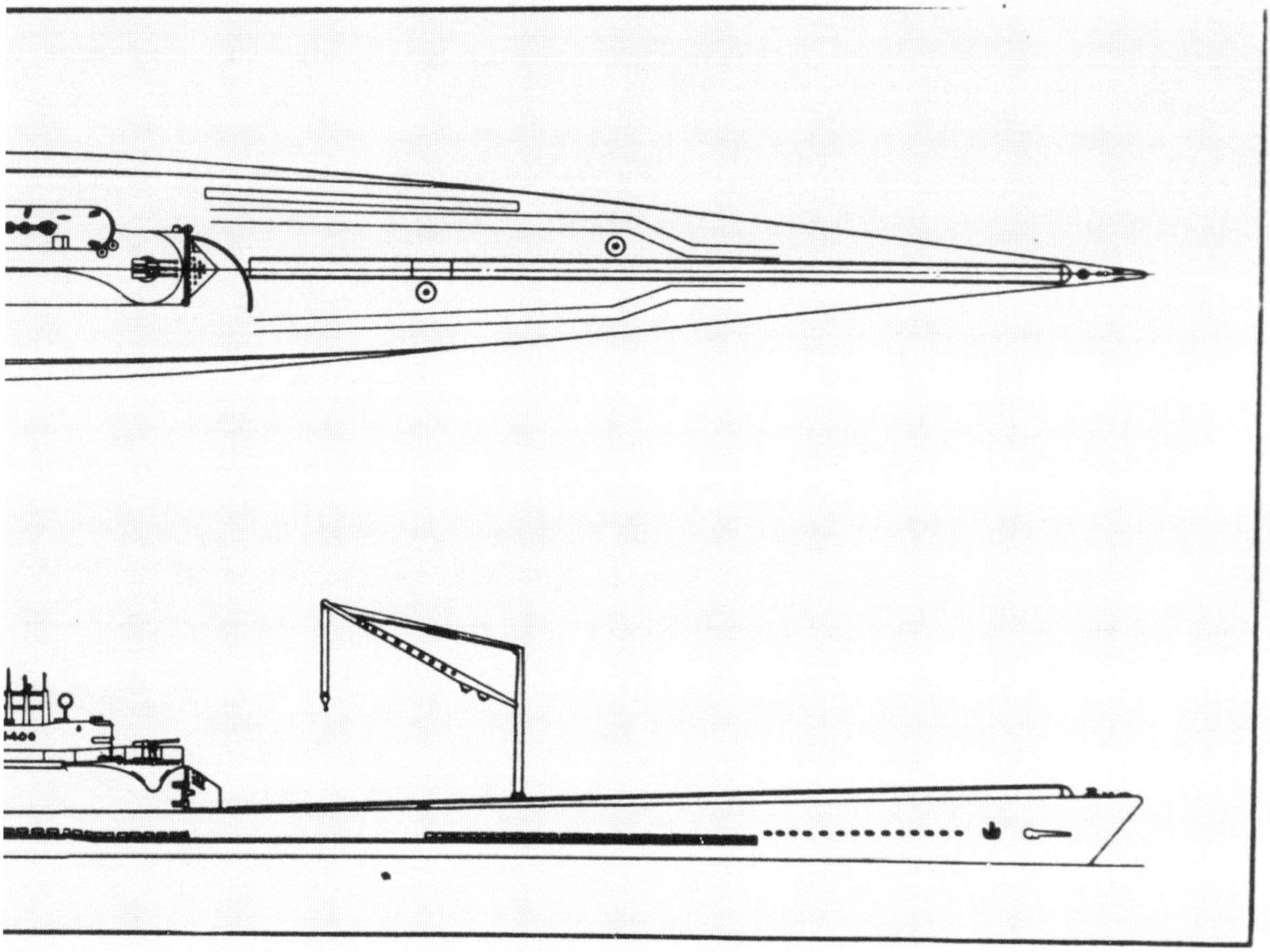

e 17

D DECK PLAN, I-400

外観上は非常に長い格納筒を含む艦橋構造物の大きさが伊400型の特徴である。また対空機銃の多さは他に例がない。

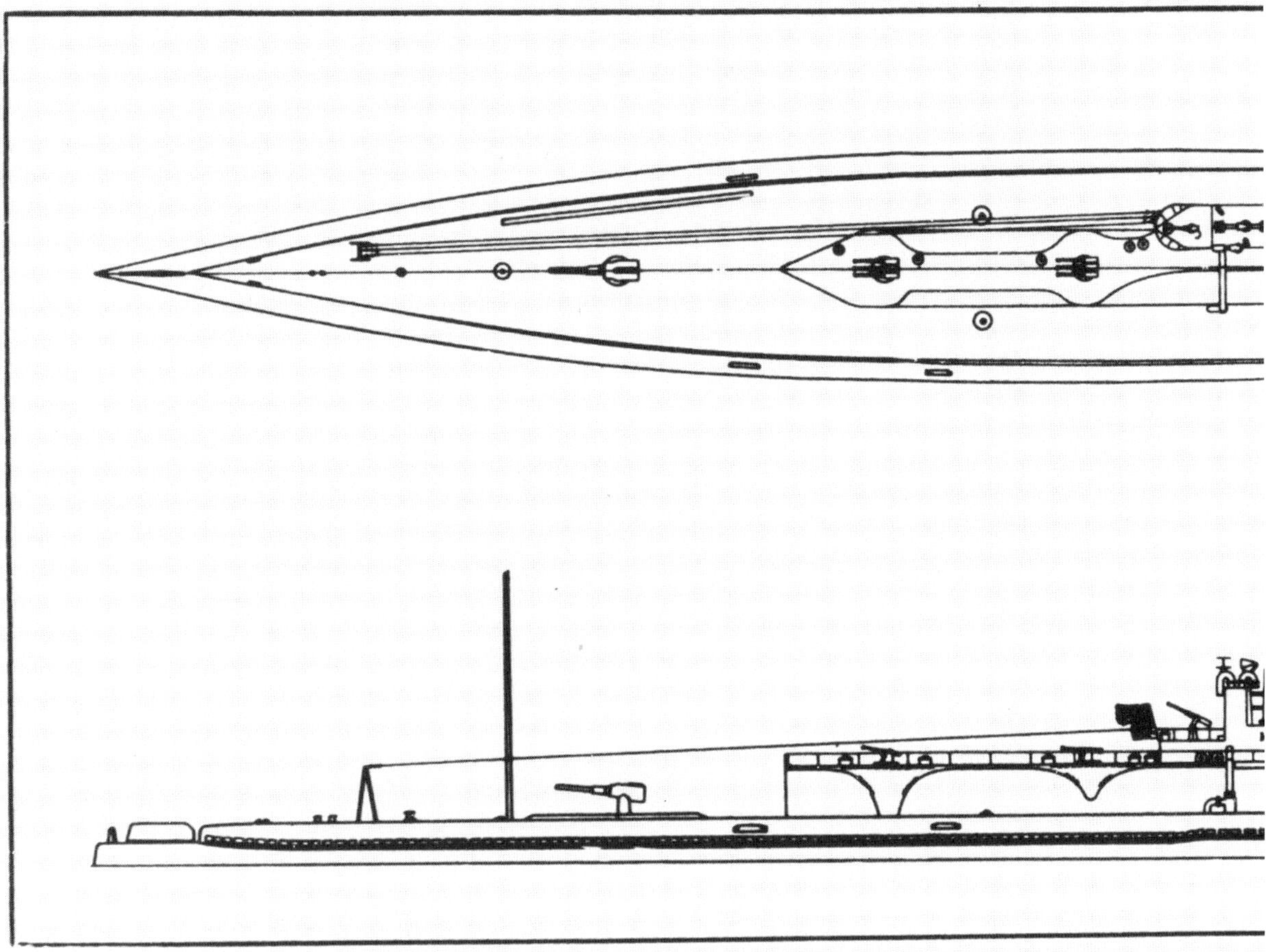

Figure

OUTBOARD PROFILE AN

伊400 耐圧船殻・区画平面図

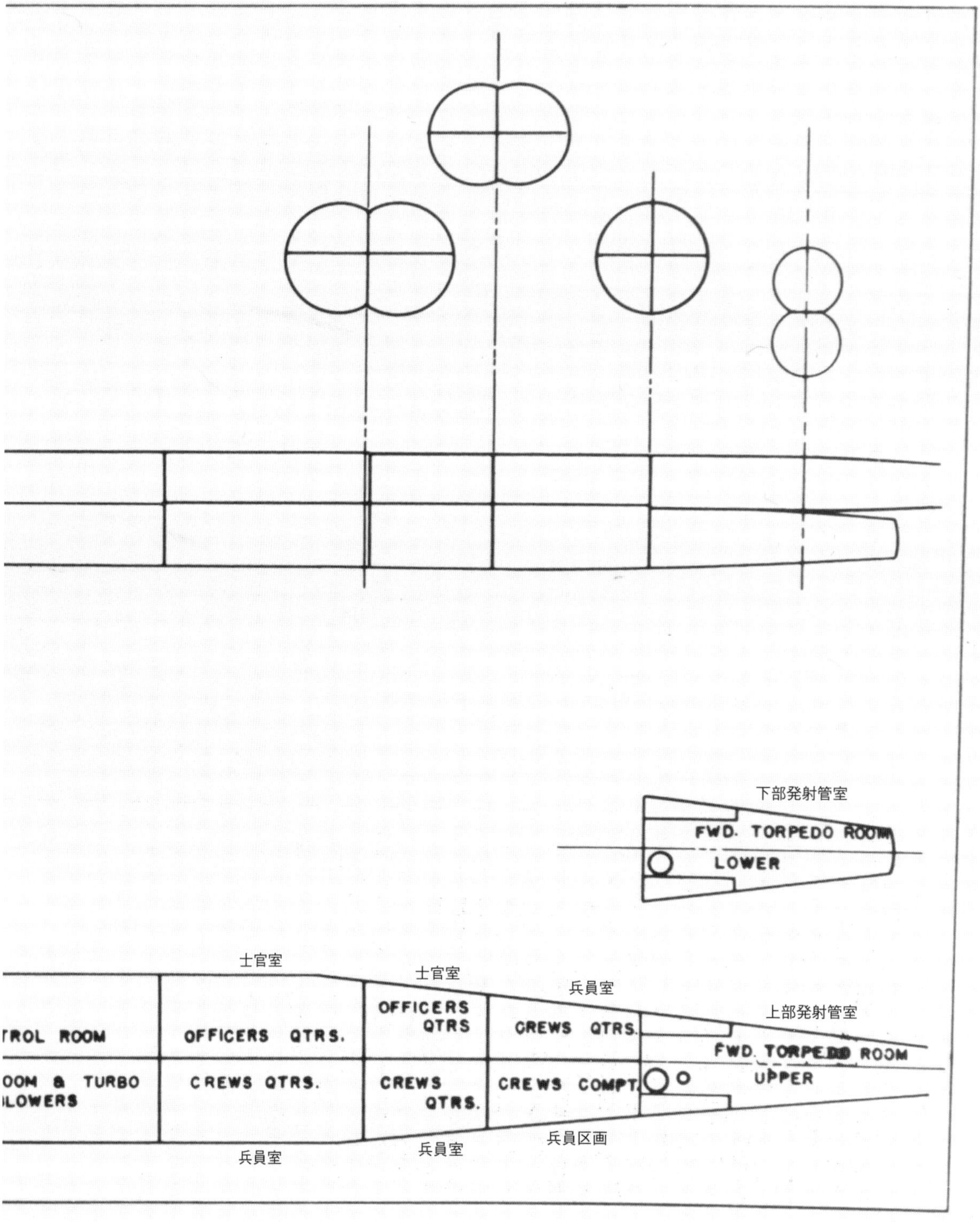

l Compartment Plan, I-400

耐圧船殻の構造は艦首が上下の複殻から円形、中央部が左右の複殻、艦尾が円形になっている。下は上甲板の区画配置図。

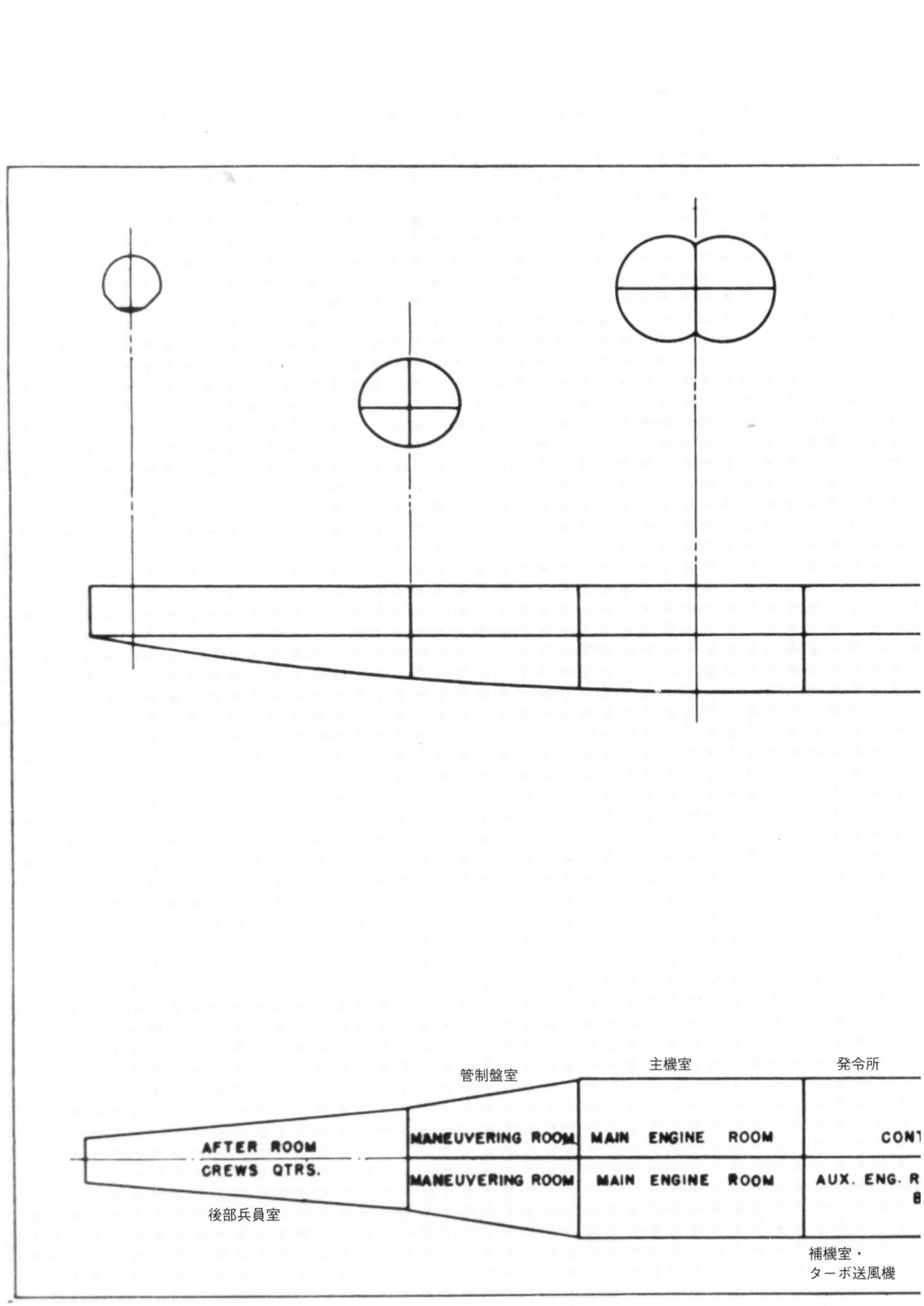

Sketch of Pressure Hull and

伊400 タンクの配置と容量

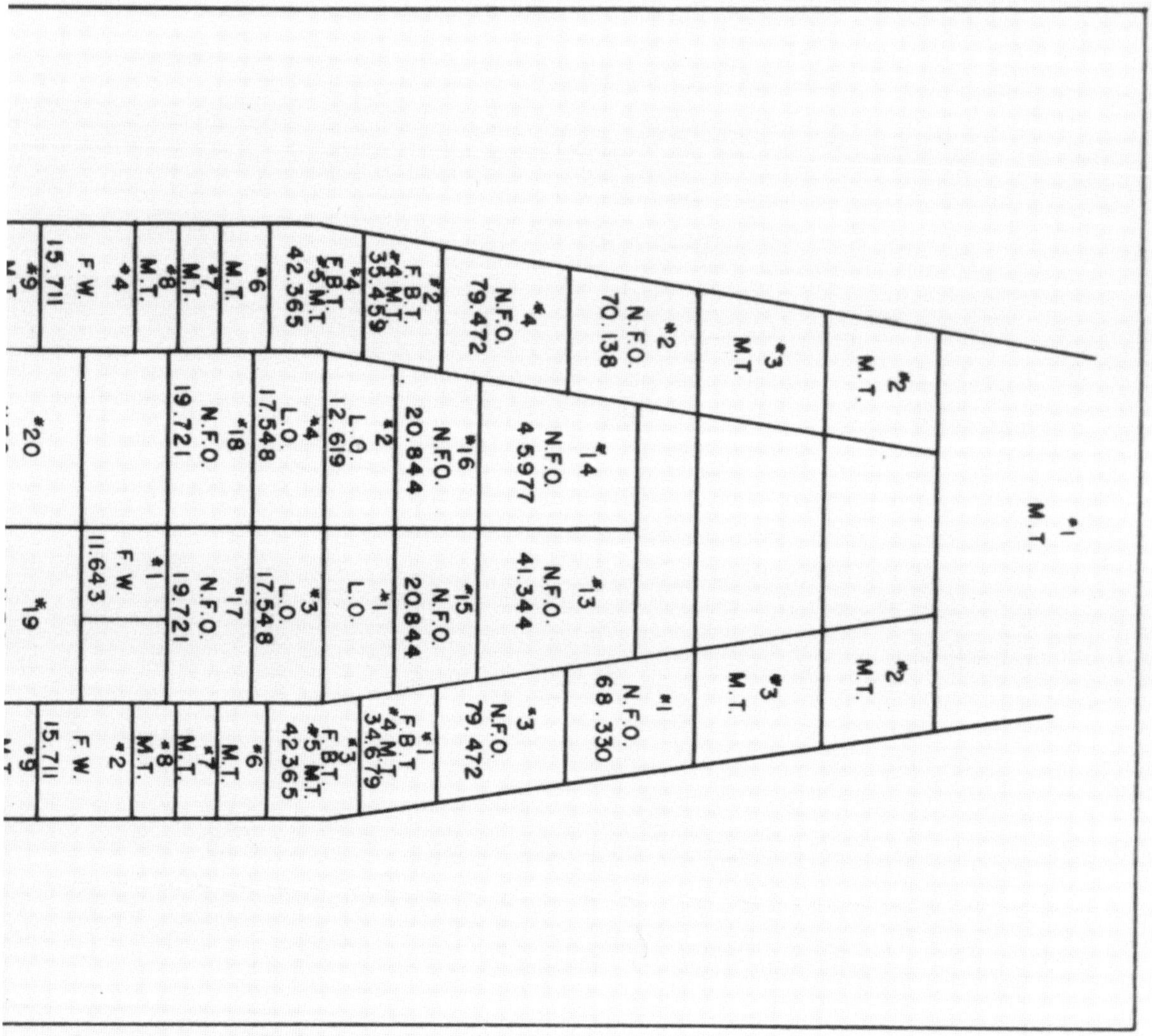

and Capacity of Tanks, I-400

ure 19

外殻のタンク配置と容量で単位はガロン。
M.T. ＝メイン・トリム・タンク、N.F.O. ＝燃料タンク、F.B.T. ＝燃料バラスト・タンク、
L.O. ＝潤滑油タンク、F.W. ＝清水タンク。

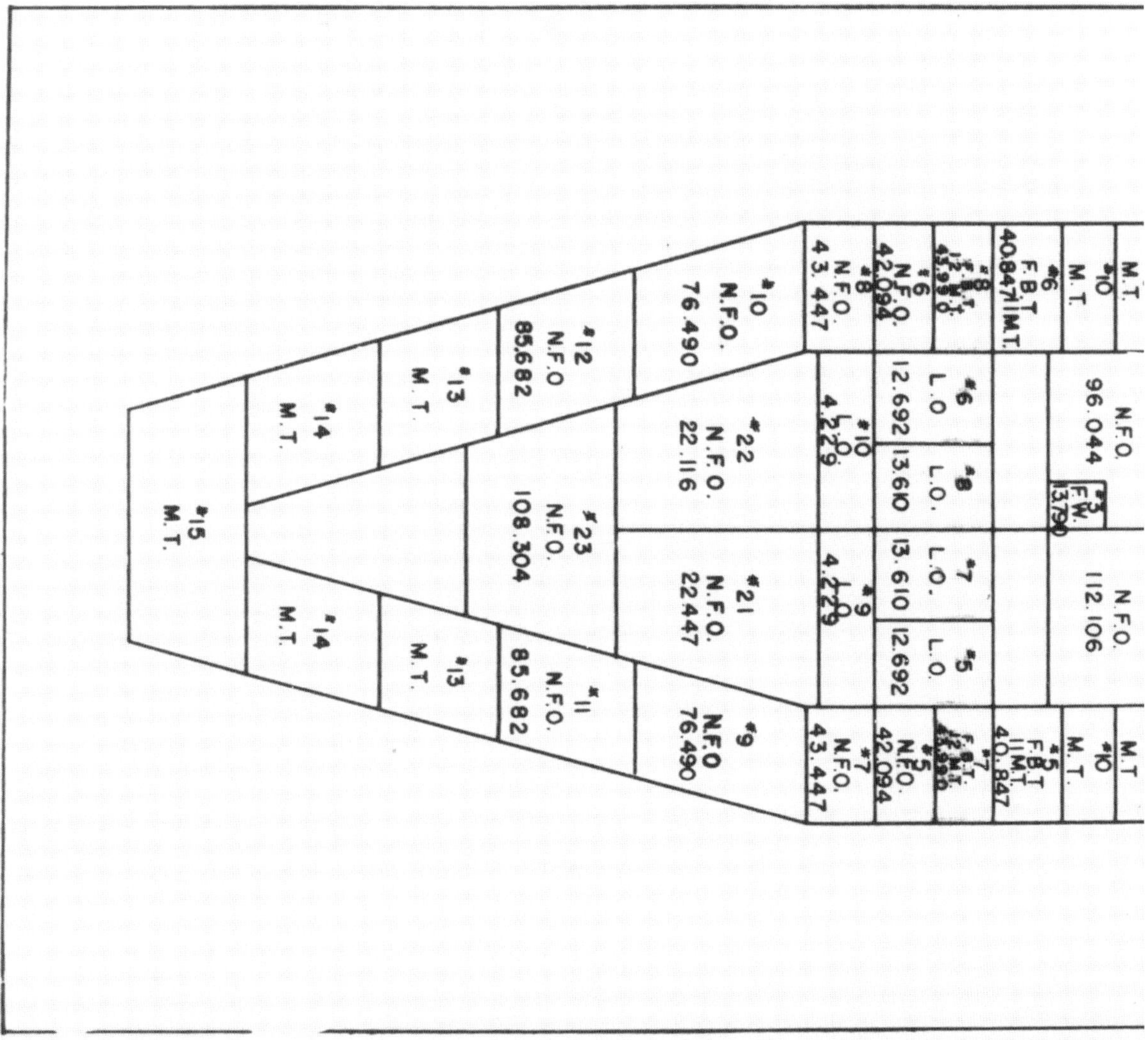

Sketch of General Arrangement a

Figu

伊14 全体の区画と配置・甲板平面図

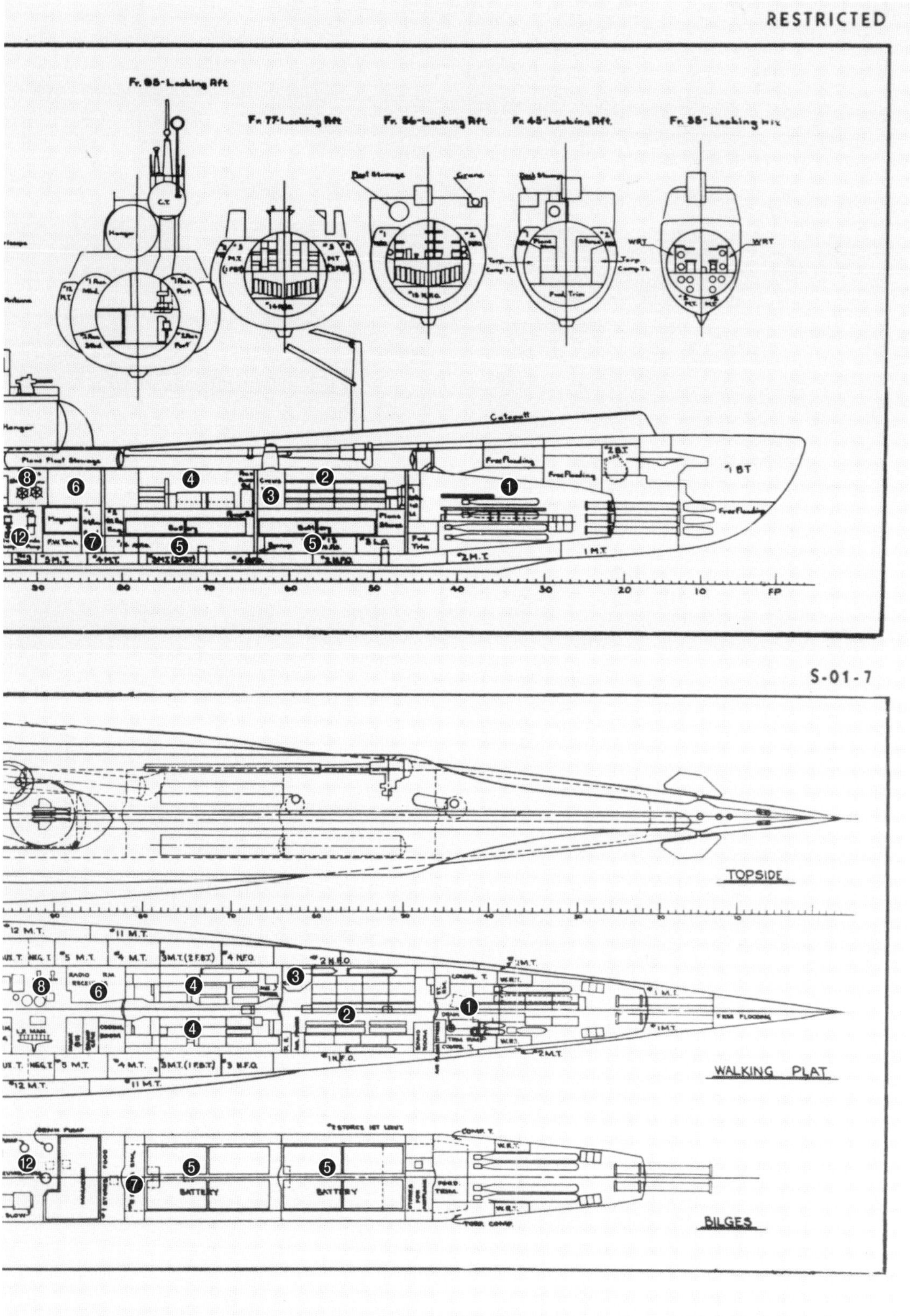

Figure 39
Deck Plans, I-14

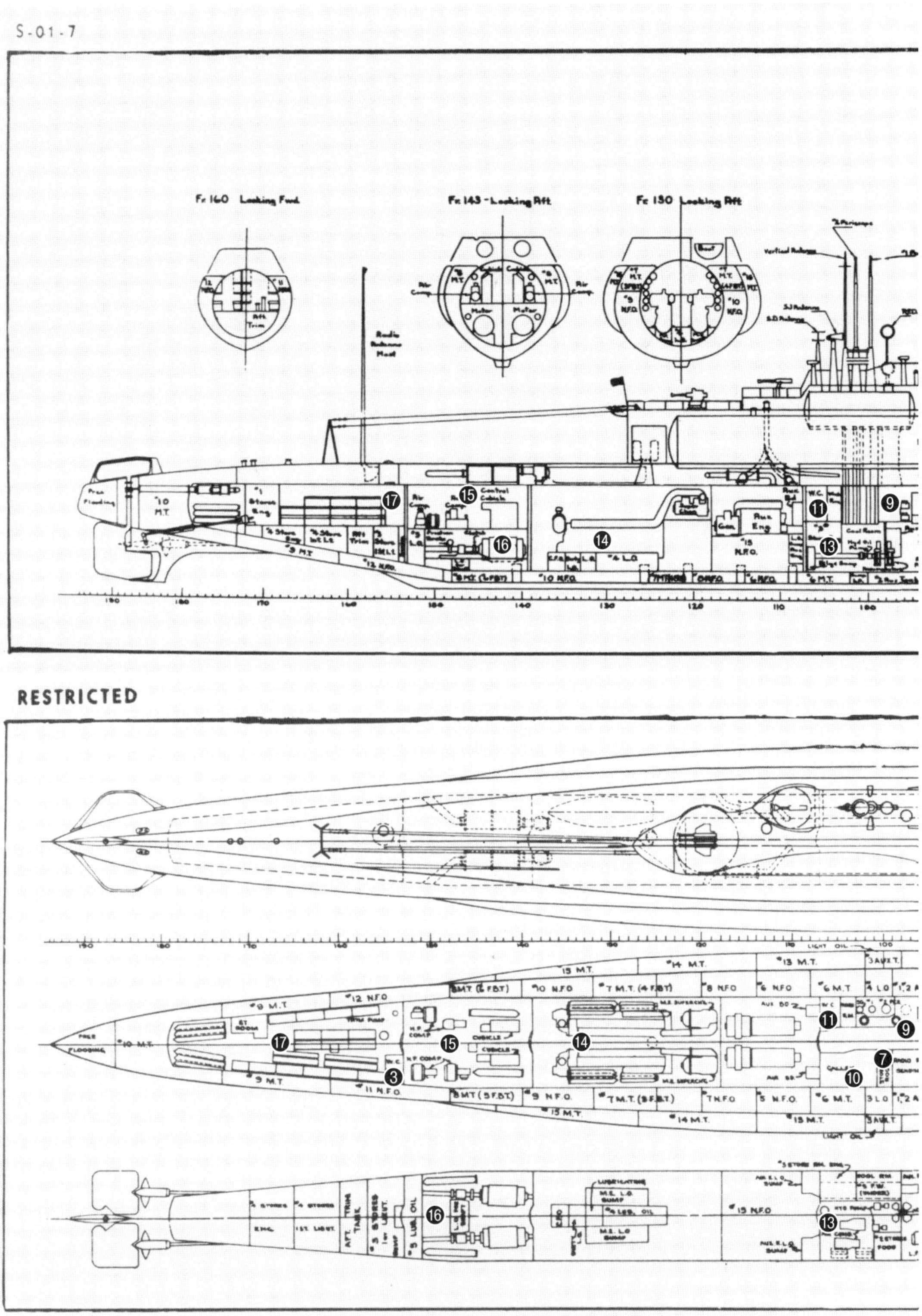

❶発射管室　❷前部兵員室　❸兵員厠　❹士官室　❺蓄電池室　❻電信室　❼貯蔵庫　❽操舵所　❾発令所　❿烹炊所　⓫士官厠　⓬ポンプ室・ターボ送風機　⓭補機室　⓮機械室　⓯制御盤室　⓰主電動機室　⓱後部兵員室

特殊攻撃機「晴嵐」開発ヒストリー

■航空史研究家
古峰文三

●十三試艦爆＝艦上爆撃機「彗星」をタイプシップとし、特型潜水艦＝伊400型への搭載を考慮したコンパクト化に苦心すると共に、当初の目的であったパナマ運河への攻撃を可能とする爆装＆雷装を実現化した〝日本海軍水上機の集大成〟！

〈上〉「晴嵐」３機を搭載した特型潜水艦・伊400型。写真は１番艦の伊400。〈左ページ〉真横より撮影の特殊攻撃機・試製「晴嵐」

「晴嵐」の着想と試作研究

潜水艦から発進する攻撃機「晴嵐」の着想がいつ、誰によって生み出されたのかはよく判っていない。通説では山本五十六連合艦隊司令長官が開戦直後にアメリカ本土を空襲できる攻撃機搭載潜水艦の構想を示して試作を要求したと言われるが具体的な根拠となる文書は発見されておらず、関係者の回想に頼っているのが実情だ。

潜水艦に搭載する攻撃機として「十七試攻撃機」の名称は航空本部関係の文書に現れるものの、その試作の発端は推定の域を出ず、山本長官説はそれなりに合理的でもあるようにも感じられる。対米戦を講話に導くための最後のひと押しにこのような特殊兵器による一種の戦略爆撃を利用する発想はそれなりに説得力がある。

一方で第六艦隊の側にそうした潜水艦搭載攻撃機の構想が存在していたとの説もまた信憑性がある。昭和二〇年にパナマ運河攻撃計画が再考された際に艦隊側からアメリカ西海岸都市への空襲構想が持ち上がっていることも状況証拠たり得るだろう。パナマ運河の閘門破壊といういかにも当時の軍令部発と感じさせる特殊作戦が廃された際に、艦隊側に存在した原構想が復活しているようにも見えるからだ。

だがいずれの説も確たる証拠文書が発見されていない。特型潜水艦の建造とその専用搭載機の開発はそれだけ未解明の部分が残されている。

長引いた研究期間、遅かった設計開始

特型潜水艦用搭載機は当初、空技廠が設計し、愛知時計電機（昭和一七年当時、航空事業分離以前の社名）で量産が計画されていた十三試艦爆（後の「彗星」）が検討されていた。

海軍の単発爆撃機としては比較的小型でかつ高速、大航続力の十三試艦爆は戦闘機の直掩を受けずに単機または少数機で奇襲攻撃を実施するには最適の機体でもあった。しかし十三試艦爆は航続距離を確保するために主翼内の容積は燃料タンクでほぼ満杯の状態で、このような構造の主翼を折畳み式または取外し式に改

造するのは困難だった。十三試艦爆を計画された特型潜水艦の格納筒に収めるためには主翼を再設計しなければならないことはすぐに判明し、十三試艦爆改修による搭載機計画は再検討されることになる。

主翼の再設計を行なうのであれば胴体も新設計としても試作期間に大きな差は出なかったのだ。

このため特型潜水艦用搭載機の構想は十三試艦爆をタイプシップとした新設計の機体へと移行し、新たな試作計画には十七試攻撃機の計画名称が付与された。

しかし、十三試艦爆改修構想から新規設計に至るまでの道のりは意外に長く、昭和一七年度中には十七試攻撃機の具体的な設計作業は始まっていない。昭和一七年五月に海軍航空本部からの基礎研究指示によって愛知社内で「AM24」の名称が与えられてから、十七試攻撃機の実機設計作業を準備する設計打合会議が昭和一八年五月三日に愛知航空機で開かれるまで約一年間が経過していた。特型潜水艦の第一艦である伊四〇〇潜が起工されたのが昭和一八年一月であり、それに合わせて十七試攻撃機の実機製作に向けた本格的な研究が愛知社内で開始され最初の木型審査は一八年一月に行なわれている。

それまで特型潜水艦搭載機をどのような機体とするか、構想は揺れ動いていた。

車輪式の陸上機として出撃時に浮舟無しで射出して帰還時に海面に着水するか、引込式の橇を採用して帰還時の着水に使用するか、取外し式の浮舟を装着して水上機形態とするか、あるいは浮舟を固定したまま折畳み機構を工夫して格納筒に収めるか、など様々な形態が検討された形跡が残されている。

実機には採用されなかった非常時の浮舟空中投棄といった構想もこうした検討の中で一度は登場した可能性もある。

そして昭和一八年五月一〇日の設計会議では海軍側から「設計の予定は先般研究決定せるものにて可。遅れる不可。実物は一二月に飛行開始。」と申し渡され、機体各部の設計作業が開始されている。

海軍側の申し渡し内容から見ても五月以前の研究段階では完全な仕様が定まっておらず、「研究決定」まで十七試攻撃機の具体的な姿は決まっていなかったことが想像される。

通常の海軍試作機は「航空機種並性能標準」に基づいた機種が実用機試製計画で試作年度が定められ、それに合わせて官民合同の研究会、計画要求審議会を経て試作機の計画要求書が交付されると同時に機体製造会社へ試作機が発注される手順を踏むものだったが、M6A1（十七試攻撃機）の計画要求審議の記録はほとんど残されていない。特型潜水艦用攻撃機という「性能標準」に記載されない特別な機体の計画は他の機種とは若干異なっているようだ。

ゆっくりした生産計画

設計方針が決定した昭和一八年五月以降、各部の設計作業は順調に進み、浮舟は五月中旬、水平尾翼は五月末、垂直尾翼は六月前半、胴体は六月中旬、主翼設計は六月末と快調な進捗を見せている。構想が固まってからの設計作業はかなりの

●愛知 特殊攻撃機 試製「晴嵐」〔M6A1〕

3点共作図・野原 茂

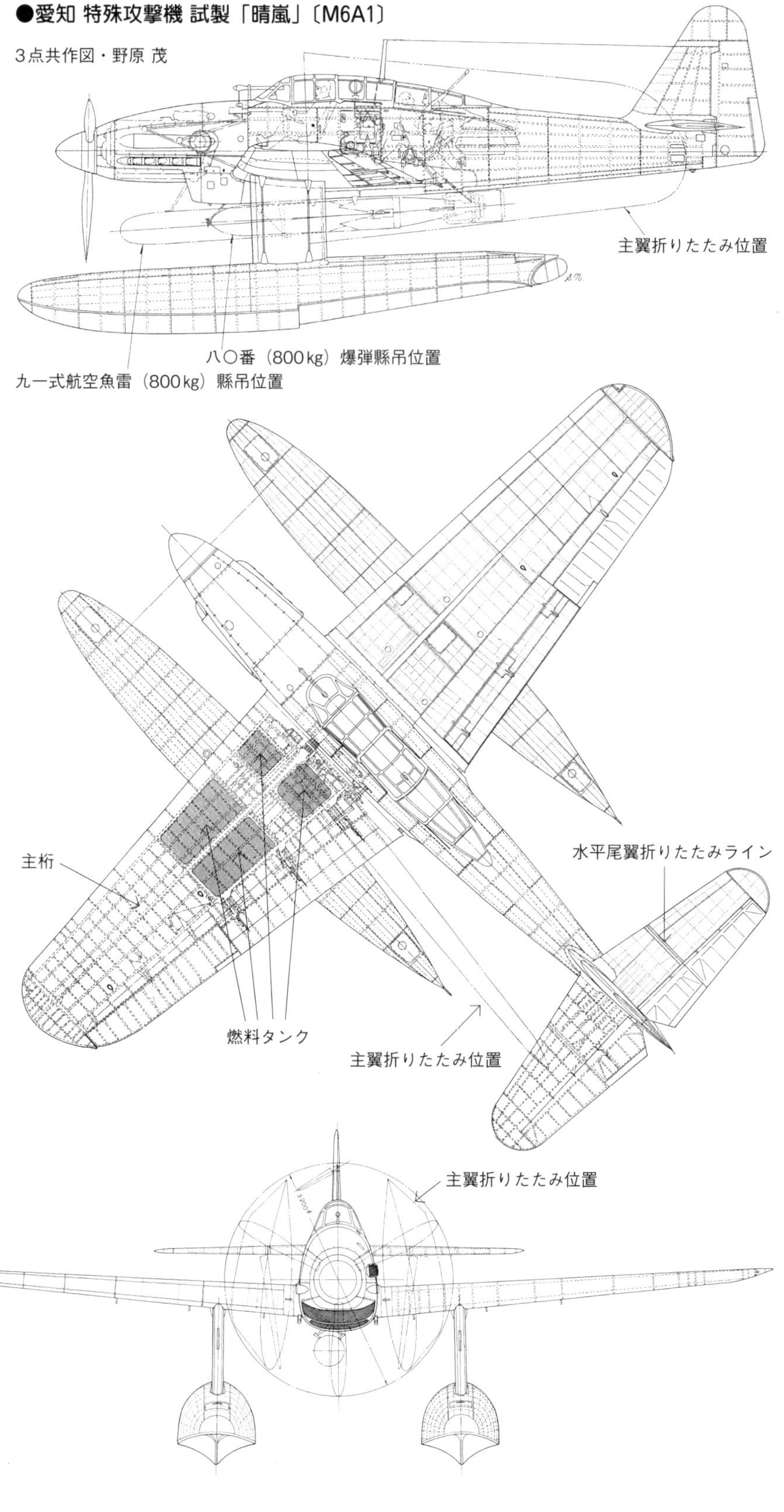

ペースで進み、十六試艦攻（後の「流星」）や十四試二座水偵（後の「瑞雲」）の設計作業を終えた愛知の設計陣が海軍の要求によって優先順位を上げて取り組んだことを示している。

「遅れるは不可」と厳しく申し渡された実機完成目標の昭和一八年一二月を目指して十七試攻撃機の設計と試作機製作は特急作業で行なわれ、六月時点での計画では九月末に強度試験機を完成させ、一月末に一号機完成、一二月末に二号機完成、昭和一九年二月末に三号機完成、三月末に四号機完成、四月二〇日に五号機完成、五月一〇日に六号機、五月末に七号機、六月二〇日に八号機、七月二〇日に九号機、八月一〇日に一〇号機、八月末に一一号機、九月一五日に一二号機、九月末に一三号機、一〇月二〇日に一四号機を完成する予定だった。

後部より見た試製「晴嵐」

そして一号機から八号機までが水上機形態の試作機、九号機から一四号機までが陸上機形態となる計画だった。

しかしこの計画にある機体製造ペースには不思議な点がある。試作機製造から実質的な量産開始までの間、製造ペースが上がっていないのだ。この頃の軍用機は流れ作業方式で組み立てられ、製造ペースは量産開始から急速に早まるのが普通なのである。

だが十七試攻撃機の製造ペースは当初の計画でさえこのように月産一機から二機の比較的ゆっくりしたペースで予定されている。この点から十七試攻撃機はその特殊な性格ゆえに量産機というよりも、専用の生産ラインを持たず、試作機と同じように一機ごとの組み立て法で製造される計画だったと考えられる。

特型潜水艦の建造計画に対応するにはそれで十分と考えられていたようだ。

機体設計の特徴

「晴嵐」は特型潜水艦の格納筒の内径である直径四・二メートルの円筒内に収まるように分解と折畳みを行なう必要があり、設計時の苦心はほぼその点に集中している。

原構想が十三試艦爆の改修機だったことから、その基本設計を引き継げる部分は引き継いで省力化し、さらに愛知なりの改良を加えた機体として「晴嵐」の設計は進められ、その外観を構成する要素にはよく似ている部分がある。

愛知で設計された機体にはこのような他の機体からの巧みな流用がよく見られ、例えば「彗星」三三型のカウリングは同じ「金星」エンジンを装備した「瑞雲」と概略共通であるように、使えるものは積極的に使って行く方針だった。

しかし十三試艦爆と「晴嵐」はよく似た雰囲気の機体ではあるものの、両機を比較すると「晴嵐」の方がひと回り大きいことに気がつく。二五〇キロ爆弾を標準とする十三試艦爆と急降下爆撃は実施しないものの八〇〇キロ爆弾または航空魚雷を搭載することを前提とした「晴嵐」では搭載兵装の重量が大きい分だけ主翼面積を増加して翼面荷重を抑えたことで潜水艦搭載用でありながらも全幅一二・二六メートル、全長一〇・六四メートルと「彗星」一一型の全幅一一・五〇メートル、全長一〇・二二メートルと比べて少し大きな機体になっているのである。

主翼は同じ愛知で設計された「瑞雲」や「流星」に似た直線テーパー翼だったが水上機である「瑞雲」よりも艦上攻撃機である「流星」により近く、縦横比は「晴嵐」が五・五七、「流星」が五・八とほぼ似通っており、前進翼的にわずかに角度をつけた主桁も「晴嵐」「流星」に似ている。翼面荷重も「晴嵐」は一五七キロ／㎡で「瑞雲」の一三七キロ／㎡より

●格納筒内での収納状態

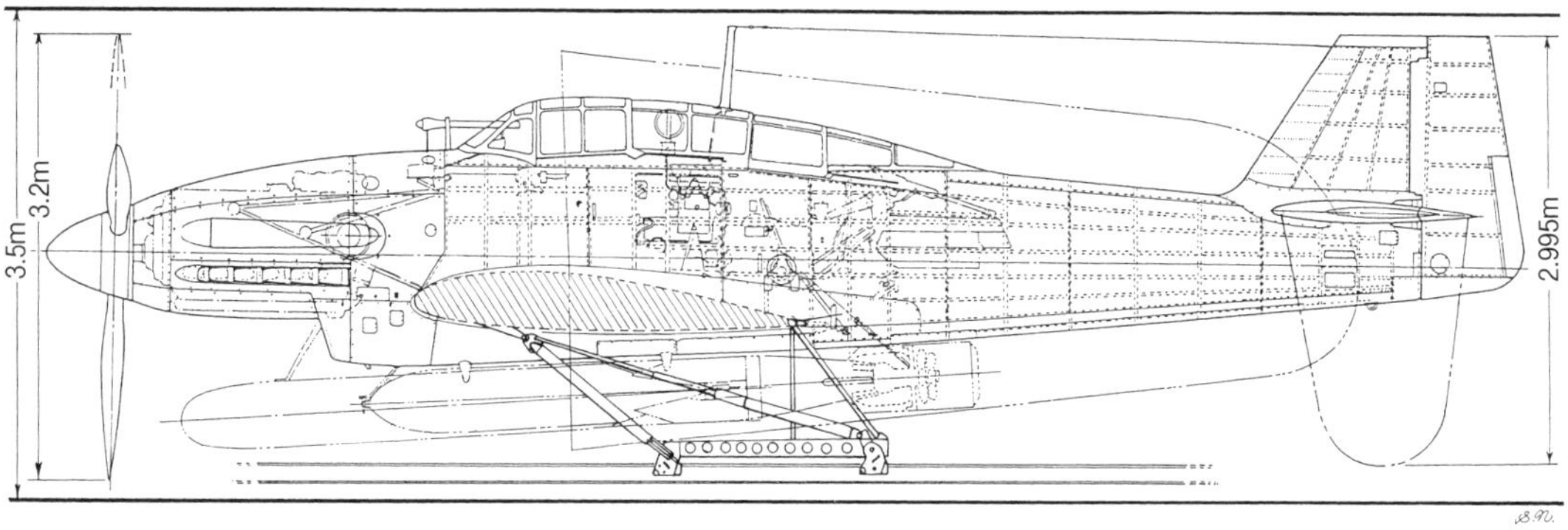

〔側面（上）と上面〕

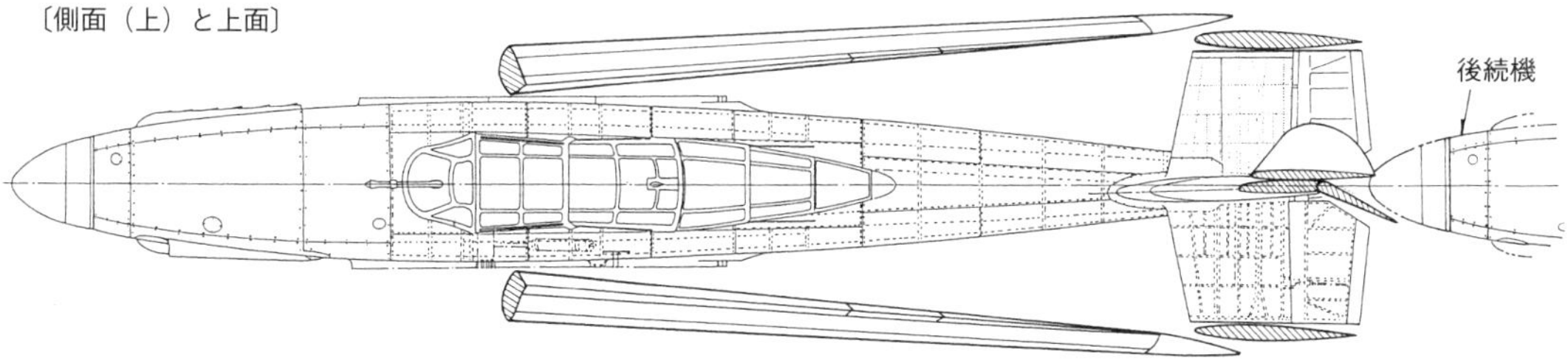

3点共作図・野原 茂

●格納庫内への収納要領

も「流星」の一六一キロ／㎡に近い。こうした主翼設計は海軍が愛知を通じて購入したハインケルHe100の影響を受けたもので、「晴嵐」は浮舟付きの水上機、「流星」は逆ガル主翼の艦上機ではあっても、どちらも八〇〇キロの雷爆兵装を持つ攻撃機であるためと考えられる。

翼面積二七平方メートルと比較的大きな主翼は後方に向けて折畳み機構が設けられ、日本の艦上機では引込脚と燃料タンクの配置に妨げられて実現しなかった主翼付け根近くからの効率の良い折畳みが行なえるようになっていた。狭い格納筒内に機体を折り畳んで収容するという必達要求が全金属製時代の日本海軍機には珍しい思い切った折畳み法を採用させているのだ。

また高速機であるため、離着陸性能を確保するために「瑞雲」「流星」と同じ親子式の二重スロッテッド式フラップを装備した。八〇〇キロ爆弾を搭載して出撃する際には浮舟を装着せずに射出して帰還時に機体を放棄する特殊な機体であっても訓練時に行なわれる着水の安全性は確保され、着水速度は初期の試作機で「アツタ」二一型を装備した機体では時速一一三キロ、「アツタ」三二型を装備した機体でも時速一二三キロと零戦並みの数値で意外なほど低めである。

二本の浮舟は抵抗の小さい一本の支柱で支えられており、取外し式で格納時には機体から外されるようになっていた。浮舟が取外し式であることから飛行中に浮舟を投棄できるとの誤解されることもあるものの、空中での浮舟投棄機構は装備されていなかった。

機体設計は部隊配備までの間、大きな変更は無かったものの風洞実験で方向安定性の不足が確認されたため、垂直尾翼が上方向に増積されたのがほぼ唯一の目立った変更だった。この設計変更によって垂直尾翼の高さが格納塔の天井に干渉するようになったため、垂直尾翼の上端から一九〇ミリの部分で下方に折畳む機構が追加されている。

　この改修は秒単位で短縮が求められた機体の組み立て作業時間を伸ばすものだったが、避けることができなかった。

　しかし浮舟を外した陸上機型では垂直尾翼の折畳み部は最初から装着されず、垂直尾翼上部が切り落とされたような形状となっていることから、「晴嵐」は初期段階で、浮舟無しで基本設計が行なわれていたとも想像される。

「晴嵐」の垂直尾翼は原設計からの目立った改造箇所の一つで方向舵の上端に増積部分が継ぎ足されているが格納筒と干渉するため折畳式となった。下は着水性能を考慮して主翼に装備された親子式二重スロッテッド式フラップ

「アッタ」発動機はなぜ選ばれたのか

十三試艦爆（「彗星」）の改修構想から始まった計画であるため「晴嵐」に同じ液冷の「アッタ」発動機が装備されるのは当然のことのように思えるが、空冷星型発動機に比べて機構が複雑で整備に手間がかかり信頼性も劣る液冷発動機を整備環境の劣悪な潜水艦搭載機に採用したことは一つの冒険といえた。

「晴嵐」の発動機は当初ダイムラー・ベンツDB601Aを愛知でライセンス生産した「アツタ」二一型（離昇一二〇〇馬力、全開九七〇馬力／高度四五〇〇メートル）が選ばれ、その後に圧縮比と回転数を上げた性能向上型の「アツタ」三二型（離昇一四〇〇馬力、二速全開一三〇〇馬力／高度六〇〇〇メートル）に置き換えられている。

　空冷星型発動機の方が整備容易で信頼性も高いことは否定できなかったが、同程度の出力を持つ空冷星型十四気筒の「金星」五〇型（五〇番台の型式の総称）の離昇一三〇〇馬力、二速全開一一〇〇馬力／高度六〇〇〇メートルでは前面投影面積の増大に見合った性能は得られない。水メタノール噴射装置を装着した「金星」六〇型でも離昇一五〇〇馬力を得られたものの二速全開一二五〇馬力／高度五八〇〇メートルでは「晴嵐」に求められた高速発揮には力不足だった。

　ダイムラー・ベンツDB601系の発動機には「アツタ」のほかに陸軍が使用した川崎航空機製の「ハ四〇」と「ハ一四〇」があり、とくに圧縮比と回転数を上げ、過給器を強化して水メタノール噴射装置を追加した「ハ一四〇」の不調が有名で、三式戦闘機「飛燕」で俗に言う「首無し機」が川崎の岐阜工場に大量に滞留し、最終的に空冷発動機に換装したキ一〇〇が製作される事態を生んだことから戦時中の不調発動機の代表格として知られている。

「アツタ」三二型も「ハ一四〇」と同じようなDB601Aの性能向上型だったが離昇馬力は一四〇〇馬力と「ハ一四〇」の一五〇〇馬力に一歩譲り、全開高度での性能も「アツタ」三二型は一三〇〇馬力／高度五〇〇〇メートルで、「ハ一四〇」の一四〇〇馬力／高度六〇〇〇メートルに見劣りする。しかし実際には「ハ一四〇」を装備した三式戦闘機二型はほとんど実戦に投入できないまま終戦を迎えているのに対して「アツタ」三二型を装備した「彗星」一二型は攻撃任務に留まらず夜間戦闘機としても終戦まで大いに活躍している。

　この違いは「アツタ」があえて過給器を弄《いじ》らず、調整の難しかった水メタノール噴射装置も採用していないことと、ラジエーター周りが単純な構造であったことが貢献しているようだ。

　そして開戦以来、「アツタ」二一

●『アツタ』発動機（図は原型のDB601Aを示す）

作図・野原 茂

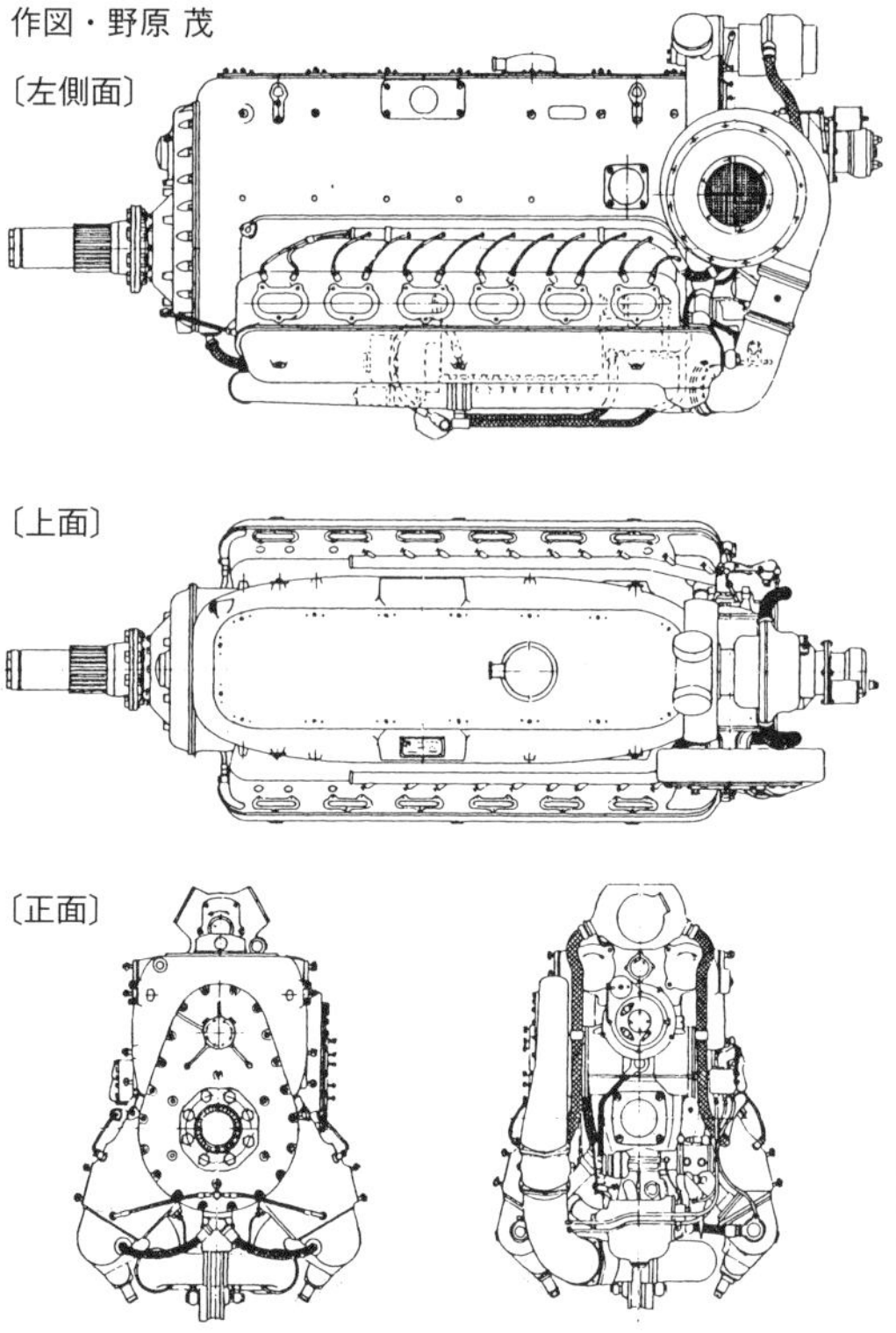

オイルクーラーとラジエーターを一体化し、「彗星」よりも空気取入口が後退した「晴嵐」の機首

型を装備した十三試艦爆が偵察機として実戦に投入され、昭和一七年七月には二式艦上偵察機として制式採用されていたことも愛知側の自信に繋がった。

さらに愛知では「アツタ」の艤装についても空技廠が設計した「彗星」とは違う方針を持っていた。十三試艦爆二号機からラジエーターとオイルクーラーをタンデム配置として冷却気の採り入れ口をプロペラ直後に持ち、冷却器用のフラップも二重に備える複雑な機構となった「彗星」に対して愛知の技術者が違和感を持っていたことが技術者の空技廠出張報告から読み取ることができるからだ。

そして「晴嵐」ではラジエーターとオイルクーラーを一体化して冷却気採り入れ口を後退させている。「彗星」より単純で合理的な構造を求めて「晴嵐」への「アツタ」装備は進められていた。

海軍航空本部も試作を指導する空技廠も「アツタ」三二型の信頼性について考慮した形跡は見られず、複雑な液冷V型一二気筒発動機でありながらも「アツタ」にある程度の信頼が置かれていたと見ることができるだろう。

「晴嵐」の兵装

「晴嵐」の兵装は単純である。胴体下に爆弾倉を設けずに懸吊する八〇〇キロ爆弾または航空魚雷一本が主たる兵装で、その後に反復攻撃を想定した二五〇キロ爆弾の懸吊架が追加されているのみである。

機銃兵装は当初の研究では機首に固定機銃を装備する予定だったが、昭和一八年五月二六日に愛知で開かれた「兵装強化研究会」では兵装について「固定機銃は廃止す」と決議され、その理由について「（十七試攻撃機の）性能がギリギリだから（空戦用の固定機銃は）使いものにならぬ」「空戦（性能）はそれ程よくできない」「（十七試攻撃機は）攻撃が目的である」と述べられ、ただ後席の旋回銃のみは七・九ミリの一式旋回機銃から一三ミリの二式十三粍旋回機銃へと強化することが決定している。

「南山」と「晴嵐」

十七試攻撃機の生産計画にもあるように八〇〇キロ爆弾または航空魚雷を懸吊した場合、無浮舟で射出することから、無浮舟状態での飛行性能確認と訓練の必要があり、M6A1陸上機（後にM6A1-Kとして練習機の略符号となる）として陸上型の製作が計画当初から織り込まれていた。

陸上型は引込脚を装備するために主翼桁前方の一番燃料タンクと二番燃料タンク（左翼）、五番燃料タンクと六番燃料タンク（右翼）を撤去し、そこにD4Y1（二式艦偵／「彗星」一一型）の主脚とオレオ、引込機構を装備した。主車輪はA7（「烈風」）から転用され、尾輪はB5（九七式艦攻）から転用されている。

あくまでも無浮舟状態での実験と訓練に用いる陸上機は引込機構も油圧による自動引込ではなく長さ約二〇〇ミリのレバーを約一〇〇回操作して引き込む手動式とされていた。

それに加えて主翼折畳機構とその油圧駆動装置、垂直尾翼折畳部、水平尾翼の折畳機構、主翼折畳用胴体側支持装置、尾部索、無線電信機関係、主翼前縁よりの昇降装置などが撤去されている。

このM6A1陸上機が「南山」として旧海軍関係者が執筆した回想集などにより誤って伝わったことから「晴嵐」の名称はいまだに混乱している。

十七試攻撃機が昭和一八年八月から実施された新名称付与様式で改称された際の最初の命名は「南山」である。

これは昭和一九年四月一日付の昭和一九年度陸海軍機生産計画の内示を示す軍需省航空兵器総局作成の一覧表に「南山」一一型の名があることから確実だ。

さらに愛知航空機（昭和一八年から航空部門が分社化）が海軍に提出したM6A1陸上機計画説明書にも性能比較の項で「南山」（無浮舟）として水上機型の浮舟非装着状態と「晴嵐」としてM6A1陸上機の比較が行なわれている。

「晴嵐」という雑用機の名称はM6A1陸上機に命名されたものだったのである。

しかし間もなく「南山」の名称は廃され、航空本部の作成した航空機名称の一覧表ではM6A1が「晴嵐」、M6A1陸上機が「晴嵐改」へと改められている。

昭和一九年度の初めに「白光」などと共に名称の見直しが行なわれ、「南山」の名もここで消滅したと考えられる。

「晴嵐」の生産と終戦

先に紹介した通り、昭和一八年六月に立案された「晴嵐」の生産ペースはゆっくりしたものだった。しかしその三ヵ月後の昭和一八年九月に愛知航空機を訪れた海軍航空本部の塚田大佐は計画の変更を伝えている。

「（戦争は）補給戦になった。量的、新機種の産出。B7（「流星」）を早く仕上げたい」「M6（「晴嵐」）を早く完成したい」

この言葉は翌年度に計画された航空機の大増産計画に従って海軍航空本部が「晴嵐」の生産計画を繰り上げ、昭和一九年度中（昭和二〇年三月末まで）に一〇〇機の生産を求めたことに連動していた。

陸海軍間の折衝の末、生産計画は「南山」（軍需省航空兵器総局の内示に「南山」とある）九五機と若干削られたもののほぼ維持されていた。

この生産前倒し計画は既に特型潜水艦の建造計画が当初の一八隻から五隻に削減され、伊13、伊14の改造で運用機数の不足を補う状況下で決定しているため、ここから当時の海軍軍令部が特型潜水艦と改造艦による「晴嵐」をある程度、反復運用する構想だったことが窺える。

しかし試作機とほぼ同じ扱いで製作されていた「晴嵐」は終戦までに合計二八機が完成したに過ぎない。一〇機はウルシー環礁への特攻作戦のために搭載され、終戦と共に海中投棄された。

また昭和二〇年四月一〇日には瀬戸内海で訓練中に着水失敗で一機が失われ、六月一三日には名古屋の愛知航空機から六三一空が訓練中だった七尾湾へ向けて空輸中の一機が悪天候によって墜落、六月一九日には富山湾で訓練中の一機が行方不明となった。

訓練または空輸中に事故で失われた「晴嵐」は合計三機となった。そして終戦時に「晴嵐」装備の航空隊である第六三一海軍航空隊には一五機の「晴嵐」が残されていたことが終戦時の「引渡目録」に記載されている。後席に装備される計画だった二式十三粍旋回銃の在庫も「晴嵐」の残存数に合致し、一三ミリ機銃の装備計画が実際に行なわれていたことも読み取れる。そして陸上機の「晴嵐改」は試作六号機と七号機が改造されたといわれる。

これが生産された「晴嵐」一一型二八機の内訳である。

実戦に投入されなかったことから「晴嵐」の実力は未知のままである。だが、伊401艦長、南部伸清少佐は海上に投棄される際に「晴嵐」三機は長期間格納筒に分解格納されていたにもかかわらず、心配されていたような異常を示すことなく発動機を起動して射出投棄されたと回想している。

この回想から「アツタ」三二型には実戦に耐える信頼性がある程度確保されていたと想像することも許されるだろう。悲劇的な特攻作戦に出撃することなく、最後に快調な爆音を轟かせて海中に消えた「晴嵐」、もって瞑すべし、である。

日本海軍潜水艦の航空機運用構想

■航空史研究家
古峰文三

●艦型や航続力など、各国海軍の中でも抜きん出ていただけでなく艦首に長大なカタパルト＆小型の水上機を搭載して運用を実施した伊号潜水艦は、隠密理の偵察や爆撃など多様な任務に使用された！

〈左ページ〉洋上の伊37潜の艦上で組み立てを完了、発艦準備中の零式小型水上偵察機

潜水艦偵察機の歴史

潜水艦と飛行機は共に第一次世界大戦で実用域に達した新兵器だった。この二つの兵器を結びつける試みは早くから行なわれ、第一次世界大戦中に潜水艦に飛行機を搭載する実験が行なわれ、ドイツ、イギリス、アメリカと各国の海軍が挙って実験を開始した。

潜水艦は文字通り海中に潜航できる高い隠密性を持ってはいたものの、低い乾舷と低い艦橋から長距離の見張り能力に乏しい宿命から、搭載した飛行機によって索敵能力を画期的に増大できるとの期待があった。

しかし当時の潜水艦にとって飛行機という搭載物は艦内に分解格納するにはあまりにも大き過ぎた上、飛行機に長距離索敵に適する性能を求めると飛行機自体もさらに大型化し、潜水艦への搭載が困難になるという当然の問題が認識されると潜水艦への飛行機搭載熱は徐々に醒めていったが、だからといって潜水艦の見張り能力問題が画期的に向上した訳ではなく、一九三〇年代の再軍備時代を迎えるとドイツ海軍では大型の巡洋潜水艦に飛行機格納筒を装備する計画が生まれるなど、飛行機搭載への期待が復活している。

しかしドイツ海軍のUボートは中型艦、小型艦の建造が先行したため、大型の巡洋潜水艦建造は遅れ、Uボートへの飛行機搭載は計画と実験のみで終わっている。飛行機の運用にはそれに見合った大型の潜水艦が必要だったのだ。

一方、日本海軍では少し事情が異なっていた。潜水艦自体の建造技術は欧米の模倣域にあったものの、日本が置かれた地理的要因から仮想敵であるアメリカ海軍が戦時に根拠地とするハワイ諸島の沖に潜水艦を展開する必要があり、ワシントン軍縮条約で内南洋への軍事基地建設が制限されていたために潜水艦隊の母港を日本本土に置かざるを得ない事情があり、ハワイ諸島またはハワイ諸島東側海域に行動できる行動半径の大きな巡洋潜水艦の建造が早くから進められた。

こうして艦隊決戦用の海大型潜水艦よりもさらに大型の偵察および通商破壊戦用の巡潜型の建造が進められた結果、これらの大型艦は飛行機用の格納筒と射出機を装備する余裕を持つに至った。

これに対してワシントン軍縮条約で太平洋非武装化の例外とされたフィリピンを潜水艦基地として利用できるアメリカ海軍の潜水艦は日本海軍ほどには大型化せず、海大型と同等の艦隊型潜水艦が主力となった結果、飛行機搭載は実施されなかった。

日本海軍潜水艦の飛行機運用能力は戦略的環境がもたらした艦型拡大の副産物だったのである。

太平洋戦争時の運用構想

太平洋戦争開戦時の潜水艦搭載機の運用について日本海軍がどのような構想を持っていたかを直接知る材料として開戦直前の昭和一六年一二月三日に大山豊次郎中佐が海軍艦政本部に提出した研究報告「潜水艦航空兵装ニ関スル意見」がある。

ここには「潜水艦搭載機ノ価値」として次のように述べられている。

〔利点〕

（一）敵根拠地の防備至厳にして潜水艦の近接不可能なる場合、少数

の潜水艦を以て比較的容易に監視偵察を実施し得ること
（二）広汎なる作戦海面における敵艦隊の追躡触接及索敵実施に当り比較的少数の潜水艦を以て目的を達し得ること
（註）以上の二項は味方航空部隊の協力を期待し得ざる場合に於いて益々その価値を増大す

これは主にハワイ諸島真珠湾の監視、偵察を意識したもので触接とはハワイから内南洋に向けて出撃するアメリカ太平洋艦隊主力への触接を指している。そしてロンドン軍縮条約で補助艦の保有制限を課せられた日本海軍にとって少数の艦で最大の効果を得ることはあらゆる任務において重要だった。大山中佐の述べた潜水艦搭載機の運用構想は当時の日本海軍にとって一般的な認識といえる。

さらに大山中佐は潜水艦搭載機の欠点も挙げている。

〔欠点〕
（一）飛行機揚収のため、潜水艦の行動に大なる掣肘を受くること
（二）飛行機搭載の為主要攻撃兵器を若干犠牲にすること
等にして潜水艦搭載機はその特質上、強度充分ならざる為、これが使用は海面の状況に左右せらるること極めて大にして水上艦船搭載機の比に非ざるもこれが為、その価値僅少なりと断ずるは早計にして兵術上の価値大なることは従来の実績並びに昭和一六年、第六艦隊「G」方面行動中、伊号第9潜水艦搭載機の使用実績に徴するも明らかなり

大山中佐は潜水艦から発進する飛行機は浮舟付きの水上機となるため、帰還した飛行機を艦上に引き揚げる作業に時間が掛かり、その間、潜水艦を危険に曝すことになることと、飛行機運用設備を搭載することで魚雷発射管の数が減少することを欠点として挙げて、これに加えて潜水艦搭載機は小型軽量の水上機とならざるを得ないため機体強度に軍用機として不満があるものの、戦術的な価値は極めて大きいとしている。これも当時の一般的認識といえるだろう。

この報告書がテーマとしているのはこうした一般的な運用を行なう際の技術的な改善点だった。

搭載潜水艦の航空兵装

日本海軍の巡潜型には初期の伊7潜などのように後甲板に航空兵装を持つものと伊9潜や伊15潜のように前甲板に航空兵装を持つものがある。大山中佐は両形式の優劣について「最良射出状態に対する合成風速一〇～一五メートル／秒の獲得容易なる点は後者（後甲板装備）の追従を許さざる一大特徴」と述べ、後甲板に射出機を装備した艦は後進で合成風速を得ることになり、合成風速三米《メートル》／秒以上が得られれば理論上は射出可能ではあるものの、困難な後進は操艦面でも不利であり、飛行

機の安全面から最良の合成風速で射出できる前甲板への航空兵装が優れるとしている。

　また前甲板に置かれた射出機のため艦砲を後甲板に置くことで艦橋に射界が妨げられて敵に艦首を向けて敵に暴露する面積を最小とした状態で砲撃できない欠点もあるものの、現在の商船は戦時に武装することが常識であるため艦砲の価値は相対的に低く、問題はないとした。

　また射出機は平坦な前甲板に装備するには重量配分上の問題があり魚雷発射管数の減少などで調整が必要だが、射出機をなだらかに傾斜する後甲板に装備すると潜航中に射出機が背びれの役割を果たして運動性を阻害する傾向があるとも述べていて興味深い。

　さらに飛行機の分解組み立て作業については前甲板型では艦首方向を風に立てて作業する場合、旋回盤の上で胴体を艦の前後方向に直角に置くため、主翼を取り外した場合に作業がしやすく、伊7潜のような後甲板型では旋回盤が無く、艦橋が風よけとなるものの胴体を艦首方向に平行に置いて作業するため取り外した主翼を吹き飛ばされやすいとの欠点を挙げている。

　これは九六式小型水上機や零式小型水上機のような小型軽量の潜水艦搭載機ならではの配慮といえるだろう。

　そしてどちらも急速浮上後に急速潜航を行なう場合、飛行機の組み立てと射出にも揚収と分解にもどちらの形式も約三〇分、組み立て射出または分解格納のみの時間は約一五分であるとしている。

伊29潜の艦前部のカタパルト上におかれた零式小型水上偵察機

　また、この報告で目を引くのは合成風速三メートル／秒で射出可能と述べながら合成風速一〇メートル／秒～一五メートル／秒を理想と述べている点だ。九六式や零式といった同クラスの飛行機の発進に対してこの差は余りにも大きい。

　恐らくこの合成風速は射出機の実質的な能力を拡大し当時構想されていた改良型の潜水艦搭載機を射出することを視野に入れたものと推定される。

潜偵の出撃例から実運用を探る

　大山中佐の報告で当時の日本海軍が抱いていた潜水艦の航空兵装に対する一般的な認識はほぼ把握できる。それでは実際の運用はどうだったのか、これを実戦での飛行機運用記録から確かめてみよう。

　海軍潜水学校研究部「伊二五潜濠洲新西蘭フイージ島偵察状況」にまとめられた伊25潜の小型水上機の運用を読むといつくかの点に気がつく。

　シドニー偵察　昭和一七年二月一七日
　偵察目標との距離　八六浬
　射出機使用の有無　射出（艦速八ノット）
　風力七メートル～八メートルウネリ方向一二〇度～一三〇度　揚収し得る最悪の状況と想像す

　メルボルン偵察　昭和一七年二月二六日
　偵察目標との距離　九五浬
　射出機使用の有無　射出（艦速八ノット）
　風力七メートル～八メートル　ウネリ方向二四〇度～二五〇度

　ホバート偵察　昭和一七年三月一日
　偵察目標との距離　四五浬
　風力三メートル～四メートル　ウネリ方向　南
　揚収の際、風向とウネリとの方向九〇度差ありし為主翼の一部を破損し爾後射出不能となれり

　ウエリントン偵察　昭和一七年三月七日

偵察目標との距離　一五浬
射出機使用の有無　水上発進
風速二メートル～三メートル　ウネリ無し

月夜の偵察を企図せるところ艦の直上に来たること電信室に判明せるも（飛行機は）艦を発見せず、遂に（艦の）前後部より灯火を点じるところ帰投せり。夜間漂泊（する）潜水艦が如何に視認困難なるを知ると共に夜間偵察が如何に飛行機の帰投に悪条件なるやを知る。

オークランド偵察　昭和一七年三月一三日
偵察目標との距離　七五浬
射出機使用の有無　水上発進
風速二メートル～三メートル　ウネリ無し

水上発進に際しては地形の利用を最も大胆かつ有効に行なう必要あり。故に潜水艦が敵情困難なる海面に於ける水発は熟考を待って行わざるべからず。

スバ偵察　昭和一七年三月一九日
偵察目標との距離　六〇浬
射出機使用の有無　水発
風力三メートル～四メートル　ウネリ無し

六回目の偵察にて相当疲労せるためか発動機は三回乃至四回の起動にて漸く掛かりたる状況たり。

伊25潜が昭和一七年二月から三月にかけて実施したオーストラリア東岸での偵察作戦の記録からは潜水艦搭載機の射出は風速七メートル／秒から八メートル／秒、艦速八ノットから九ノットで行なわれていることや、水上発進は風速三メートル／秒以下でうねりの無い海面を選んで行なわれていることなどがわかる。そして、水上発進に適するうねりの無い海面を得るために陸地に接近して島や半島の陰に入った静かな海面から発進させる工夫を「地形の利用」と述べている。

また風と海面のうねりに水上性能が大きく左右される潜水艦搭載機の脆弱さに注意を払っている点は重要で、航空偵察を行なうために潜水艦の行動が大きく制約されていたことがわかる。そして航空母艦のように艦内で飛行機の整備修理ができず、艦を敵哨戒圏外に十分に避退させた上、露天の艦上で修理、整備を行なわなければならない潜水艦搭載機は整備の機会がほとんど無く、六回の出撃で「天風」一二型の起動が難しくなっている点など、運用環境の厳しさが読み取れる。

潜水艦搭載機の希望と限界

先に述べたように複葉の九六式小型水上機と単葉の零式小型水上機で潜水艦側が搭載機に満足していた訳ではない。次期潜水艦搭載機に対する要求性能は大山中佐の報告には述べられていないが、大山報告の直後、昭和一七年二月に横須賀海軍航空隊によってまとめられた「潜水艦搭載機参考資料」中の「近キ将来ノ兵器施設ニ関スル考察」に次期水上偵察機に対する要求性能が記載されている。

そこには零式小型水上機と同じ低翼単葉双浮舟で取外し部分を廃して全て折畳み式となした空冷機で、航続力が巡航一二〇ノット（時速二二二キロ）で八時間と、零式小型水上機の九〇ノット（時速一六七キロ）、四時間に比べて倍増した性能が求められ、上昇力は五〇〇〇メートルまで一五分以内となっているが最大速度の要求は数値がなく「右要求ヲ充足スル範囲内ニテ可及的大ナルコト」とのみ述べられている。

潜水艦搭載機に求め得る性能に大きな制約があることを示していると同時にこの要求性能は「対敵考慮上三〇〇浬（五五六キロメートル）ノ行動半径ヲ望ム」ことが主眼であることが解る。

ただし横空の研究報告は大山中佐報告とは異なり、新造の大型潜水艦を前提としているため、射出機の装備位置は整備上でスペース的に都合が良い後甲板としている。既成艦での新型機運用を考えていた大山中佐報告とはこの点で異なっているが、横空では空技廠が試作している航空母艦用の空気式射出機の技術を流用した潜水艦用射出機の搭載を想定していると推定される。

そして機銃兵装については零式小型水上機のような後席の旋回機銃は「気休メニ過ギズ」として全廃すべきとした。これも低速で脆弱な潜水艦搭載機の任務の困難さを語る部分だろう。横空の研究報告は「既に大東亜戦争の最中に在りて実戦に於て着々成果を発揚しつつあるやに聞くと雖も現在の能力は近き将来の戦場に於ては勿論、現に直面しつつある戦場に於ても幾多改善すべき点ありと認む」と結び、現状の潜水艦搭載機の運用にいずれ限界が訪れることを予見している。

カタパルトと射出システム

伊37潜の呉式一号射出機四型
から発進する零式小型水偵

●海底空母の重要装備である仮称特Ｓ射出機（のち四式一号射出機一〇型）とはどのようなものなのか

■兵器研究家
湧井和隆

潜水艦用射出機

日本海軍初の実用射出機は米国のものを参考に広工廠で開発が進められた空気式の呉式一号射出機一型である。この射出機は昭和三年一〜二月に軍艦「朝日」に試験的に搭載され、重巡「衣笠」に搭載されたが、昭和四年に火薬式射出機開発の目途がつくと、水上艦搭載型射出機の主流は火薬式へと移行した。呉式一号射出機一型は量産されること無く一基のみの製造に終わっている。

しかし、空気式射出機は潜水艦用の射出機として開発が継続され、昭和七年に試作を開始し、昭和八年四月には伊5潜水艦用の射出機が製作されている。この射出機は最初の車輪式及び倒伏式滑走車を採用しており、基本構造は伊400に搭載された射出機とほぼ同じものと言える。この射出機の射出重量は極めて小さく、昭和一〇年五月に竣工した伊6潜水艦に搭載された呉式一号射出機三型では射出可能重量は一・五トンまで強化され、零式小型水上偵察機搭載のため、射出重量を一・六トンまで強化した呉式一号射出機四型が昭和一五年一〇月に制式採用され、以後の潜水艦搭載用射出機のスタンダードとなった。この射出機は水上用の呉式二号射出機五型とともに海軍で最も多く量産された。

開発経緯

開戦前から潜水艦による後方攻撃作戦は構想されており、第六艦隊側から米国西海岸と通商破壊用の潜水艦整備が具申されている。この構想は用兵側でも検討されており、一七年一月には軍令部から潜水艦に搭載可能な攻撃機の開発打診が行なわれている。

開戦後、昭和一七年二月に行なわれた米本土西岸への潜水艦による砲撃作戦は米国側に大きな混乱をもたらすことに成功し、実戦部隊である聯合艦隊司令部はこの効果を評価していたと思われる。これが山本五十六聯合艦隊司令長官による潜水艦搭載攻撃機計画の後押しを加速させ、専用射出機を開発させる要因となったのではないだろうか。

空技廠発着機部の山崎新一中佐の回想によれば、「昭和一七年五月頃、聯合艦隊司令部より流星又は彗星級の攻爆撃機二機乃至三機を潜水艦に搭載し射出機を設けて発艦せしめ之を特殊任務に就せたい、という申し入れがあり、これが潜水艦用の大型射出機である『仮称特S射出機』の開発契機となった」とされている。（三月頃に開発を開始したとする資料もある）

つまり、潜水艦から艦上攻撃機・爆撃機クラスの機体を発進させるというアイデアの現実化は軍令部や、潜水艦作戦を指揮する第六艦隊司令部からではなく、聯合艦隊司令長官の強い意図によって行なわれたことになる。（この時期に起案されたミッドウェー攻略戦も、本来作戦を立案する立場の軍令部によるものでなく、山本長官の意向で成立しており、その発言力・影響力の大きさを伺うことが出来る）

また、山本長官戦死直後の第三段作戦検討時に潜特（伊400型）計画の規模縮小という事態が発生した経緯からも、山本長官個人の強い意向が計画の原動力となっていたことが裏付けられるだろう。

先の山崎中佐の回想によれば、初期段階の要望としては、「搭載機には脚や浮舟は付けず、帰投時には乗員のみを回収し、母艦となる潜水艦の設備なども極力簡便なものとして完成を早め、投入時期を失わないようにする」ことが留意されていたようである。初期段階では射出機を含む潜特（伊400型）の搭載機運用システムは極めてシンプルであり、射出機を含む航空艤装も、単純に潜水艦から艦上機を射出するための最低限の設備として構想されていた可能性が高い。

しかし、ミッドウェー海戦後の改⑤計画が進捗し具体的な設計案がまとめられる頃になると、搭載機は格納方法の問題などもあり艦上機の流用から専用機が新規開発されることとなり、反復攻撃のための浮舟追加や急速射出のための様々な装置を具備する複雑なシステムを持つ機体へと変貌していった（「晴嵐」の主翼の折畳み機構が決定されたのは昭和一八年以降とする資料もある）。

潜特（伊400型）用の仮称特S射出機の要求が定まったのは、この搭載機である十七試攻撃機（後の「晴嵐」）の仕様が決定された昭和一七年九月以降と思われ、機重五トンの機体を射出する能力が要求された。この時期に開発が進められていた次期艦攻／艦爆兼用機の流星は過荷状態の重量が五トン以上と予定されており、この要求値は当初の想定である「艦上攻／爆撃機の流用」という構想を引き継いだものと思われる。

潜水艦用の射出機は呉式一号射出機四型が当時の最新で、その射出能力は一・六トンであった。つまり、新型射出機は従来の実に三倍を越える射出重量能力を求められたのである。

この頃、日本海軍は水上艦艇用のスタンダードである呉式二号五型射出機の射出能力四トンを上回る二種の射出機を完成させていた。火薬式の一式二号射出機一〇型、もう一つは空気式の特型射出機（後の二式一号射出機一〇型）である。（但し、これらの射出機は何れも水密構造を考慮しない水上艦艇用のもの）

だが、潜特（伊400型）用の新型射出機はこれら大重量の機体射出を前提とした既存射出機をベースとしたものでは無かったようだ。前述のように同じ空気式の射出機としては二式一号一〇型（仮称特型射出機）が完成した直後であったが、特S射出機はそれの構造を踏襲している形跡は無く、既存の潜水艦用射出機である呉式一号射出機四型を基礎とし、当時開発中だった航空母艦用の空気式射出機『仮称空廠式射出機』のノウハウを取り入れたと思われる。仮称特S射出機は端的に述べると呉式一号射出機四型を拡大したような構造で、部品も気蓄器関係を中心に呉式一号射出機四型に近いものが使用されていたことが関係者の回想から伺える。これは完成時期の問題から新規の設計を行なう余裕が無く、早期に整備を行なう事情等を考慮した結果であろう。

表1は、当時の主要射出機との性能比較である。

〈表1〉 射出機諸元

射出機名称	全長	軌条幅	有効滑走距離	抑止距離	最大射出重量	最大射出速度	許容最大加速度	許容最大薬量	射出時隔	滑走車形式	全重量
	m	m	m	m	kg	m/sec	g	kg	min		t
四式一号射出機一〇型	**26.0**	**1.30**	**21.0**	**1.8**	**5,000**	**34.0**	**3.5**	**—**	**4**	**車輪式**	**26.0**
呉式一号射出機四型	18.8	0.95	15.0	1.5	1,600	27.0	3.0	—	—	車輪式	8.6
呉式二号射出機五型	19.5	1.00	15.4	1.5	4,000	28.0	3.0	12.9	2	摺動式	22.0

完成まで

仮称特S射出機は第一海軍技術廠

発着機部の千葉宗三郎技師を設計主務者として試作設計が開始された。

この射出機は海軍で二番目に大きなもので、高速水偵射出用の二式一号一〇型射出機に次ぐ規模となった。このため資材その他の主要部品の調達には相当の日時を要したとされる。原動装置素材の準備は呉工廠で行なわれ、加工は空技廠発着機部で行なわれた。

気蓄器は民間の住友鋼管に発注されたが、戦争中の原材料不足で資材の調達がままならず、下請けである住友工場への割当通りに現物を入手することは困難だったようだ。

結局、気蓄器は呉式一号射出機四型用気蓄器用の素材を加工することによって発着機部で加工、尼ヶ崎の住友工場で整形し返送するというような変則的な手法が用いられている。（住友における熱処理過程で死者が出るなど加工も大変だったようである）

このような関係者の苦労を経て、仮称特S射出機は昭和一九年春に第一号機が完成し、第一海軍技術廠射出試験場で箱形ダミー射出実験、次いで実用機射出実験を実施し、回想によれば「極めて良好なる成績を収めた」とされ、八月には試験が完了した。

昭和一九年一〇月、呉工廠において、潜特の一番艦・伊４００潜水艦に搭載が行なわれ、一一月末には広島湾での実機射出に無事成功した。艦への航空兵装実装は第一一空廠の所掌であったが、「主務部員経験浅く工員は工事に不慣れであったので空技廠の協力部員の非常なる努力にも関わらず作業は進捗しなかった」という空技廠部員の回想がある。

実際の運用に準じた搭載格納試験と射出試験は、当時横須賀航空隊審査部の船田正少佐の手記によれば伊４００就役後の昭和二〇年一月に呉で行なわれ、具体的な発進時の手順や格納筒への収容方法等はこの時に決められたようである。

仮称特S射出機は当初は二〇基製造の予定（特潜一八隻分と予備か？）であったが、戦局の変化により八基（伊４００、伊４０１、伊４０２、伊13、伊14、伊15、伊1、伊４０４用、ただし伊４０４用の一基は焼失）の製造となった。

昭和二〇年の四月頃には、搭載機「晴嵐」の供給不足から「桜花」四三甲型を搭載射出することも考えられていたという。（伊13型には四機、伊４００型には六機の搭載が想定されていた）

仮称特S射出機は内兵令三三号により昭和二〇年七月一四日に制式採用され「四式一号射出機一〇型」となった。

終戦時、第一海軍技術廠東海岸発着機部射出試験場に未完成のものが放置されており、これを米軍が調査している。

構造

仮称特S射出機の開発資料は終戦時に大部分が処分された可能性が高い。（米軍に製造図面の提出を求められた際には空技廠から「全て焼却済み」と回答されている）

射出機本体は民間工場での生産が行なわれず、図面が外部に出回らず残存資料が少ない可能性がある。また、射出機自体が水密構造のため水上艦艇用のもののように外部に機構部が露出しておらず、その具体的構造については不明な点が多い。このため以下の内容は、断片的な資料（回想を含む）からの推測も含むものとなることをお許し戴きたい。

図1はこれらの情報に基づいた推定図である。（射出機前端のメンナンスハッチから作動筒とシリンダーと気蓄器の一部が見える写真があり、それを基に推定）

前述したように仮称特S射出機は基本的には呉式一号射出機四型に構造も準じているが、射出重量を三倍とするため、作動筒の容積も三倍となっている。気蓄器は呉式一号射出機四型用のそれに近いものが四本搭載されており、並列に二本ずつ滑走軌条下に並べられている。恐らく一機の射出に二本分の気蓄器を充てる計算で、追加された三機目の圧搾空気は一番機の射出後に気蓄する必要が有った。（フロートの装着を省いた想定でも二番機射出後から三番機の発進までに時間がかかるのはこのためである）

射出時は作動筒送気弁が解放され、気蓄器からの圧搾空気の流入により作動筒内でピストンが後方に移動し滑車の動作によって索が引っ張られ滑走車が前進する。

射出前と射出後の各部状態は**図2**に示した。

軌条形式も呉式一号射出機四型と同様の車輪式が採用されているが、軌間は一・三メートルに拡張されており、これも二式一号射出機一〇型に次いで海軍で二番目に大きいものである。

■図1　四式一号射出機一〇型（特S射出機）

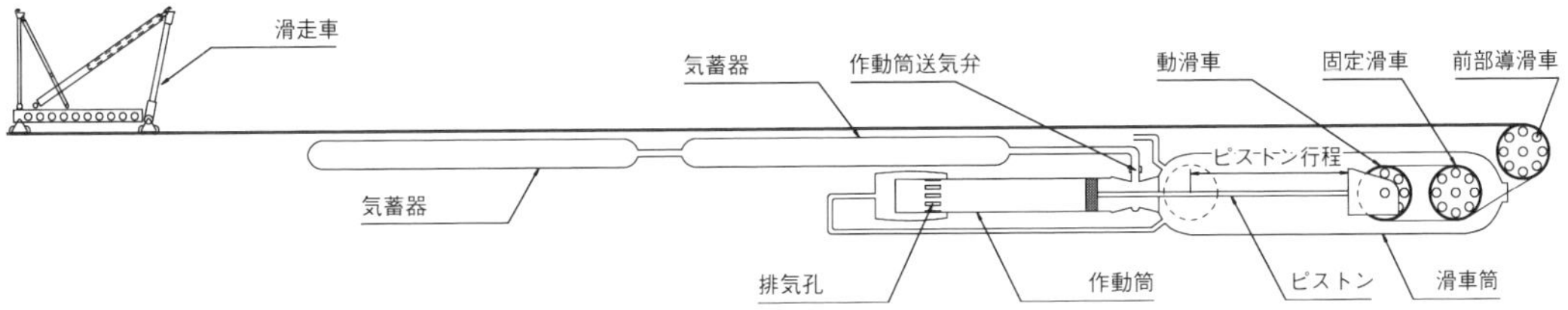

■図2　動作概略図

・射出前

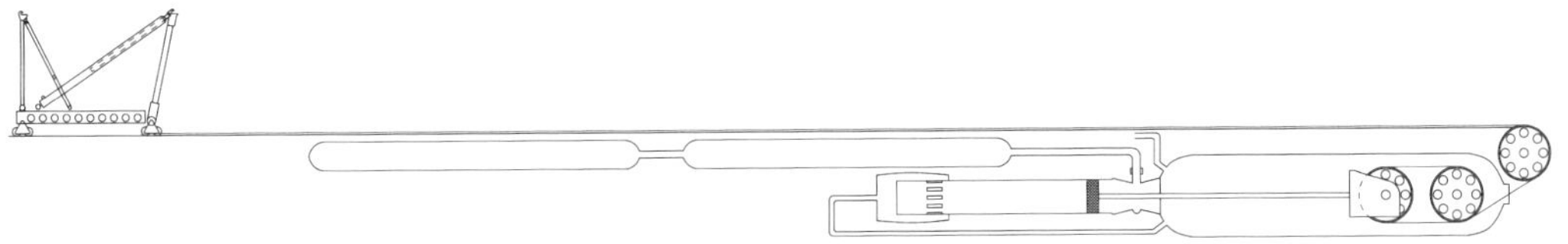

・射出後

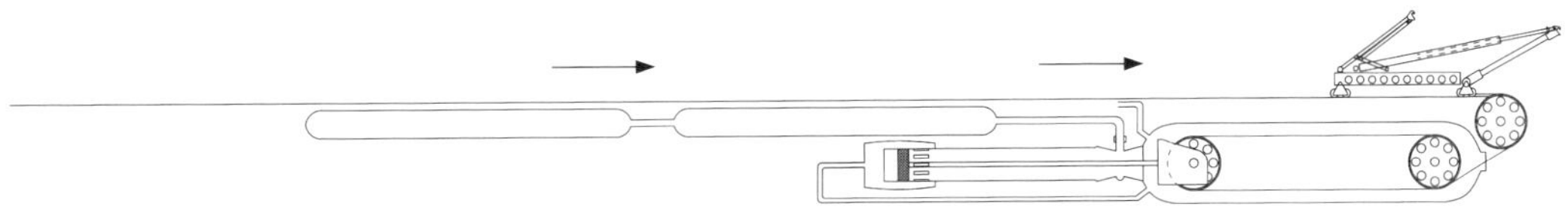

滑走車

特S型射出機本体は、このように在来の呉式一号四型の技術を拡張したものであるが、滑走車と発進システムは当時航空母艦用に開発が進められていた技術が転用された形跡がある。

昭和一七年四月の航空本部の資料に拠れば航空母艦用の『仮称空廠式射出機』は「陸上試験の段階に有り、射出速度の増大並びに射出時の尾輪を滑走車に接触せしめざる如く押止装置滑走車改造中」という段階であった。

またミッドウェー海戦後の七月には伊勢型戦艦から艦上機を射出する計画が提案されており、こちらも火薬式射出機の一式二号射出機一〇型に航空母艦用の滑走車を導入した一式二号射出機一一型が製作されている。

当時、艦上攻撃／爆撃機クラスの機体を射出することを考慮していた射出機は航空母艦用射出機のみであり、そのシステムが参考にされたのは自然な流れと言える。航空母艦用射出機で特徴的なのは短時間に複数機を発進させる必要があるため、滑走車と運搬車が一体化した滑走車を採用している点である。

当時の水上艦艇に多く採用されていた射出機は、水上艦艇でポピュラーな呉式二号射出機五型のように、摺動式滑走車（車輪の無い橇のような滑走台）と次発装填運搬車が分離している。

在来の射出機でこの方式が採用されていた理由は、後付けで追加された射出機の場合は甲板上の軌条面と射出機の発射軌条面の高さが異るという点と、高品質なベアリング等の部品が得られない初期の時点では、車軸と車輪の摩擦抵抗によるエネルギー損失が大きく、平滑に磨き上げた金属（真鍮）製のガイドレールの上を橇で滑走させる方が簡便で射出速度も稼げるためと思われる。しかし、滑走車と運搬車が分離しており、射出時と復帰時にそれぞれ分離・再結合作業があるため、迅速な連続射出には不向きであった。

敵根拠地の近くで浮上し迅速な連続射出を要求される海底空母・伊400型の運用条件には、滑走車と運搬車が一体化した航空母艦用の射出機システムがマッチしていたと想定される。

滑走車は航空母艦用の仮称空廠式

射出機用滑走車をベースとしており、揚力を得るために迎え角が付けられていて、射出時に機体が離れると同時に支柱構造が前方へ倒れる『倒伏式』となっている。この滑走車の構造は、特S型射出機と同様に大重量の艦上機を射出する伊勢型航空戦艦に搭載された一式二号射出機一一型用滑走車（彗星用）にも近く、比叡山に設置された「桜花」四三型用の滑走車も基本構造は同じだと思われる。

「晴嵐」専用滑走車で特徴的なのは倒伏機構に外部から油圧を加えることによって、状態と倒伏状態の中間状態を無段階に調整可能となっている点で、これを利用して、格納庫内の「晴嵐」の高さの調整も行なわれている。

滑走車昇降台

射出機軌条の格納庫寄りの付近には滑走車昇降台という油圧駆動のエレベーターが有る。射出軌条の下の後方は空洞となっており、後述するがこのスペースに滑走車を退避させることが可能となっているようである。

特S型射出機では爆弾搭載もこの軌条を利用して行なわれる予定で、専用の『爆弾・魚雷運搬車』が設定されている。

航空母艦用の射出機システムには昭和一七年一月頃の空技廠資料に見られる「揚爆弾装置により甲板面迄揚げたる爆弾を装填運搬車の所まで運搬する装置」「装填運搬車下部より飛行機直下部迄揚げる装置」が計画されており、これらの技術を継承したのでは無いかと推定される。

（滑走車昇降台は射出軌条下の空間と射出軌条面のアクセスを垂直に接続するギミックで、下部の爆弾庫か揚弾された爆弾を搭載した爆弾運搬車を射出軌条下面から射出軌条面へと移動させる役割を担っていたと思われる）

またこの昇降台は浮舟の取り付け時に、機体の高さを調整する作業にも利用可能と思われる。

浮舟関連システム

射出機の付帯設備として伊400／13型に搭載された特殊な艤装として、浮舟取付用の設備があげられる。

射出機用軌条とは別に、射出機の左右に浮舟用運搬専用軌条が設置されており、専用の格納筒から浮舟用運搬車で浮舟を搭載機（「晴嵐」）の主翼下付近まで移動し、運搬車から降ろすことなく直接主翼へ取り付けを行なうことが可能となっている。これらの装備は狭い潜水艦の甲板上で、夜間のような視界が悪い時でも迅速な発進作業を行なう利便を考慮したためであろう。

浮舟専用の格納庫と運搬軌条等、浮舟装着のためだけにこのような凝った構造を取り入れた例は他に無く、戦線の遙か後方へと侵入し、夜間敵後方要地を神出鬼没に爆撃するという、「浮舟を付けたまま搭載機を反復使用する」構想が存在していた証左とも言える。

当初予定に無く途中で追加が決定した三番機にはこの浮舟装着システムが使えないため、浮舟は格納筒から取り出し、三号機の主翼展開後に人力で搬送したのではないかと思われる。

射出システム

連続射出時にネックとなるのが、射出後の滑走車の処理である。空技廠の藤村藤一大尉の回想では「滑走車はターンテーブルを使って迅速に舷側に片付けられる」という記述があるが、戦後に撮影された伊400の写真を見ると射出軌条上には“ターンテーブル（旋回盤）”は存在しない。（巡潜甲／乙型には旋回盤が射出機軌条上に存在するが、これは艦上で回転させて搭載機の組立・折畳作業を行なうための設備である）

伊400型にも昭和一八年七月頃の図面には昇降機の後方に“旋回盤”が存在するが、「晴嵐」の主翼が人力でなく油圧で展張する折り畳み式となったために伊400型の旋回盤はその後オミットされたのだろう。

また写真や図面資料からは伊400の甲板上には滑走車を射出軌条から退避させる軌条が存在せず（射出機の両サイドに存在する『浮舟運搬車』軌条の幅は「晴嵐」を載せる『滑走車』用軌条の半分以下である）、旋回盤が有ったとしても滑走車を軌条外に配置するスペースも見当たらない。

では実際にはどうやって滑走車を移動させたのか、という点であるが、恐らく滑走車昇降台を利用して射出軌条下層に退避させていたのではないかと推定される。

以上から伊400型での一番機〜二番機発進までのシークエンスを考察すると**図3**のようになる。

■図3「晴嵐」発進シークエンス

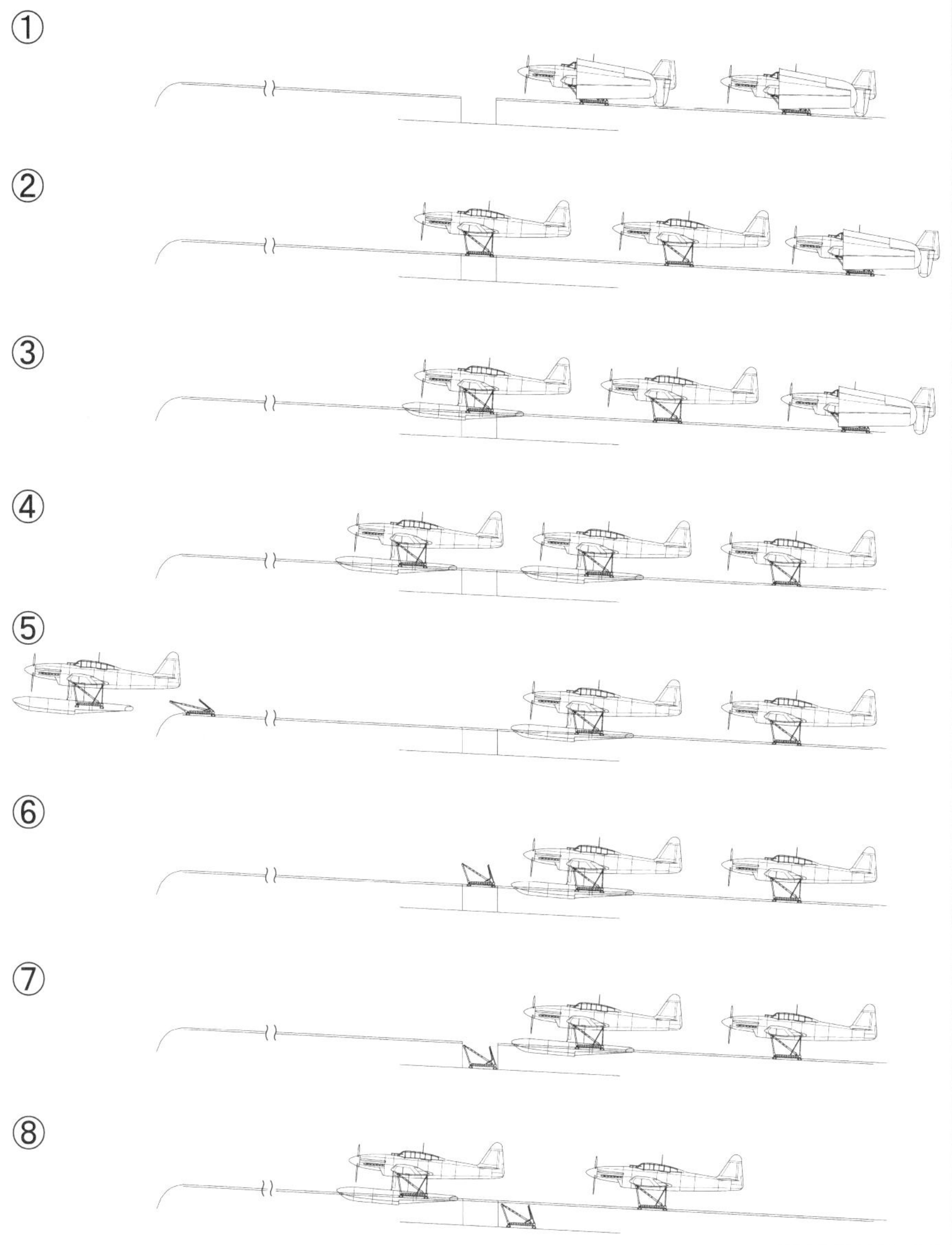

●浮舟を装備して発進する場合

　浮上後、格納筒扉を開き、軌条を接続した後

①一番機、二番機を軌条に引き出す。

②一番機を滑走車昇降台上に移動。一番機、二番機は油圧で主翼を展張。

③浮舟格納庫から運搬車に載せられた浮舟が一番機の翼下に移動し、浮舟が整備員よって装着される。

④浮舟の装着が完了した一番機は射出機の発進位置まで遷移する。

⑤一番機が射出される。二番機の浮舟が整備員よって装着される。二番機に浮舟の装着が完了。

⑥滑走車は、滑走車昇降台上に移動。

⑦滑走車は、滑走車昇降台で射出軌条下に降下。

⑧滑走車は射出軌条下のスペースで後退し、滑走車昇降台は再び軌条面まで上昇する。二番機は上昇位置にある滑走車昇降台を通って射出位置まで移動。

となる。

　一、二機番機の射出間隔が四分となるのは⑥〜⑧までの一番機用滑走車の収容時間によるものと思われる。

*

潜水艦としての伊400と航空機としての「晴嵐」については様々な文献で触れられているが、その二つを繋ぐ射出・運用システムについては未だ未解明な点が多い。

　しかし、伊400のカタパルトシステムは以上で述べたように、それまでの日本海軍の射出機開発の精華が投入された極めて大掛かりな〝成果物〟と言える。

　今後、資料の発見や研究によりその全貌が明らかになることを期待したい。

●学徒出陣により海軍に入隊したのもつかの間、パナマ運河攻撃という極秘任務を受け持つことになる航空隊と運用を目的とした潜水艦に携わった駆け出し少尉が体験した、〝日本海軍最後の作戦〟！

海底空母のパナマ運河爆破作戦

■元海軍中尉
佐藤次男

〈左ページ〉米潜水母艦「プロテウス」に接舷した伊400、401、14潜水艦（左より）

『潜水空母』と私

まず潜水空母と私の関わりから話をすすめさせていただくが、私は昭和（以下同）一八年一二月、いわゆる学徒出陣で海軍に応召し、第四期兵科予備学生・通信科過程を経て一九年一二月、少尉に任官、同時に開隊したばかりの六三一空（当時鹿島空内）に赴任し、通信士兼暗号士兼機密図書取扱主任という大仰な役目を仰せつかった。そして私の初仕事は、二〇年一月一二日、有泉司令のお伴をして軍令部（霞ヶ関、海軍省ビル三階）に至り、図書室で司令から、「パナマ運河とその周辺の総ての資料を集めるように」と命ぜられ、丸一日がかりでパナマ関係資料の蒐集作業に当たったことであった。そして、パナマ運河という言葉は、当時の太平洋の戦況に比べ余りにもかけ離れた思いもよらない地名だったので大変驚いたが、同時に、ひょっとすると奇想天外な隠密作戦がいま現実に用意されようとしているのかも知れないと緊張し、上気した。

作業の結果は落下傘バッグ二個分だったが、なぜかパナマ運河そのものについての資料は全くなく、いずれも周辺資料ばかりだったので、私は司令の意図に添うことが出来なかったのではないかと心配した。

しかし、これは先年、私が『幻の潜水空母』を書く段階で藤森参謀から聞いて初めてわかったことであるが、パナマ運河そのものについての資料は一九年一〇月、すでに藤森参謀から有泉司令に直接手渡されていたのであり、私の作業がパナマ運河の周辺資料に偏《かたよ》らざるを得ないことは、司令は先刻承知のことだったのである。

ともかく、この日、土浦—上野間、往復の列車とも私は司令と正対して坐り、夜遅く帰り着いた土浦の旅館は生憎満室のため大広間に司令と枕を並べるという仕儀となるなど、終日緊張の連続であった。そして、この間、司令は当然のことながら作戦に関することは何ひとつ話されなかったのであるが、この日一日の雰囲気から、私は、

〈有泉司令は攻撃機を搭載する潜水艦部隊によるパナマ運河攻撃の作戦計画をたて、その準備をすすめているに違いない〉

との確信を深めた。そして、予備学生出の速成士官にもかかわらず、やがて間もなく実施されるに違いない、恐らくは日本海軍最後の作戦になるのであろう秘密大作戦の準備作業に、このような形で関わることが出来たことについて、私には何か言い知れぬ感慨が湧き起こり、一瞬電光のようなものが体内をよぎるのを覚えるほどであった。

それは、何より、この作戦の奇抜さと勇ましさとによるものであったが、同時に駆け出しの新米少尉が一人前の海軍士官として扱ってもらえたということの喜びでもあって、この感動は、その後もう一度、パナマを取り止めウルシー作戦に変わったとき、司令のお伴をして穴水（能登半島）から軍令部に出向いたことや静岡の司令宅に泊めていただいたことなどとともに、五十年後の今なお

忘れることの出来ない鮮やかな記憶として残っている。

そんなことから、私の所属した六三一空（鹿児島空内―呉空内―屋代島和佐―福山空内―穴水と移動）は特殊水上攻撃機「晴嵐」の部隊であったが、「晴嵐」はやがて訓練を済ませしだい、第一潜水隊の潜水艦に搭載され、合同訓練を経て出来る限り早くパナマ運河攻撃作戦に出撃する手筈であることを知るようになっていったのである。

しかし、この時点、私は実際の潜水艦を見たこともなかったし、まして４００型などその存在すら全く知らなかったのであるが、六三一空が福山空内に移動した四月、六三一空通信長――つまり私の直接上司は、当時呉入渠中の伊４０１潜通信長片山伍一大尉の兼務発令となったので、以来要務のため私はしばしば４０１に出向くようになり、その威容にふれる機会を持つようになった。

そして、私は呉の桟橋に接岸した全長一二二メートルもあるその大きさに度胆を抜かれたが、同時に、日本海軍がヒコーキもフネもほとんど無くなっていた状況下で、あるいは乾坤一擲、米軍に一泡吹かせることが出来る戦力になるに違いないと、心強くもまた頼もしく思ったものであった。

『潜水空母』の生い立ち

「潜水空母」の構想は、連合艦隊（GF）長官山本五十六大将の発想から生まれたものであった。

太平洋戦争・緒戦の真珠湾攻撃とマレー沖海戦が成功し、真珠湾攻撃の南雲艦隊が瀬戸内海に戻ってきた一六年一二月二四日ごろから、山本長官は第二段、第三段の作戦について思いを巡らせていた。

〈米の急所を叩かねばならないが、その一つとして米本土を叩く必要がある。叩くには攻撃機が要るが、それを運ぶには潜水艦が必要だ。しかしこれ迄の潜水艦では航続距離が足りない。攻撃機を積んで米東海岸まで行ける長大な航続距離をもった潜水艦を造れないものか。もし造れればこれを米本土東海岸にまで進出させ、攻撃機を飛ばして東海岸大都市に爆弾の雨を降らすことが出来る。そうすれば、必ずや米国民の戦意を喪失させることが出来るに違いない〉

と、考えたのである。

同長官は開戦直前の一〇月二四

日、嶋田繁太郎海相に手紙して、
「万一敵機東京、大阪を急襲し、一朝にして此両都を焼きつくせるが如き場合は勿論、さ程の損害なしとするも国論（衆愚）は果して海軍に対して何というべきか、日露戦争を回想すれば想い半ばに過ぎるものありと存じ候」

　と述べ、日露戦争のとき上村艦隊の数隻が露軍の水雷にやられたおり、日本の民衆が怒りを上村私宅にぶっつけ、投石するという騒ぎのあったことを指摘し、日本本土が空襲を受けるようになっては大変なことになりかねないと心配したものであるが、同時に、このことは、長官が、

〈米本土に空襲をかければ、米国民も日本国民同様、その志気を阻喪するに違いない〉

　と考えていたことを意味していた。

　後年、この長官の考えについて、国際政治学者永井陽之助氏は、
「米国の物理的力の強さと闘争心をよく理解していたはずの長官が、日露戦争の教訓から学んだ日本国民の反応と志気のあり方を、なぜそのまま米国民に投影して米国民の反応を解釈しようとしたのか。それは完全な誤解であった」

と指摘しているが、それはそれとして、長官は本心から、
〈米本土東海岸の大都市を奇襲攻撃すれば、必ずや米国民の戦意を喪失させることが出来る〉

　と考えていたのであり、「潜水空母」の構想はこのような長官一連の発想から生まれたものであった。

　いま、正確な日時を明らかにする手掛りはないが、少なくとも一六年一二月二四日から一七年一月初めにかけての某日、長官は当時参謀長（宇垣纏少将）以上に信頼していた腹心の先任参謀黒島亀人大佐に対し、
「米本土に手をかけねばならぬ」
と、「潜水空母」の構想を述べ、
「米本土をやるには、これしかないじゃないか」

　と、この構想の推進を命じたのである。

　藤森参謀は戦後、戦犯問題への影響を心配して固く口を閉ざし、海軍についてはほとんど語らなかったのであるが、私が『幻の潜水空母』の調べに取りかかった五八年、初めて口を開き、長官の潜水空母構想の経緯を次のように語ってくれた。
「山本長官が戦死されたあと少将に昇進していた黒島先任参謀は一八年六月、軍令部第二部長（戦備）と

昭和20年5月頃撮影の第631空の隊員と司令の有泉龍之介大佐（写真前列左から5人目＝中央）

なってこられた。つまり、私は軍令部第一部第一課員と同時に第二部員も兼務していたので、私の上司となったわけである。私はさっそく当時建造中だった400型について『400型は一八隻建造の計画で始められたが、その後、反対があって現在は半分の一〇隻に削減されている。第一艦は一八年一月、第二艦は四月に起工したが、後続艦の建造は資材も滞りがちで行き足が鈍っている』と報告したところ、黒島部長は即座に、
『あれは山本長官が開戦直後、米本土に手をかけねばならん。方法はこれしかないじゃないかと言われて、攻撃機を搭載できる大型潜水艦を造ることを命じたのだ。これから何に使うかは検討するとして、早急に建造計画を復活（一八隻）推進するように』と言われたのである」と。

このように、藤森参謀によって黒島発言が明るみに出されたので、かねてから「潜水空母」構想は山本長官の発想だと言われながらも、それまでは信頼のおける証言がなかったため、不確かな情報の域を出なかったのであるが、ここで初めてはっきりと裏付け証明されたわけである。

藤森参謀は、
「黒島部長は私が報告するとすぐ、何のためらいもなくはっきりとあのような話をされたので、私は長官の発想だったことは間違いないと思っている。長官は航空歴が長かったが、潜水艦については余りご存知なかったのでの、かえって潜水艦当時の常識を超えたこのような構想を考えられたものと思う」

と語っている。

軍令部潜水艦主務参謀・藤森康男中佐

建造計画とその曲折

かくて、山本長官の潜水空母構想は黒島先任参謀によって軍令部に伝えられ、当時軍令部の潜水艦主務参謀だった有泉中佐らが検討ののち、一七年一月一三日、艦本第四部設計主任片山有樹技術少将に次のような相談（実質要求）という形で持ちこまれた。
「航空魚雷一個または八〇〇キロ爆弾一個を搭載する攻撃機を積んで、四万カイリ航行できる潜水艦が造れないか」と。

つまり、航空魚雷（七八〇キロ）一個または八〇〇キロ爆弾一個を積む攻撃機、しかも、攻撃効果を考えて当然複数機搭載が必要だったことと、何より四万カイリ航行ということは、途中給油なしに米本土東海岸を往復できる長大な後続距離を持つことが必要なことを意味したので、この潜水艦は勢い当時の常識を超えた超大型潜水艦でなければならなかった。

艦本では直ちに片山少将をはじめ潜水艦設計班長中村小四郎技術大佐らが検討を重ねた結果、実現可能ということになった。そこで片山少将を中心に、艦本が潜水艦の艦体、機関、兵器を担当し、航本が攻撃機の機体、発動機、射出器、兵器を担当して設計作業が直ちに開始され、艦本では早くも五月、潜水艦の設計概案が出来上がった。

一方、攻撃機については、航本は基本設計だけに関わり、具体的な設計と製造はすべて民間の愛知航空機に委せ、カタパルトの設計、建造は空技廠が担当した。愛知航空機では主任設計者尾崎紀男技師らが一年余にわたって研究を重ねた。

なお、「晴嵐」の名称はテストパイロット、のちの第一潜水隊飛行長船田正少佐の発案でつけられた。

それでは、「晴嵐」と400型との関係と仕組みはどうなっていたか。潜水艦の飛行機格納筒内の「晴嵐」はフロートを外し、翼をたたみ、鳥が翼をすぼめた姿勢で収納されており、発艦する場合は「晴嵐」

は人力により筒外に引き出され、折りたたまれている主翼と水平、垂直尾翼の一部を油圧操作によって一瞬のうちに展張し、同時にフロートを取りつけ、エンジンを始動、カタパルトによって発射されることになっていた。

また、「晴嵐」が帰投するときは、潜水艦近くの航跡静波海面（潜水艦が大きくＳ字型の航跡を描くことによって出来る比較的波静かな海面）に着水し、浮遊しているところを艦の起倒式クレーンによって揚収され、発艦時とほぼ逆の作業を経て格納筒に収納されることになっていた。

なお、「晴嵐」の帰投については大きく二つの場合があり、二五〇キロ爆弾搭載の場合はフロートをつけたまま発艦するので、帰投時に問題はないが、八〇〇キロ爆弾や七八〇キロ航空魚雷を搭載して乾坤一擲の作戦に出撃する場合はフロートをつけないので、帰投する「晴嵐」は胴体着水し、機体は海没放棄し、搭乗員だけを救い上げることになっていた。

かくするうち、運命の一七年六月五日、日本海軍はミッドウェー海戦で主力空母四隻を一挙に失うという大敗を喫した。そのためＧＦ司令部では戦力の建て直しに躍起となり、

「大型艦の建造はすべて取り止め、空母の建造を第一に併せて駆逐艦、潜水艦などの小艦艇を急造する」

との計画案を取りまとめ、六月三〇日、改⑤計画として正式に決定された。潜水艦については各種全部で一三九隻の計画で、うち４００型は戦略的効果を期待されて一挙に一八隻の建造計画が決定した。何しろ４００型は従来の伊号潜水艦の三〜四倍に相当し、その資材も膨大な量を必要としたので、この一八隻決定は、この時点で統帥部がいかに４００型に期待をかけ、力点をおいていたかをうかがい知ることが出来る。

こうして、「潜水空母」の建造計画は順調に滑り出すはずだったが、一七年後半に入るや、この計画に反対の声があがってきた。それは、緒戦の潜水艦作戦に参加した、いずれも実戦経験のある潜水隊司令や艦長など、いわゆる「潜水艦関係者」から水偵搭載潜水艦のそれまでの用法に根本的な批判が加えられると同時に、

「４００型のような超大型艦が果たして現在の戦況にどの程度寄与することが出来るか、疑問である」

という声が上がってきたのである。そして、当時の軍令部潜水艦主務参謀井浦祥二郎中佐もその代表的一人で、

「潜水艦は交通破壊戦を主任務とする艦型一本に絞るべきだ。４００型は、開戦後間もなく使用できれば別だが、まだ設計が終わったばかりで、完成までは二ヵ年程度を要する。搭載機も目下試作に取りかかったばかりだから、実戦使用の時期は相当遅れる。また、少数機をもってする敵要衝の攻撃は米国民及び米海軍に対する脅威、あるいは神経戦的な効果を狙う意味には役立つかも知れないが、実質的な戦果は多くを期待し得ない。このような艦種に限られた資材と労働力を用いるのはわが国情に適しない」

と、一八年初頭、「潜水空母」建造計画の総責任者・片山技術少将に対し計画の全面中止を申し入れた。これに対し片山少将は、

「４００型はすでに四隻程度原材料を発注し、準備に入っているので全廃は難しい」

旨回答したので、改めて、海軍省軍務局、軍令部、艦本の三者で検討した結果、一八年五月、４００型一八隻の計画は半分の一〇隻に縮小されることになった。そして、この時期は、「潜水空母」の発案者・山本ＧＦ長官が四月一八日、前線部隊激励のため一式陸攻でラバウルからブインに向かう途中、暗号を解読して待ち構えていた米のＰ-38戦闘機一六機に襲われて戦死した直後のことであり、長官の無言の圧力が急速に弱まったものと思われる。

こうして、４００型の建造計画は当初の気勢を著しく殺《そ》ぐ情勢となり、第一艦伊４００潜が一八年一月一八日に呉工廠で、第二艦伊４０１潜が四月二六日、佐世保工廠でそれぞれ起工していたものの、第三艦以降については、なぜか鋼材の手配が滞るなど、その行き足は鈍りがちとなった。

ところが、同年六月、黒島部長は前述したように藤森参謀に４００型一八隻の復活、推進を命じていたので、同参謀は潜水艦部部長三輪茂義中将のところに足を運び説得に当たろうとしたが、同部長は「潜水艦関係者」と同様４００型には反対で、二度目に出向いたときなど、

「そんな話は二度とするな……」

と頭ごなしに怒られ、とりつく島もなかった。そこで、これを聞いた黒島部長はさっそく三輪部長と膝詰め談判をして、ものの三〇分もたたないうちに、４００型一八隻の計画

復活の同意を取り付けたのである。

そして、この復活同意はこのあと戦備考査部会議の議を経ることになるものの、実力両部長の合意だっただけにほとんど決定に等しいものであったが、やがて一〇月以降は軍需物資が極度に逼迫するため、復活どころか五隻に縮小されるという経過をたどることになる。

それにしても、戦局は逼迫し、手っ取り早く戦力をつくりあげる必要があったので、藤森参謀は七月、艦隊決戦兵力として「水中高速潜水艦」の建造計画を発案、提案するとともに、変形「潜水空母」づくりを提案した。

変形「潜水空母」とは、建造過程にあった400型二艦には攻撃機二機の予定を三機に増機、搭載できるよう改造し、また、別途神戸川崎重工で建造中の甲型潜水艦伊13、14潜を代用、それぞれ攻撃機を二機ずつ搭載できるよう改造して利用しようというものであった。

つまり、潜水艦四隻、攻撃機一〇機による単位戦力を速成しようと言うものであった（私は本来の400型だけによる「潜水空母」づくりに対し区別する意味で〝変形〟を冠したが、このあと特に必要のある場合をのぞき省略する）。

翌八月、同参謀は第一課長山本親雄大佐に従いラバウルの前線を視察したが、圧倒的な米軍機の来襲に対し空母機まで陸揚げして応戦していたものの、防戦一方で消耗するばかり、爾後の海上作戦に事欠くことが心配される有様だった。さっそく、山本課長と藤森参謀は対策について意見を交わしたが、「消耗を食い止める方策を至急たてねばならない。それには米軍の背後を叩くのが最も効果的である。米の輸送線、補給線を絶つためパナマ運河を攻撃すべきである。兵力としては藤森参謀提案の変形〝潜水空母〟も使用するのが最適である」

と両者の意見が一致、ここに初めて「パナマ運河」攻撃の作戦構想が、作戦当事者の手によって取り上げられた。

「潜水空母」による「パナマ運河」攻撃の作戦構想は、こうして具体化の一歩を踏み出すことになったが、藤森参謀は、何より攻撃目標である「パナマ運河」の構造、とくに閘門《こうもん》の仕組みを知る必要から、片山技術少将に相談して艦本から優秀有能な技術者三名を選んでもらい、毎週一回、軍令部作戦室で秘密裡に「パナマ運河」の調査研究を行なった。

そして、この調査チームは運河資料を入手することが最大の課題だったが、幸いにも、戦前「パナマ運河」の建設工事に従事した日本人技術者（最近、のちの内務技監、日本土木学界長青山士氏と判明）が東京にいて、運河の構造と建造プロセスについての詳細な説明と多数の縮尺図が挿入された数百頁に及ぶ原本を持っていることがわかった。そこで、チームではさっそくこの本を借り受け研究をすすめた結果、青写真だけでも高さ一メートルに達するほどの資料を整えることが出来た。

さらに、チームは運河の閘門攻撃に当たって最も効果的な方法についても技術的な検討を行なったが、その結論は次の通りであった。

一、攻撃目標をどの閘門とすべきか——「パナマ運河」には太平洋側から「ミラ・フロレス・ロック」「ペドロ・ミゲル・ロック」「ガトゥーン・ロック」の三大閘門があり、太平洋側から接敵する場合、潜水艦、攻撃機の露出を最小とするためには「ミラ・フロレス」が適切だったが、「ミラ・フロレス」は破壊されても応急修理によって水の流出を防ぎ易いとみられたのに対し、「ガトゥーン」は破壊されるとガトゥーン湖の貯水がほとんど流出し、当分復旧は出来ないであろうと判断された。

したがって、攻撃目標は破壊効果の大きい「ガトゥーン」とすべきであるが、最終決定はその時の状況に応じ、当然第一線指揮官の判断によるものとした。

二、閘門攻撃には爆弾、魚雷のいずれが適切、効果的か——複式閘門の閘扉に航空魚雷をブチ込み、そのあと同一目標とその周辺を爆弾で破壊することが適切、有効と判断された。

三、破壊された運河の復旧に要する期間——「ガトゥーン」約六ヵ月、「ミラ・フロレス」約一ヵ月。

四、攻撃時期はいつが最適か——運河を破壊すると乾燥期には湖水の水が空になることがわかったので、一〜二月の乾燥期が適切と判断された。

かくて、建造途上にあった伊400、401潜、伊13、14潜の四艦は藤森増機案に従って改造、改装されることになり、一九年二月、その改造工事が「パナマ運河」攻撃の夢をのせて着手された。

400型は「晴嵐」搭載機数を二

機から三機に増機するための改造工事が始められたのであり、伊13、14潜は「晴嵐」を二機ずつ搭載できるよう、格納筒を延長、拡大するなどの工事が始められたのである。

　なお、四艦とも、五月には電波探信儀（対空、対艦各一式）を装備し、さらに、米のレーダー攻撃回避対策として水中課電装置「シュノーケル」（後で説明）が装備された。

パナマ運河の閘門「ガトゥーン・ロック」を通過する米海軍艦艇

　こうして、変形「潜水空母」づくりが着々すすめられたが、前年一〇月以降、米潜水艦がレーダーを駆使して日本の南方資源航路を寸断していたので、軍需物資はたちまち逼迫し、軍備計画全体の見直しが迫られた。400型は一八隻どころではなくなり、当時進行中の五隻で打ち止めとなり、しかもその五隻さえままならない状況であった。

　この五隻について、この時点以降の経過をまとめてみると、第一艦伊400潜は一九年一二月三〇日に呉工廠で、第二艦伊401潜は二〇年一月八日に佐世保工廠でそれぞれ竣工して実働するが、第三艦伊402潜（中村乙二中佐）は二〇年七月二四日に佐世保で竣工するものの、実働することなく終戦となり、第四艦は一八年九月二九日、神戸川崎重工で起工したが、翌一〇月に工事を中止して解体され、第五艦は一九年二月に呉で起工したが、二〇年六月に工事を中断、島影に避退していたところを同二二日の呉空襲で爆撃されて沈没した。つまり、400型は竣工した艦三隻、実働したのは伊400、401潜の二隻だけであった。

　一方、搭載機の特殊水上攻撃機「晴嵐」は、名古屋市稲永新田の愛知航空機永徳本社試作第三工場で、「潜水空母」用として新しく開発した二座の低翼、単葉、双浮舟型、全金属性の水上攻撃機であった。

　攻撃機とは、爆撃機が比較的小型の爆弾を積んで急降下して爆弾を投下するのに対し、大型爆弾や航空魚雷を積んで緩降下して雷爆撃を行なう飛行機であった。そして、「晴嵐」は潜水艦搭載用のため出来るだけ小型で、しかも折りたため、また分解も出来、同時に急速に組み立てが出来ることが要求された。

　反面、攻撃機として強襲攻撃することにも耐え得る強度が要求されるという複雑な飛行機だったので、大量生産には向かず、極めてコストの高い飛行機であった。

「晴嵐」の生産計画は、一九年に四機、二〇年に三四機、計七八機の予定だったが、実際に完成したものは一八年～一九年に試作八機、一九年～二〇年に本生産二〇機であった。しかし、実際に六三一空に配置されたのは、六三一空が呉空内に移動した二〇年二月になってからであった。

　こうして、日本海軍最後の虎の子部隊「潜水空母」は、やがて予定の潜水艦、飛行機とも出揃って所定の訓練を終えた暁には、その隠密性と長大な航続距離によって遠くパナマ湾まで進出し、「晴嵐」を飛ばして「パナマ運河」を奇襲攻撃しようという隠密部隊であった。

パナマ運河爆砕の作戦計画

　藤森増機案による「潜水空母」の竣工を間近に控えた一九年九月、この部隊の最高指揮官に当時インド洋で交通破壊戦に当たっていた伊8潜艦長有泉大佐が内定した。

　同潜は九月二〇日にペナンを出港、米潜を警戒しつつ北上して一〇月九日に横須賀へ入港し、同大佐は直ちに軍令部に出頭して藤森参謀と打ち合わせを行なった。そして、同参謀から「パナマ運河」攻撃の作戦構想と変形「潜水空母」の建造状況について説明を受けると同時に、軍令部の調査チームが調査、研究した「パナマ運河」の関係資料の引き渡しを受けた。

　ついで同大佐は呉の第六艦隊司令部に出頭、第一潜水隊、六三一空の司令の内命（発令はそれぞれ一二月一五日、翌二〇年一月一日）を受けるとともに、第一潜水隊は「パナマ運河」攻撃の使命を担う旨の説明を受けた。このときの第六艦隊長官は前の潜水艦部部長の三輪中将、先任参謀が前の軍令部潜水艦主務参謀の井浦大佐で、前述したように両者とも「潜水空母」計画の反対論者だったという、皮肉なめぐり合わせでもあった。

生産の遅れていた「晴嵐」の代わりに訓練に使用された「瑞雲」

　また、一九年一二月はじめには、潜水艦の竣工を目前に控え、竣工後直ちに艦長となる艤装員長が着任した。４００に日下敏夫中佐、４０１に南部少佐、13に大橋勝夫中佐、14に清水鶴造中佐で、14だけは遅れて三月中旬の竣工予定だったが、他の三艦は竣工後、直ちに瀬戸内海で基礎訓練を開始した。

　一方、六三一空は一九年一二月一五日、鹿島空内で開隊したが、ほとんどの航空幹部は横空水上機班で訓練を行なっていた。次席指揮官・飛行長福永正義少佐、整備主任森範二機関少佐、テストパイロットでのちの第一潜水隊飛行長船田少佐、飛行隊長浅村大尉らは一一月から同水上機班で「晴嵐」の実験機M－6の実験飛行と隊の開設準備を進め、山本勝知大尉（第二分隊長）はじめ中堅搭乗員は零式水偵を使って飛行訓練を行なっていた。

　その後、六三一空は潜水艦の動きに対応して一月二三日、呉空内に移動したが、「晴嵐」の生産が遅れていたので、この時点での参入機数はわずかに五機で、不足分は引きつづき水上爆撃機「瑞雲」五、六機が訓練用に使用されていた。

　その後、六三一空は三月五日に呉空から屋代島の和佐に移動し、「晴嵐」も予定の一〇機が出揃ったので、「晴嵐」と潜水艦との合同訓練が瀬戸内海で始められた。そして訓練の中心課題は、４００型の場合、何より三機連続射出（発進）の練度を高めることであり、その時間の短縮をはかることであった。

「晴嵐」の発進手順は前述したので省略するが、一、二番機の発進はかなり早くて四分、三番機の場合は収納の構造上に若干無理があったため約一五分を要し、全機発進に約二〇分を要した。

　しかし、潜水艦が浮上してから三機発進終了まで二〇分もかかるようでは満足な作戦が出来ないので、その後、整備員の血の滲むような訓練と努力の結果、全所要時間を十分にまで短縮することが出来た。

伊400潜艦長・日下敏夫中佐

やがて三月一九日、米艦載機による呉軍港急襲があり、二七、三〇の両日はB－29により瀬戸内海の西部海域一帯におびただしい投下機雷が敷設され、内海はすっかり危険海面に一変、「潜水空母」の訓練どころではなくなった。そこで合同訓練を切り上げ、潜水艦は整備をかねて呉港に入り、六三一空は四月二日、和佐を撤収して福山空内に基地を移した。

かくするうち、遅れていた伊14潜が完工して訓練を開始し、変形「潜水空母」が出揃ったので、いよいよ作戦準備に取りかかることになり、四月初め、「パナマ運河」爆砕作戦の図上演習が呉潜基で行なわれた。有泉司令はじめ第一潜水隊、六三一空幹部、それに第六艦隊の井浦先任参謀、軍令部の実松譲情報参謀らが参加して行なわれたが、攻撃目標をどの閘門とすべきか、攻撃要領は爆弾か魚雷か、あるいは併用か、など結論を出すまでには至らなかった。

その後、有泉司令は専ら航行隊幹部と作戦計画の煮詰め作業を重ね、攻撃目標は「ガトゥーン・ロック」最上段閘門、攻撃要領は「全機八〇〇キロ爆弾による緩降下体当たり爆撃」ということに決定した。

かくて、有泉司令が想定していた「パナマ運河」爆砕の作戦計画は、

――「潜水空母」の四艦は、開戦劈頭南雲艦隊がハワイに進出したときのコースに準じ、北方航路を東進、ハワイの北方をぬけ、ハワイと米本土の中間海域を一路南下し、パナマ沖をいったん通過して南米コロンビア沖に達したところで反転、コロンビアの沿岸沿いに北上し、パナマ湾内の、パナマから一〇五―二〇〇カイリ離隔した地点迄進出する。月明期の黎明を期し四潜水艦は一斉に浮上し、フロートを外し八〇〇キロ爆弾を積んだ「晴嵐」一〇機を発進させる。「晴嵐」攻撃隊は上空でいったん集合ののち、超低空で隠密裡にカリブ海まで進出し、コロン方面からパナマ運河に迫り、〃ガトゥーン・ロック〃の最上段閘門の閘扉を八〇〇キロ爆弾によって爆砕する。この際、実際計画では体当たり爆撃であったが、作戦命令上は建て前として、攻撃を終了した「晴嵐」はパナマ湾内の予定海面に帰投して胴体着水し、潜水艦は搭乗員だけを収容して避退、「晴嵐」は海没放棄することになる。伊13、14潜は帰途燃料が不足するので、適宜洋上で伊400、401潜からそれぞれ燃料の補給を受ける。攻撃日時は八月下旬または九月下旬の月明期とし、日本―パナマ間は片途約二ヵ月を要するので、内地大湊出撃は六月

伊13艦長・大橋勝夫中佐

伊14艦長・清水鶴造中佐

中を予定する――

というものであった。ただ、この計画案はいかなる文書にも残されておらず、南部艦長さえ知らないことであった。

しかし先年、私が『幻の潜水空母』を執筆の際、（財）史料調査会海軍文庫で「戦後連合軍総司令部法務部のロビンソン米海軍大佐からパナマ運河攻撃について照会があり、これに対しわが国復員局の元GF通信参謀中島親孝中佐が報告した〝パナマ運河攻撃に関する回答〟という文書」のコピー（今回省略）が見つかったので、有泉計画案の全貌が確かめられたのである。

第631空飛行長・福永正義少佐

パナマを中止し、ウルシーへ そして終戦

海軍が開戦時まで貯め込んだ燃料はおよそ六〇〇万トンで、燃料を心配することなく作戦が出来たのは一七年末までであった。南方の燃料航路が米軍に遮断され、補給の途《みち》が全くなくなってからは燃料は急速に減少し、二〇年四月の時点で、日本内地の燃料はほぼ底をついていた。

なにしろ、この時期、呉軍港の貯蔵燃料はわずかに二〇〇〇トンという貧弱さだったのに対し、「パナマ運河」爆砕作戦のため四艦全部が必要とする燃料は約五〇〇〇トンだったので、それら全部を内地でまかなうことは到底出来ない相談であった。

そこで、遠く満洲の大連まで出向いて燃料の補給を受けることになり、四月一一日に401が出港したが、同艦は出港直後に座礁し、間もなく離礁することは出来たものの、翌朝には伊予灘でさきにB－29が投下敷設した磁気機雷に触れて、艦尾をはじめキングストン弁や計器類を損傷し、修理のため呉に引き返した。

このため、替わって400が四月一〇日に大連へ向かい、二七日に燃料満載のほか大豆油、銑鉄なども積んで無事帰港した。有泉司令は艦尾損壊の401がドック入りした期間を利用して四艦全部に「シュノーケル」装置を取りつけることを決め、五月一杯の予定でその装備工事を行なった。

「シュノーケル」とは、潜航中の潜水艦が海中から油圧により昇降自由の煙突様のものを出し、一方から大気を吸い込み、他方から排気を出してディーゼルエンジンを運転、発電し、この電気により艦の推進を許ろうとするもので、充電のため浮上する必要がなくなるという画期的なものであった。

こうして五月末、第一潜水隊はすべての工事を完了し、いよいよ出撃前、最後の総合訓練を行なうことになったが、前述したように、瀬戸内海は危険海面で訓練を行なえる状況でなかった。そこで訓練海面を日本海・能登半島の内懐ろ七尾湾に求め

伊400潜の司令塔頂部。写真右より九三式水防双眼鏡、探照灯、シュノーケル

伊400潜以下の第１潜水隊が目標に定めていたウルシー泊地の米空母群（写真は1944年12月当時）

ることになった。そのため、燃料未搭載の401は呉の貯蔵燃料を掻き集めるようにして補給し、13、14は朝鮮の鎮海まで出向いて燃料を搭載、六月五日に第一潜水隊の四艦全部が七尾湾に勢揃いした。

一方、六三一空はこれら潜水艦の動きに対応し、「晴嵐」は五月末に福山空から舞鶴近郊の誉田に移動し、陸上基地は七尾湾内の穴水に設置した。

かくて六月六日、第一潜水隊と六三一空の総合訓練が開発され、〝潜水艦が隠密接敵して浮上、「晴嵐」を発進させ、「晴嵐」は超低空航法で接敵、目標の運河閘門を爆撃する〟という設定で行なわれた。

この訓練の中心は「晴嵐」による閘門攻撃の緩降下爆撃で、穴水海面に「パナマ運河」閘門の模型を浮かべ、これを標的として実戦に即した爆撃訓練を繰り返した。しかし、このころ「晴嵐」の実働率が高まってはいたもののいま一つで、事故や故障も少なからず、また、投下機雷や空襲、さらに米潜の出没にも悩まされ、総合訓練ははかばかしくは進まなかった。

そのころ、軍令部では、毎朝八時、海軍大臣、軍令部総長、次長、各部課長などが集まり、軍令部の当直者が、前日の朝八時から当日朝八時までの戦況を、約三〇分説明することが恒例となっていた。

藤森参謀は、第一潜水隊、六三一空が開隊した一九年末の定例会で、戦況報告のあと「潜水空母」による「パナマ運河」爆砕の作戦構想を説明、その後も、大西瀧治郎次長から「いつ出来るのだ」と催促され、再度状況説明を行なっていた。

そして六月初め、有泉司令から「出来た、揃った」との電話連絡があった。そこで、GFの渋谷龍穉潜水艦参謀とも連絡の上、攻撃目標を明示した「大海指」という形の発令を内々準備し、六月はじめの定例会（米内光政海相、豊田副武総長、大西次長、富岡定俊第一部長、黒島第二部長、山本第一課長）で、戦況説明のあと「潜水空母」による「パナマ運河」爆砕の作戦計画とその成果予測を説明して決裁を得ようとしたところ、説明が終わるや否や、大西次長が、

「中止しろ、間に合わん」

と発言、席上他に異論もないままこの計画は一瞬のうちに否決され、断念のやむなきに至った。

このため、藤森参謀は、この時ま

で約半年パナマ一途に猛訓練を続けていた第一潜水隊と六三一空、そしてなにより有泉司令の心境を察するとき忍び難いものがあり、また同参謀自身、この作戦の推進者だっただけに心残りであった。しかし、軍令部—総隊司令部（四月からGFに替わって全海軍を指揮）—第六艦隊—第一潜水隊（六三一空）のルートでこの作戦計画の中止を伝えた。

されば、「潜水空母」爾後の攻撃目標をどこに選定すべきか、パナマ作戦の断念を余儀なくされた有泉司令は、急ぎ第六艦隊の井浦先任参謀と協議することになり、舞鶴で会同して打ち合わせを行なった。そして、両者間で、

「サンフランシスコかロサンゼルスのいずれかを空爆しよう」

ということで意見が一致、まず第六艦隊の佐々木半九参謀長、ついで醍醐忠重長官の内諾を取りつけた上、総隊司令部と軍令部に対し、この意見を熱心に具申した。

「米軍が日本に加えつつある爆撃の何万分の一に過ぎないかも知れないが、わが潜水艦の搭載機をもって米本土に一矢《いっし》をむくい、日本海軍の意気を米国民に示したい」

と、電話で強硬に主張したのである。しかし、これに対する上級司部の意見は、

「意見には共鳴するが、さし迫った戦局を打開するのが先決問題である。米機動部隊が日本本土周辺で猛威を振るいつつある状況下では、何より米機動部隊のせん滅が第一である。パナマ運河攻撃よりも前進基地ウルシー在泊の米航空母艦群を攻撃することの方がその成果に確実性がある」

というもので、さしも強気の有泉司令も、「潜水空母」の最期を華々しく飾りたいとする感情の昂ぶりを押さえて指示に従い、一転して「ウルシー」攻撃の準備に取りかかることになった。同司令は第一潜水隊、六三一空の幹部を集めて次のように訓示した。

「本土決戦が近い。パナマもやりたいが、すでに沖縄も陥落し、米軍の前進根拠地がウルシーにある。ウルシーには正規空母が入っているし、輸送船も数十隻入っている。二隻でも三隻でも沈めてもらいたい」と。

ウルシー環礁は北太平洋の南西、カロリン諸島の一つで、モグメグ島など二十余の小島からなる環の形をした珊瑚礁の島々である。この環礁内は、かつてわが連合艦隊が前進泊地として利用しようとしたところで、大環礁の至るところに暗礁があって、大型艦の行動に支障のあることがわかり、諦めていたところだった。

しかし、米軍はこれらの暗礁を一つ一つ爆破して、大型艦の航行を容易にして使用していたもので、この時点、米の大艦隊が集結していた。

六月二五日、小沢治三郎海軍総隊司令長官から第六艦隊（第一潜水隊）に対し、「ウルシー」攻撃の作戦命令が発令された。作戦は「光」作戦と「嵐」作戦の二つに分かれ、「光」作戦の13、14の二艦は、「晴嵐」の替わりに分解箱詰になった高速偵察機「彩雲」をそれぞれ二機ずつ積載、当時南洋群島の中で孤立状態になっていた我が国唯一の前進基地トラック島まで輸送し、同島基地員によって「彩雲」を組み立て、同基地搭乗員によって「ウルシー」泊地の偵察を実施しようというものであった。

第631空飛行隊長・淺村敦大尉

「嵐」作戦の400、401の二艦は、あらかじめ「ウルシー」南方海域に進出、待機し、「彩雲」の偵察によって米機動部隊の「ウルシー」在泊を確かめた上、「晴嵐」六機を発進させ、米機動部隊に奇襲攻撃をかけようというものであった。

かくて、「光」作戦の13、14は舞鶴で出撃準備を整え、七

月二日に舞鶴を出港、四日大湊に入港して用意されていた「彩雲」を二機ずつ積載、13が一一日、14が一七日に大湊を出撃した。

　ところが、そのころ、米機動部隊が北上し、一四、一五の両日、艦載機多数が東北、北海道の広範な地域に熾烈な銃爆撃を加えた。不運にも13はこの米機動部隊の真っ只なかを航行する破目におち入ったらしく、消息を絶った。

　一方、14は、このような状況のなか、米駆逐艦の執拗な攻撃を受けたものの「シュノーケル」による長時間潜航によって危機を脱し、八月四日、トラックに無事到着することが出来た。

「嵐」作戦の400、401は舞鶴で糧食、弾薬、追加燃料、いずれも三ヵ月分を満載した。この間、「晴嵐」攻撃隊は、第一潜水隊・船田飛行長はじめ浅村攻撃隊長、400飛行長吉峰徹大尉らが陣頭に立ち、寸暇を惜しんで「晴嵐」の発艦、揚収など最後の仕上げ訓練を行なった。

　そして、七月一九日には醍醐六艦隊長官らによる「晴嵐」攻撃隊の壮行会が開かれた。攻撃隊一二名の勇士は次の通りであった。

［伊401］
一番機　浅村大尉　鷹野少尉
二番機　竹内中尉　西野上飛曹
三番機　高橋上飛曹　野呂上飛曹

［伊400］
一番機　高橋少尉　吉峰大尉
二番機　渡辺上飛曹　島岡飛曹長
三番機　奥山上飛曹　渡辺上飛曹

　かくて、400、401は翌二〇日、当時の前例に倣《なら》って「大日本者神国也」と墨書した幟《のぼり》を立てて舞鶴を出港し、翌二一日新緑の大湊に入港、ここで最後の生鮮食料品を積み、また、湾内で司令発案による一四センチ砲の遠隔実弾射撃演習を行ない、さらに、搭載機「晴嵐」の塗り替え作業を行なった。

　この塗り替えとは、同機の日の丸のマークを米軍の星のマークに書き替え、さらに機体の色も米機同様の銀色に塗り替えるというもので、浅村攻撃隊長は次のように語っている。

「ウルシー攻撃はやり直しのきかない千載一遇の攻撃である。突入の場合、恐らく上空には米の直衛戦闘機がいて襲われるに違いない。たまたま晴嵐はちょっと目にはP－51に似ていたが、P－51は単座、「晴嵐」は複座なのですぐ判別されるにしても、米機がいざ攻撃しようというとき晴嵐の星マークを見て、おやっと一瞬たじろぐだろうことを期待したのである。そうすればこの一瞬の隙に一機でも二機でも米艦に突入することが出来ると考えたのである。国際法にも触れるし、卑怯な方法ではあったが、やり直しのきかない攻撃を何とか成功させたいという切羽詰まった気持ちであった。末期的な攻撃法だったが、当時としては真剣であった」と。

　こうして、すべての準備を整えた400と401（有泉司令はこの部隊をとくに「神龍特別攻撃隊」と呼ぶよう六艦隊に求めていた）は、前日まで降り続いていた雨もすっかり上がって絶好の快晴となった二三日、400が午後二時、401が四時、見送る人もない大湊をウルシーを目指して粛々と出撃した。

　両艦は、このあと、折からの台風やわがもの顔の米機動部隊や輸送船団を回避しながら隠密航海を続けたが、明日にも予定の「ウルシー」南方海域に到達すると思われた八月一五日夜、天皇の終戦の詔勅を受信し、日本の敗北を知らされた。

　ついで一六日夜、先遣部隊指揮官（第六艦隊）から「作戦行動ヲ取リ止メ呉ニ帰投スベシ」の命令を受信したので、ここで初めて両艦は針路を内地に向けた。トラック島の14も同様で、一七日にトラックを出港して内地へ向かった。

　しかし、敗戦国日本の三潜水艦は日本近海で米海軍によってつぎつぎと拿捕された。

　14は二七日午前、東京の北東二七七カイリで米駆逐艦「バンガスト」と「マーレイ」により、400は二九日午後、金華山沖二四〇カイリで米駆逐艦「ブルー」により、401は二九日午前、三陸海岸沖で米潜水艦「セグンド」により拿捕されて横須賀に入り、米潜水母艦「プロテウス」に接舷された。

「潜水空母」の三艦は、一機の「晴嵐」を飛ばすことも、一発の魚雷を発することもなく、敗戦の無念さと悲愴さだけを乗せて入港し、この時点で日本海軍の艦艇は太平洋上から完全に姿を消したのである。

　こうして米の戦利艦となった三艦は、その「潜水空母」構想がとくに注目され、重要参考艦としてその後、米本土に回航、各種研究と実験が繰り返されたのち、14が二一年五月二八日、401が同三一日、40

0が翌六月四日、それぞれハワイ沖で米海軍機により新兵器実験の犠牲となって爆破され、海底深く沈められ、その薄倖な生涯を閉じた。

　なお、大湊出撃から拿捕されて横須賀入港までの間には、400と401とが手違いから予定の洋上会同が出来なかったことをはじめ、敗戦の報に401士官室では自決か自沈かと深刻な論議がかわされたこと、

伊400潜を接収するため乗り込む米海軍護衛駆逐艦から派遣された捕獲隊員

三艦は命令により降伏を示す黒色三角旗をかかげ、「晴嵐」、魚雷、武器、弾薬等を涙ながらに投棄しなければならなかったこと、401を拿捕した米潜「セグンド」艦長に対し401を代表する坂東宗航海長が堂々の交渉を行なったこと、14では不発に終わったものの拿捕されてから急速潜航して逃亡しようという計画があったこと、そして、401座乗の有泉司令が三一日早暁、「星条旗の掲揚を見るに忍びない」と拳銃の銃口を口にくわえて自決したこと……などなど、かずかずのドラマや人間模様があったのであるが、残念ながら今回は紙幅の都合で割愛せざるを得なかった。

　また、すでにおわかりの通り、「潜水空母」計画には終始反対と批判とがつきまとい、結果としては反対論者の言うような結末とならざるを得なかったが、戦後には〝開戦直後に使えるなら格別だが、二〇年完成ならやめるべきだった。大量生産の軌道にのっていた中型潜こそ造るべきだった〟など、きびしい批判があいついだ。

　しかし、日本潜水艦は、一八年時点ですでに「見本市のようだ」と酷評されるほどその艦型は種々雑多だった上、インド洋の商船相手には戦い得ても、太平洋では全く活動出来なかった実情（伊58潜の「インディアナポリス」撃沈の例を別として）を考え併せると、「潜水空母」の「パナマ運河」爆砕作戦は、日本海軍の潜水艦戦方針や戦備方針など全体の流れの中で改めて検証、考量さるべき必要があると思われる。しかし、今回は紙幅の都合で次の機会に譲ることとし、藤森参謀の次の言葉だけを紹介して本稿を終わることとする。

「あの時点では、中型潜のような在来型をいくら造っても、実際問題としては全く意味のないものだった。むざむざ死地に投ずるようなものだった。〝潜水空母〟が当初いったん軌道に乗ったのになぜ途中スピードダウンしたのか、また〝水中高速潜水艦〟も実現可能な技術を持ちながら、私が提案するまでなぜ発案されなかったのか、今もって私が持っている疑問である。

　これは、恐らく、潜水艦作戦の重点をインド洋におきすぎ、太平洋では輸送作戦も奇襲攻撃も、まして艦隊決戦海域での作戦も出来ぬという、潜水艦無用論につながりかねない意見が横行していたことと関係があったのではないだろうか。もし、太平洋に背を向けず、もっと早くから太平洋に眼を向けた潜水艦作戦を実施しておれば、〝潜水空母〟も〝水中高速潜〟もより早く出来て実戦に参加し、それぞれその戦力を発揮することが出来たであろうと、残念に思えてならない。

　当時はどこの国も飛行機搭載潜を持っていなかったし、まして〝潜水空母〟などはなかった。米は戦後〝潜水空母〟に特別の関心を持ち、本国に回航して研究、実験を行なっているが、恐らくは今日の〝ミサイル原子力潜水艦〟の原型になったに違いない。結果としてその時を得なかったことは残念であるが、〝潜水空母〟というシステム戦力を開発した技術革新は評価されるべきだと思う」と。

（平成七年一二月・「丸」戦争と人物18『日本潜水艦の技術と戦歴』掲載・「『潜水空母』のパナマ運河爆破作戦」

“海底空母ファミリー”の系譜

■艦艇研究家　早川幸夫

巡潜乙型の伊号29潜（手前）と伊27潜（奥）

○太平洋戦争で大いに活躍した日本海軍の「航空機搭載潜水艦」のヒストリー！

＊

日本海軍における航空機搭載潜水艦の頂点は、いうまでもなく伊400型ということになるだろう。だが日本海軍では昭和初期から潜水艦への航空機搭載と運用の試み、多数の航空機搭載潜水艦を整備し、太平洋戦争では、これらを相応に使いこなしている。

確かに伊400型は、一九四〇年代の航空機搭載潜水艦としては破格の存在ではあったが、それは決して突然変異的に出現したものではなく、そこにいたるまでの積み重ねがあったのだ。以下、そうしたことを念頭に日本海軍における航空機搭載潜水艦の歴史を概観してゆきたい。

初期の試み

日本海軍における最初の本格的な航空機搭載潜水艦は、昭和七年に神戸川崎で竣工した伊5潜である。潜水艦への航空機搭載は、すでに諸外国で試みられていたものの、その運用実績は良好とは言い難く、英国海軍のM2潜のように航空機搭載ハッチからの浸水により沈没事故をおこした例さえあった。

にもかかわらず、日本海軍が潜水艦への航空機搭載を推進したのは、その対米迎撃戦略において、潜水艦による敵根拠地偵察に高い期待がかけられていたことと無関係ではなかった。

伊5型は、こうした作戦上の要求への回答として、伊1潜を一番艦とする巡潜1型の改設計型（巡潜1型改）として計画され、後部甲板に二つの飛行機格納筒を備え、この中に分解した小型水上偵察機を収納した。なお新造時の伊5潜は、射出機を備えていなかったが、昭和八年に圧搾空気式の呉式一号射出機が完成し、後甲板に追加されたことで実用的な航空機運用が可能となった。

伊5潜は相応の運用実績をあげたようで、巡潜2型として昭和一〇年に建造された伊6潜は、機関設計などは変化していたものの、当初から射出機を装備していたこと以外、航空関連艤装は伊5潜とほぼ同様であった。なお、この当時の搭載機は九一式小型水偵で、条件が良好であれば五分程度の艦上作業で組み立て、分解が可能であった。

もっとも伊5、伊6潜は建造時期が古く航空機運用能力にも限界があったのか、太平洋戦争開戦時には艦載機を搭載することなく作戦に参加しており、ハワイ作戦において伊6潜がサラトガを撃破するなどの活躍はあったが、太平洋戦争中期以降は物資輸送任務が目立っている。

伊6潜に続いて建造された航空機搭載潜水艦は、昭和一二年に呉海軍工廠で建造された伊7潜をタイプシップとする二隻（伊7、伊8潜）であるが、このクラスは旗艦設備をもつ甲型潜水艦として建造され、排水量は水上二〇〇〇トンを越える大型潜水艦となった。

設計的には水上高速性能を重視して艦尾発射管を廃止、一四センチ連装砲の搭載、八センチ高角砲を廃止して一三ミリ機銃を搭載するなど、外国潜水艦の影響から脱して純日本設計に進んだ潜水艦としても注目される。

しかし、航空機運用能力に関しては従来のそれと大きな変更はなく、二つの格納筒に機体を分割して収納する方法や、カタパルトの後甲板装備は伊6型から継承されている。

このクラスは太平洋戦争においても航空機を搭載して実戦を経験し、伊7潜はハワイ偵察を、伊8潜もサンフランシスコ偵察を実施するなど航空機による要地偵察も実施しているが、その活動でもっとも有名なものは伊8潜による訪独航海である。これは日独往復の唯一の成功例として有名であるが、この時は飛行機格納筒は輸送物件の搭載スペースとして活用されていた。

巡潜甲型の系譜

伊5潜から始まった巡潜型への航空機搭載は、㊂計画の新巡潜型でも引き継がれた。㊂計画における新型巡潜は、旗艦設備をもつ甲型と、甲型と同様の装備で旗艦施設を持たない乙型、雷装を強化した丙型の三種に大別されるが、航空兵装をもつのは甲型と乙型である。これらは小型水上機一機搭載という点では伊5型など同様であったが、艦橋前に飛行機格納筒と射出機を持ち、砲を後甲板に配置する点で、まったく印象のことなる外見をもっていた。

九州飛行機で製造された零式小型水上機

甲型潜水艦は昭和一六年二月に呉海軍工廠で竣工した伊9潜を一番艦として、昭和一七年五月に神戸川崎で竣工した伊11潜までは原設計のまま建造されたが、昭和一九年五月に神戸川崎で竣工した伊12潜は製造に手間のかかる二号一〇型複動ディーゼルをシンプルな二二号一〇型単動ディーゼルに変更したため出力が水上一万二四〇〇馬力から四七〇〇馬力に低下しており、必然的に水上速力も二三・五ノットから一七・七ノットに低下している。もっともその反面、主機の燃費がよくなったため、航続力は一万六〇〇〇浬から二万二〇〇〇浬と大きく伸びていた。

伊12潜は、こうした変更から甲型改一とも称されたが、続く伊13潜以降の甲型潜水艦が、伊400型の建造隻数削減を補填するために設計を大幅に変更して、「晴嵐」搭載潜水艦とされたため、一隻のみの建造に終わっている。

竣工の早かった甲型各艦は各方面で航空作戦を実施しており、伊9潜は艦載機によるハワイ偵察を実施したほか、二式大艇によるハワイ空襲、K作戦にも参加している。伊10潜も甲標的作戦の支援として搭載機によるマダガスカル偵察をおこなっており、モザンビーク海峡での通商破壊戦では短期間に多数の英米商船を撃沈する活躍をみせた。また伊11も昭和一八年三月にヌーメアの航空偵察を実施するなどの活動を見せている。この昭和一七年から一八年にかけての時期が、潜水艦搭載航空機による作戦行動の最盛期であり、昭和一九年半ばに竣工した伊12潜は、航空作戦を実施した記録もないまま戦没している。

伊13型については後述するとして、甲型系列潜水艦としては、計画にみに終わった基本計画番号S48、五〇九四号艦型が注目される存在である。

艦政本部第四部による調製と思われる潜水艦要目表に確認できるこの潜水艦は、水偵一機搭載、発射管艦首六門、一四センチ砲一門、二五ミリ機銃四門と従来の甲型同様の装備をもつものの、従来の甲型とは逆に艦橋後部に飛行機格納筒を装備し、呉式一号四型射出機も後ろ向きに装備するとされ、伊7型以前に回帰したかのようなレイアウトが予定されていた。この変更理由は不明だが、

乙型				特型		
伊15	伊54	5115	−	伊400	伊400	伊400
S37	S37C	S49A	S52A	S 50	S50E	S50E'
2212.4	2140	2330	2220	3445	3560	3530
108.7	108.7	108.5	109.3	122	122	122
9.3	9.3	9.64	9.64	12	12	12
14㎝×1	14㎝×1	14㎝×1	14㎝×1	14㎝×2	14㎝×1	14㎝×1
25㎜×2	25㎜×Ⅱ×1		25㎜×2	25㎜×7	25㎜×10	25㎜×10
53㎝×6（艏）	53㎝×6（艏）	53㎝×8（艏）	53㎝×6（艏） 53㎝×2（艫）	53㎝×8（艏）	53㎝×8（艏）	53㎝×8（艏）
小型水偵×1	小型水偵×1	小型水偵×1	小型水偵×1	晴嵐×2	晴嵐×3	晴嵐×3
二号一〇型 ×2	二二号一〇型 ×2	二号一〇型 ×2	二五号二型 ×2	−	−	−
1万2325	4700	1万1000	8000	7700	7700	7700（8500）
1933	1200	2000	2000	2400	2400	2400
23.96	17.7	−	−	19.7	19.6	18.7（19.2）
8.71	6.5	−	−	7	6.5	6.5
16×1万5900	16×2万1000	16×1万4000	16×1万5000	16×3万3000	16×3万1000	16×3万
						14×3万7500
3×34.2	3×35	3×26.7		3×90	3×70	3×20
5.7	5.7	5.7	5.7	6.0×9.2	6.0×9.2	6.0×9.2
100	100	100	100	100	100	100
94	94	94	94	147	157	144
−	−	−	−	−	−	−
90	90	90	90	120	120	120
乙型	乙型改二	建造せず	建造せず	伊四400原案		

艦政本部調製、潜水艦要目表および各型「一般計画要領書」より作成

一四センチ砲の運用にはこのレイアウトの方が有利であり、通商破壊戦などで砲火力を十全に発揮させる狙いがあったのかもしれない。

また五〇九四号艦型は機関形式と船型の異なる三案が検討されたらしいことが「要目表」の備考欄から確認できるが、いずれもが伊9型と同様に二号一〇型、ないしは八号一〇型の採用を検討し、水上速力二〇ノット以上を計画していた点は興味深い。

これは五〇九四号艦型が改⑤計画艦として計画されたことに関係するのだろう。戦時急造型である伊12型によって不足分、あるいは戦時消耗分を補填した後に、本来あるべき高速大型潜水艦の整備に回帰するという建艦方針のあらわれが五〇九四号艦なのである。

しかし、現実の戦争は理想を追うことを許すほど甘いものではなく、甲型潜水艦の正統的発展を目指した五〇九四号艦型は実現せず、甲型潜水艦の系譜は伊12型をもって途絶えることになった。

乙型の展開と航空機搭載艦の終焉

日本海軍におけるもう一つの航空機搭載潜水艦の系譜である乙型は、前述のように甲型から旗艦設備を除いたものであり、甲型よりやや小型ではあるものの全体の印象はよく似た潜水艦である。その航空艤装も艦橋前方に艦橋と一体化した航空機格納筒を持ち、その前方に射出機を配置する甲型同様のものであり、小型水偵（九六式小型水偵、もしくは零式小型水偵）一機を搭載する点も同じである。

もっとも巡潜型の中核として期待された乙型の建造隻数は甲型よりもはるかに多く、昭和一五年九月に呉海軍工廠で竣工した伊15潜を一番艦とする乙型は同型艦二〇隻が、戦時型の乙型改一は、昭和一八年七月に呉海軍工廠で竣工した伊40潜を一番艦とする五隻が、乙型改二は、昭和一九年三月に横須賀海軍工廠で竣工した伊54潜を一番艦とする三隻が建造されている。

乙型改一は構造材の変更が中心であり、乙型との目立った性能上の変化はないが、量産性を考慮して機関を変更した乙型改二では水上最大速力が従来の二三・五ノットから一七・七ノットに低下している。ただし航空兵装については同一であり、竣工時期の早かった乙型の一部が、

㊂計画以降に計画された航空機搭載潜水艦要目

		単位	甲型				
			伊9	伊12	伊13	伊13	5094
基本計画番号			S35	S35C	C35E	S35E'	S48
基準排水量			2442.8	2390	2620	2620	2486
全長		m	113.7	113.7	113.7	113.7	113.2
全幅		m	9.55	9.55	11.7	111.7	9.82
砲			14㎝×1	14㎝×1	—	—	14㎝×1
機銃			25㎜×4	25㎜×4	25㎜×7	25㎜×7	25㎜×4
発射管			53㎝×6（艏）	53㎝×6（艏）	53㎝×6（艏）	53㎝×6（艏）	53㎝×6（艏）
搭載機			小型水偵×1	小型水偵×1	晴嵐×2	晴嵐×2	十二試潜偵×1
主機械			二号一〇型 ×2	二二号一〇型 ×2	—	二号一〇型 ×2	二号一〇型 ×2
軸馬力	水上	馬力	1万2264	4700	4700	4400(4900)	1万1000
	水中	馬力	2080	1200	1200	1200	1200
速力	水上	ノット	24.02	17.7	17.5	16.7(17.0)	22.4
	水中	ノット	8.87	6.2	5.5	5.5	8
航続力（水上）		ノット×浬	16×1万6410	16×2万2000	16×2万1000	16×2万1000	16×1万6000
航続力（水中）		ノット×浬	3×28	3×30	3×20	3×20	3×26.7
内殻直径		m	5.8	5.8	5.8	5.8	5.8
安全潜行深度		m	100	100	100	100	100
乗員	本艦	人	100	98	108	108	100
	司令部		—	14	—	—	10
連続行動日数		日	90	90	90	90	90
備考			甲型	甲型改二			建造せず

飛行機格納筒の防御を対二〇ミリ防御とするために増加装甲を追加した例（ペナンで撮影された伊29潜など）が、外観上の変化として知られる程度である。

建造隻数が多く日本潜水艦の中核であった乙型は、太平洋、インド洋を問わず活躍を見せ、ハワイ空襲後の戦果確認を目的とした真珠湾偵察など、太平洋戦争前半には搭載航空機による要地偵察も高い頻度で実施しており、戦争後半の昭和一九年三月でも伊36潜搭載機によるメジュロ偵察が行なわれた記録がある。

だが乙型潜水艦による航空作戦でもっとも有名なものは、伊25潜による昭和一七年九月九日と二九日に実施された米本土爆撃だろう。これは零式小型水偵に搭載した六〇キロ爆弾によって森林火災の発生をねらったもので、具体的な戦果を納めるにはいたらなかったものの、現在にいたるまで正規軍による唯一の米本土爆撃として記録されている。

また大戦中期以降は、その搭載力を生かした輸送任務にも投入されたことは他の大型潜水艦と同様で、水陸両用戦車による泊地奇襲作戦（実験のみで中止）や陸戦隊による奇襲上陸作戦、甲標的作戦の母艦にも使用された。

しかし、急速に悪化する戦局の中で、低速な零式小型水偵が活動できる局面は少なくなり、潜水艦作戦そのものが人間魚雷「回天」の運用を主軸に据えられるようになったこともあり、昭和二〇年になると伊58潜のように「回天」作戦への対応のために飛行機格納筒と射出機を撤去し、「回天」の搭載数増加を図った例も見られるようになり、乙型潜水艦による航空機運用は終焉を迎えることになる。飛行機格納筒を撤去して甲板上に「回天」を満載した伊58潜の姿は、その象徴ともいうべきものであった。

このように伊15型に代表される乙型潜水艦は、日本海軍の大型潜水艦戦力の中核として活躍したが、一方で計画のみに終わった設計案も存在した。これが改㊄計画で五一五一号艦型として計画された基本計画番号S49Aである。

S49Aは甲型のS48同様、二号一〇型内火機械を主機に採用し、水上二二・四ノットの高速艦として計画されており、航空艤装を後部に移した点もS48と同一である。

一方でS49AにはS48とは異なる特徴もあった。S49Aの艦首魚雷発

伊15型（乙型）

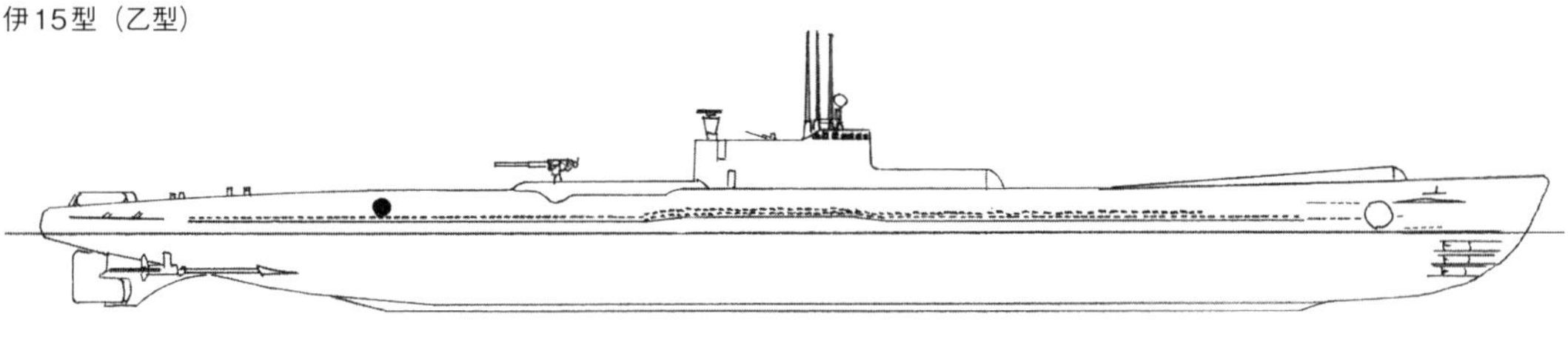

S49A（想像図）

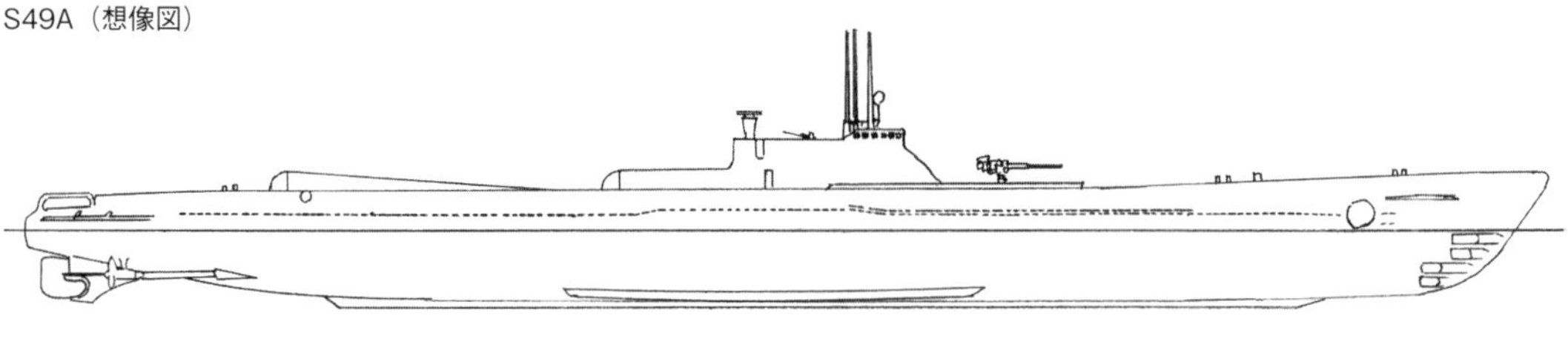

伊13型

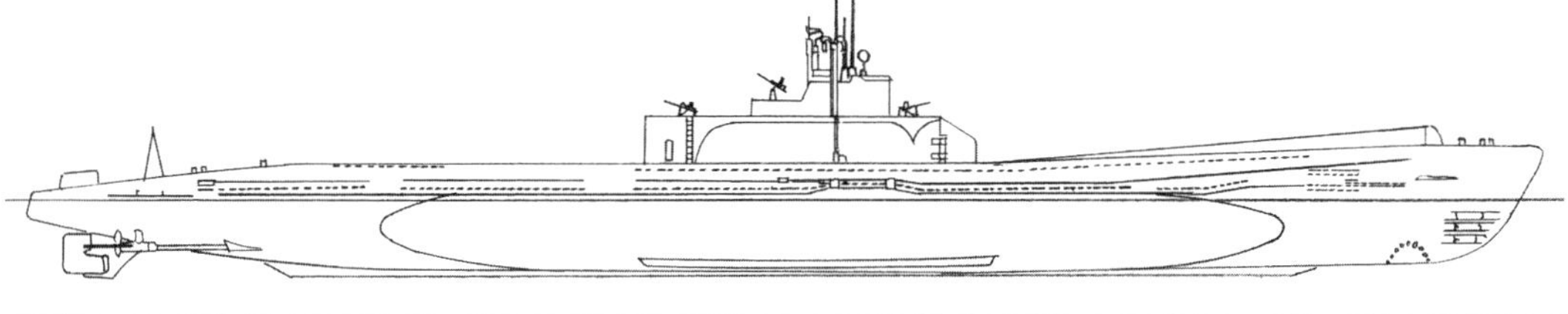

S37E（想像図）

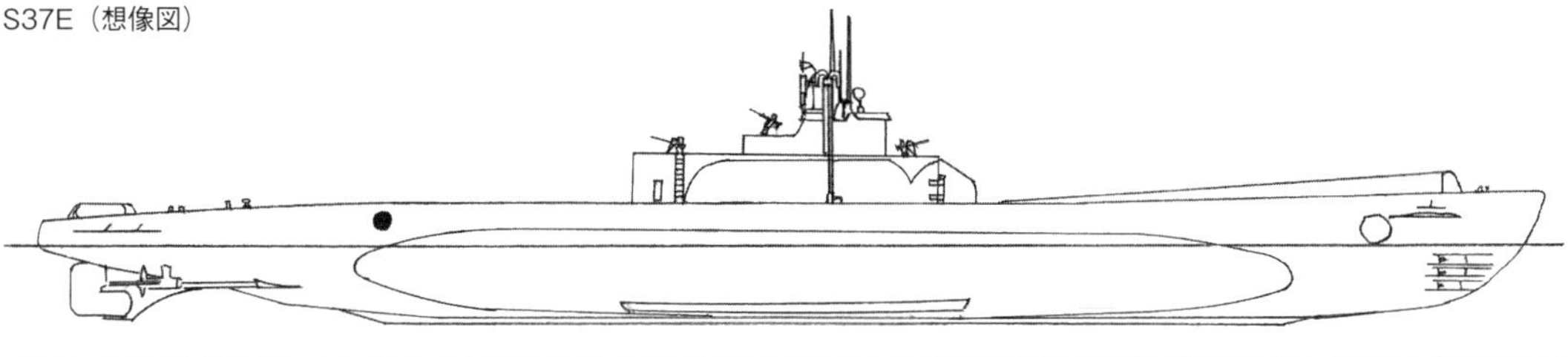

射管は従来の甲型、乙型よりも強化され、八門となっていたのだ。これにはカラクリがあり、S49AにはS49Bという航空兵装を持たず若干魚雷搭載数の多いサブタイプが存在したが、これは丙型として計画されていたのである。つまり次世代の乙型、丙型潜水艦の船体設計は、当初から共有される構想であったのだ。

S49Aはまた、機雷八個を搭載可能であり、おそらくは発射管を利用した機雷敷設も視野に入れた設計であったと思われる。戦時急造型の建造が一段落した段階で、日本海軍は汎用潜水艦としてS49シリーズに移行する構想をもっていた。これが実現しなかった理由はS48のそれと同様で、苛烈な現実の前に理想を追求することができなかった、ということであろう。

乙型にはこの他にも、基本計画番号S52という設計も見られる。これはその番号からみて昭和一七年前半以降に設計されたもので、おそらくS49Aと同様の航空艤装が予定されたものと思われる。

むしろS52の設計上の特徴は雷装にあり、艦首発射管六門に加え艦尾に二門の発射管を備えることが構想されていた。戦訓によるものと思われるこの兵装レイアウトは、後に同様な兵装レイアウトで研究された汎用中型潜水艦、戊型（S53A、S54）の雛形になった可能性もあるが、S52も戊型も戦局の急変の前に実現することはなく、乙型系の航空機搭載潜水艦は、伊15型のバリエーションで終始して終戦を迎えることになった。

甲型、丙型の「晴嵐」搭載計画

戦前の想定とは異なる展開をみせた太平洋戦争において、甲型や乙型に代表される水偵搭載潜水艦は、しばしば航空機搭載のためのスペースを輸送任務等に使用することを強いられたが、一方で潜水艦における航空機運用の可能性を突き詰めた計画も存在した。いうまでもなく、伊４００型と「晴嵐」による攻撃的な運用計画である。

だが伊４００型はあまりにも大きく工数がかかり、その特殊性を考えれば、戦時下における建造艦としては現実性を欠く部分があったことも事実である。そのために伊４００型の建造は段階的に縮小されることになり、昭和一八年後半には、その減少分を既存潜水艦の改設計で補填することが図られることになる。

この構想で候補に上がったのは、甲型改二の伊12型と丙型改の伊52型であったことが、先述の「要目表」から確認できる。

伊13潜以降を対象とした甲型改造案は基本計画番号Ｓ35Ｅとされ、上部構造物を一新して「晴嵐」二機搭載するものであったが、設計の手間を省くために艦橋と飛行機格納筒などは伊４００型の初期設計を流用し、代償重量として後部の一四センチ砲は廃止された。なお発射管門数六門は従来と甲型と同じだが、航空魚雷の搭載にともない潜水艦用魚雷は一八本から一二本に減少している。

この改造によって伊一三型は、全長こそ変化がなかったが、浮力と安定性を確保するために付加されたバルジによって、全幅は原形の九・五五メートルから一一・七〇メートルとなり、排水量も三五四七・五トンから三七九〇トンに肥大化している。また速力も一七・七ノットから一七・五ノットに低下し、燃料搭載量が同一であるにもかかわらず航続力も一六ノット二万二〇〇〇浬から一六ノット二万一〇〇〇浬に低下した。

このＳ35Ｅは、後に伊４００型と同様、応急タンクの正規タンク化による設計改正によりＳ35Ｅに改正され、満載排水量はさらに増加して三八九四・四トンとなり、速力も最大一七ノット（公試全力一六・七ノット）となっている。

伊13潜以降の甲型はこのＳ35Ｅの仕様で建造され、伊13、伊14潜は昭和一九年末から昭和二〇年春にかけて戦力化されたが、伊15潜と伊1潜は未成に終わっている。

伊13、伊14潜の二隻は、伊４００、伊４０１潜によるウルシー攻撃に先立ち、偵察用「彩雲」をトラック島に輸送したが、伊13潜は米護衛空母機によって撃沈され、伊14潜のみが輸送を完遂して終戦時健在であり、戦後米軍の調査をうけている。

一方の丙型改造案は基本計画番号Ｓ37Ｅとして計画され、伊52型と同型の船体に伊13型同様、伊４００型の初期設計艦橋と航空艤装の移植が予定された。浮力と復原性確保のためのバルジ追加も同様で、もともとの船体幅九・三メートルは一一・五メートルに拡張され、速力は一七・七ノットから一七・五ノットに、航続力は一六ノット二万一〇〇〇浬から一六ノット二万浬に減少している。航空艤装の強化にともなう砲装廃止や、搭載魚雷数の減少も同様で、もともと一九本だった潜水艦用魚雷の搭載数は一二本に減少している。

なお改造の母体となった丙型改は、丙型とはいうものの、実質的には乙型改二から航空関連艤装を除いた設計であり、丙型改二による「晴嵐」搭載計画は、規模こそ違えども航空機搭載潜水艦であった原設計への回帰ともいえた。

だが、甲型改造案と異なり、丙型改造案はこれ以上進むことなく放棄されたようだ。その理由は不明だが、一つには甲型改造案とくらべてやや短い航続距離が嫌われたのかもしれない。伊４００型が四万浬もの航続力を要求されたことからもわかるように、「晴嵐」搭載潜水艦は、米本土沿岸のどこでも攻撃可能なことが期待されていた。しかし、甲型、丙型改造艦の航続力は伊４００型の半分程度でしかなく、その行動範囲は伊４００型に比べるとかなり見劣りした。

計画されたパナマ運河攻撃でさえも、伊13型は攻撃後に伊４００型から洋上給油をうける必要があり、さらに航続力の短い丙型ベースのＳ37Ｅでは運用上の制限が大きいと考えられたのかもしれない。

もっとも伊４００型、伊13型は実戦において、その航続性能を発揮する機会を持たなかったから、丙型潜水艦の改造艦であっても能力的には問題が無く、むしろ船体規模の小さいぶんだけ戦力化がスムーズだったとも考えられるが、これは後知恵というものだろう。

結果的には、伊13型こそが日本海軍が最後に計画、建造した航空機搭載潜水艦となり、丙型ベースのＳ37Ｅは、知られることなく消え去ったのである。

日本海軍潜水艦ラインナップ

●「黎明期」「発展期」「太平洋戦争期」のホランド型、川崎型、海中1型、そして巡潜1型、機雷潜型、呂号等の日本海軍潜水艦全種類紹介！

構成：吉野泰貴

巡潜1型である伊号第5潜水艦

黎明期・すべては手習いから

ホランド型（アメリカ製）

日本海軍が潜水艦という艦種に興味を持つようになったのは明治三〇年代半ばのこと。日清戦争が終わり、日露戦争の開戦もやむなしという背景に、「欧米には海に潜ることのできる水雷艇があるらしい」という情報を得たためだ。飛行機の場合もそうだったが、新兵器や新戦術というのはまだ頭の柔らかい大尉や中尉が情報を収集したり、柔軟な発想で考案したものが私的に研究されたうえで意見具申され、上司に認めてもらうところから公式な研究が始まるという流れである。

潜水艦については小栗孝三郎（のち海軍大将）、井出謙治（のち海軍大将）の両氏が先覚者で、その意を得た日本海軍は、明治建軍以来の師匠であるイギリス海軍にお伺いを立てたが、当時世界一の海軍国を誇る同海軍は「あれは弱者が使う兵器だよ」と親身になって相談に乗ってくれない（その重要性に気づき、情報をシャットアウトした、というのが事実）。

そこで目を付けたのが、アメリカで実用化されたばかりのホランド型潜水艇であった。これはジョン・P・ホランド氏が設計したガソリンエンジン搭載の潜水艇で、潜航時には蓄電池によりモーターを回すという近代的潜水艦の要素を確立、実用化されたばかりの魚雷発射管一本を備えていたのが特徴。井出中佐が明治三四年にアメリカのエレクトリック・ボート社で本艇を見学した際のレポートが寄せられていたが、水上艦艇の戦備を促進する日本海軍では喫緊の兵器ではないとして重要視されていなかった。しかし、明治三七（一九〇四）年に日露戦争が始ま

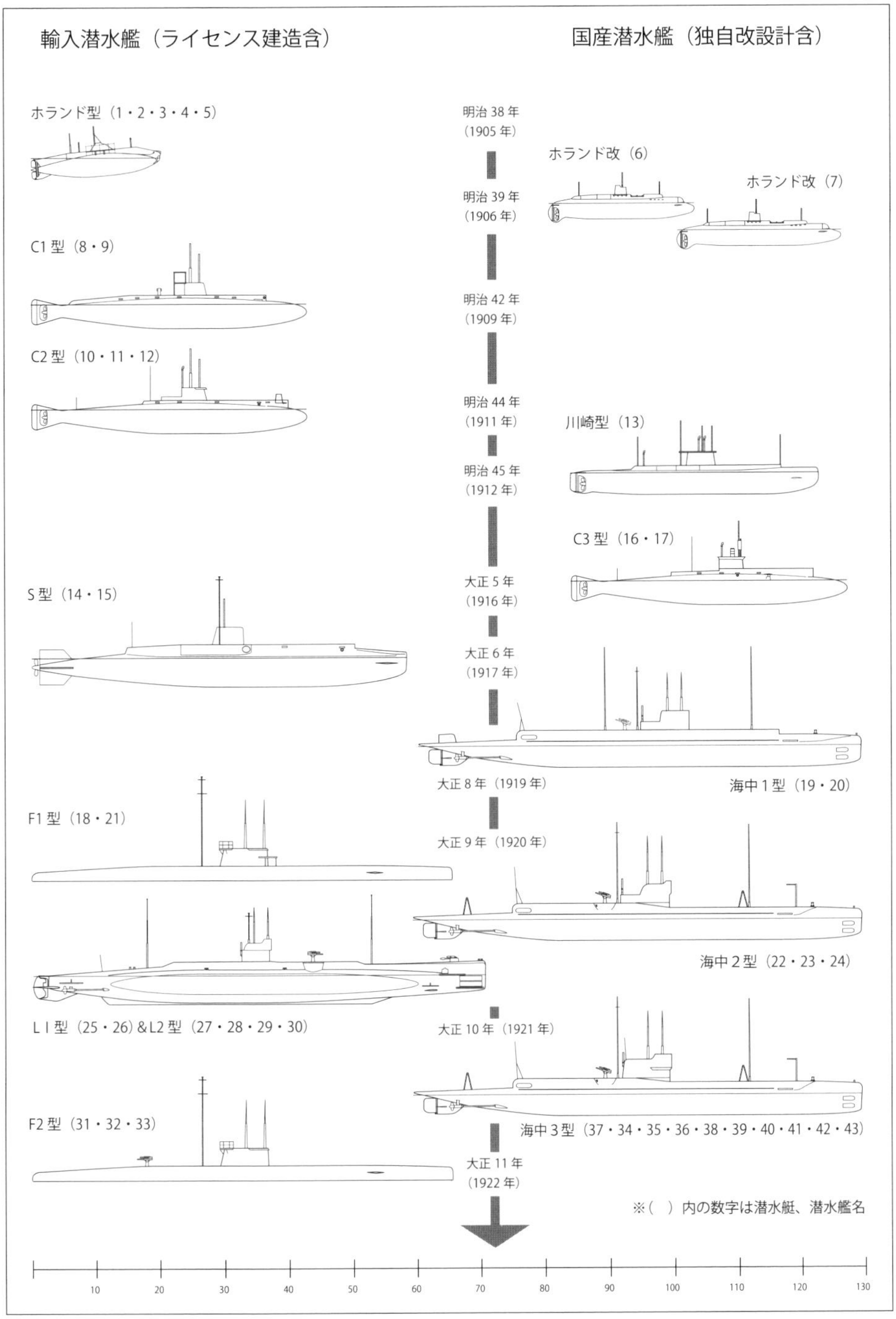

り、戦艦「初瀬」と「八島」が触雷して沈んだのを「すわ、敵の潜水艦の仕業では!?」と判断するや導入を決定。六月三〇日に発注された五隻は部品状態で船積みのうえ輸入され、一二月五日に組み立てに着手。だが、その組み立てが完成したのは日露戦争が終結したあとになった。

完成した五隻は第1潜水艇、第2潜水艇、第3潜水艇、第4潜水艇、第5潜水艇と名付けられ、記念すべき第一潜水艇隊が誕生する。

ホランド改型

日露戦争中の明治三七（一九〇四）年一一月、すでにエレクトリック・ボート社を去っていたホランド氏から新型潜水艇の設計図を入手した井出中佐が海軍中央に諮《はか》り、神戸川崎造船所で建造することになった記念すべき国産第一号の潜水艇であった。ただ、技術的には手に余り、竣工は明治三九年となった。これが有名な第6潜水艇で、さらに改設計を加えた第7潜水艇も同時期に川崎造船所で建造された。

C1型・C2型（イギリス製）

日本海軍に「潜水艦は無用」といっていたイギリスは、じつはホランド型A級、B級を建造しており、これを発展させたC級を建造していた。これに目を付けた日本海軍は明治四〇年にイギリスのヴィッカース社とC級潜水艇五隻の建造契約を締結。二隻はイギリスで建造して輸入され、三隻は部品状態で輸入し呉海軍工廠で組みたてられた。前者二隻はC1型と分類され、第8号潜水艇（のち波号第1潜水艦）、第9号潜水艇（のち波号第2潜水艦）と、後者の三隻はC2型と分類され、第10号潜水艇（のち波号第3潜水艦）、第11号潜水艇（のち波号第4潜水艦）、第12号潜水艇（のち波号第5潜水艦）と命名された。

川崎型

ホランド改型の建造を経験した川崎造船所に発注された潜水艦で、設計は海軍側の指導を受けた川崎オリジナルのものであった。明治四三年に起工され、大正元年九月に竣工、第13号潜水艇（のち波号第6潜水艦）と命名された。艦首に魚雷発射管二門を搭載。

S型（フランス）

潜水艦先進国のひとつであったフランスのローブーフ型を輸入したもので、建造所のシュナイダー社にちなみS型と称した。ホランド型やC型と違い、船体構造が複殻式となっていたのが大きな特徴。艦首に二門、艦橋前後に旋回式を二門ずつ、計六門も魚雷発射管を装備していた重武装艦でもあった。大正二年一一月に二隻がフランスにおいて起工されたが、第一次世界大戦が勃発、竣工間近であった第14潜水艇はフランス海軍に徴発されてしまう。このため、第15号潜水艇（のち波号第9潜水艦）は未完成のまま運搬船で日本へ運んで呉海軍工廠で工事を進め、大正六年七月に竣工した。第14号潜水艇（波号第10潜水艦）の代艦（2代目）は大正七年三月から呉海軍工廠において建造され大正九年四月に完成した。

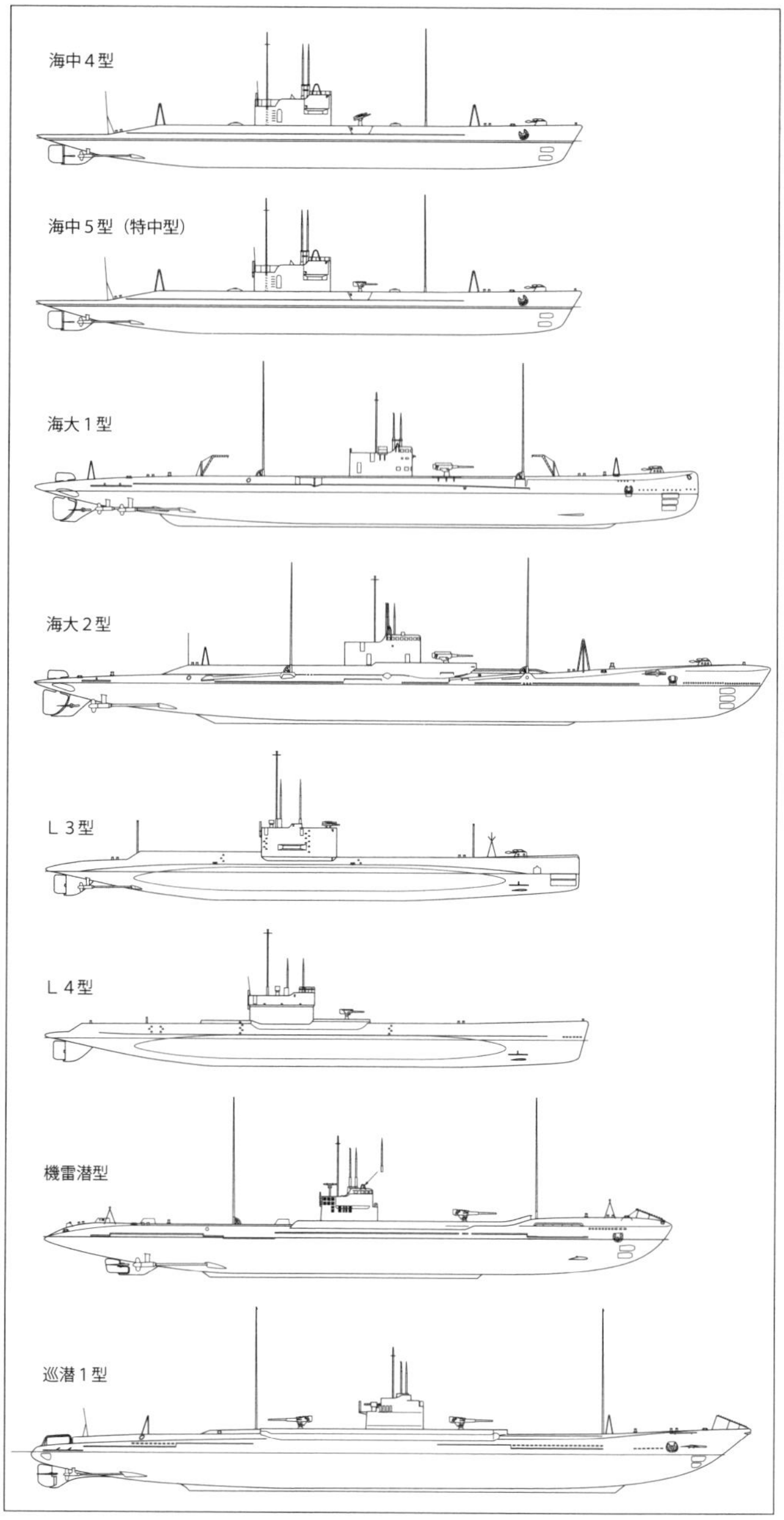

F1型・F2型（イタリア製）

第一次世界大戦中の大正四年七月、イタリアのフィアット社のローレンチ型潜水艦の特許権を経て神戸川崎造船所において建造に着手された潜水艦で、第18号潜水艦（のち呂号第1潜水艦）、第19号潜水艦（のち呂号第2潜水艦）の二隻が大正九年に完成した。ディーゼルエンジンを搭載していたのが特徴で、新型潜水艦の実用化に手間取った日本海軍では本型を追加建造し、大正一一年には第31潜水艦（のち呂号第3潜水艦）、第32潜水艦（のち呂号第4潜水艦）、第33潜水艦（のち呂号第5潜水艦）の三隻がF2型として加わった。

なお、大正八年に潜水艇は潜水艦と名称変更され、一〇〇〇トン以上を一等、一〇〇〇トン未満五〇〇トン以上を二等、五〇〇トン以下を三等と分けられることとなった。

C3型
第一次世界大戦の勃発によりフランスに発注したS型潜水艦の取得が困難と予想されたため、急きょ、C1型、C2型の改良型として建造されたタイプ。大正五年一〇月に第16号潜水艇（のち波号第7潜水艦）が、大正六年二月に第17潜水艇（のち波号第8潜水艦）が完成した。上部構造物内の前部に魚雷発射管二門を増設していたのが従来型との相違点で、潜舵も艇首中央に一枚式となっていた。

L1型・L2型（イギリス製）
イギリス海軍で運用実績のあるL型潜水艦に目を付けた日本海軍が、三菱神戸造船所とヴィッカースに契約を結ばせて建造したもので、大正九年にL1型と分類される第25潜水艦（のちの呂号第51潜水艦）、第26潜水艦（のちの呂号第52潜水艦）の二隻が、大正一〇年から一一年にかけて電池などを改良し、L2型と分類される呂号第53潜水艦、呂号第54潜水艦、呂号第55潜水艦、呂号第56潜水艦の四隻が竣工した。非常に実用性の高いタイプで、同時期に登場した海中型との二本柱で草創期の日本海軍潜水隊を支え、やがてイギリス海軍での改良をフィードバックしたL3型、L4型につながっていく。

発展期・コピーからの脱却

海中1型
ホランド型以来、各国の潜水艦を輸入する一方で独自設計の潜水艦の模索をしていた日本海軍は、大正六年四月、のちに海軍式中型と分類する二隻の潜水艦の建造を呉海軍工廠において着手し、その一番艦となる第19号潜水艇（のちの呂号第11潜水艦）を大正八年二月に、第20号潜水艇（のちの呂号第12潜水艦）を同年九月に竣工させた。船体は複殻構造、機関はズルツァー式一二〇〇馬力ディーゼルエンジン二基で、電動機は六〇〇馬力二基。従来の艦に比べて凌波性や航洋性が大幅に向上しており、水上最大速力一九ノットを発揮、台湾への巡航に成功したことが特筆される。魚雷発射管も艦首四門の他、上部構造物内に旋回式の一門を装備するなど強力であった。砲熕兵装は短八センチ単装砲を一門搭載していた。このシリーズが日本海軍のスタンダードとして整備されていくこととなる。

海中2型
海中1型に続いて呉海軍工廠において建造されたタイプで、船体構造や機関型式は同様であったが、上構内の魚雷発射管を固定式の二門にしたところが相違点である。大正九年九月に竣工した第23号潜水艦（のち呂号第13潜水艦）に続き、第22号潜水艦（第23号潜水艦と同時起工だが完成が遅れた。のち呂号第14潜水艦）、第24号潜水艦（のち呂号第15潜水艦）の三隻が完成した。全長七〇・一メートル、常備排水量七六二・六トン。

海中3型
海中2型の実績により量産されることとなった型式で全長七〇・一メートル、全幅六・一二メートル、常備排水量七七一・八トン。大正一〇年一〇月に竣工した第34号潜水艦（のちの呂号第17潜水艦）以降、第25潜水艦（のちの呂号第25潜水艦）にいたるまで、呉海軍工廠、横須賀海軍工廠、佐世保海軍工廠であわせてじつに一〇隻が建造され、L型とともに当時の日本海軍潜水隊の主力を担った。

海中4型
初めて実用的かつ多量建造された海中3型の魚雷発射管を、直径四五センチから五三センチに拡大した武装強化型で、船体幅は変わらなかったが、全長は七四メートルと長くなっている。大正一二年一月に竣工した第45潜水艦（のちの呂号第26潜水艦）に続き、第58潜水艦（のちの呂号第27潜水艦）、第62潜水艦（のちの呂号第28潜水艦）が建造された。

特中型（海中5型）
海中4型と並行して建造された型式で、外観は海中4型と同様ながら機関をズルツァー式六〇〇馬力ディーゼル二基とし、最高速力を抑えつつ航続距離の延伸を図ったタイプであった。雷装は海中4型と同じ、砲熕兵装は一二センチ砲となっていた点が相違点であった。大正一二年九月に竣工した第68潜水艦（のちの呂号第29潜水艦）をはじめとして第69潜水艦（のちの呂号第30潜水艦）、第70潜水艦（のちの呂号第31潜水艦、これは公試中に沈没したため代艦を建造。都合二隻建造されたことになる）、第71潜水艦（のちの呂号第32潜水艦）が建造された。

海大1型
アメリカ海軍艦隊を太平洋で迎え

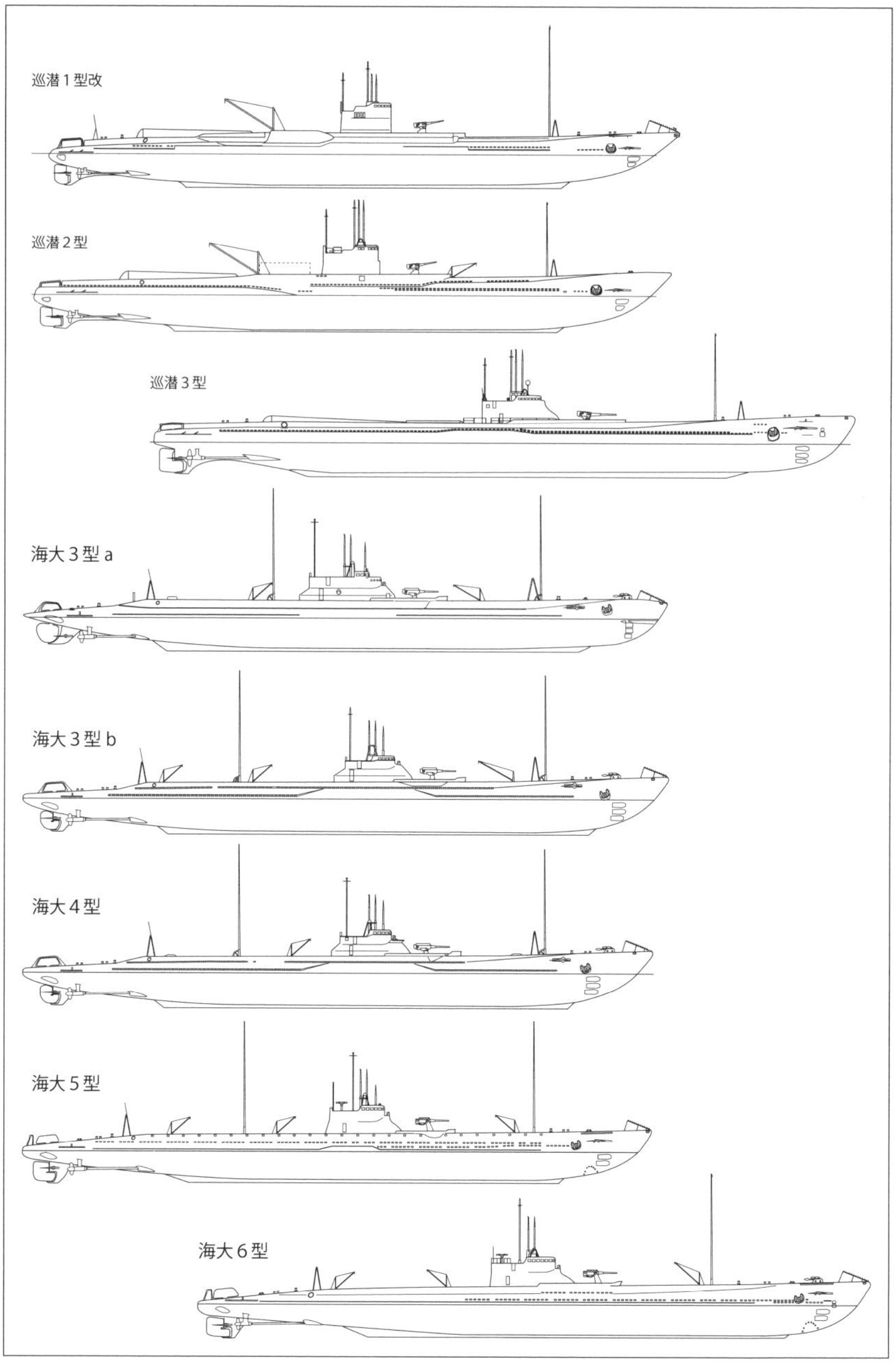

撃つための航洋型潜水艦／艦隊随伴型潜水艦の建造は明治四二年の国防方針策定以来の悲願であったが、海中型の経験を生かして設計、建造されたのが海大（海軍式大型潜水艦）1型である。大正一三年六月に竣工した第44潜水艦（すぐに伊号第51潜水艦と改称）は全長九一・四四メートル、全幅八・八一メートル、常備排水量一五〇〇トンと海中4型の一・五倍のサイズ、倍の排水量となっており、ズルツァー式一三〇〇馬力ディーゼルエンジン四基、五〇〇馬力電動機四基を搭載、潜水艦では珍しくスクリュー軸も四軸であった（水上最大速力は一八・三八ノット）。武装も艦首に五三センチ魚雷発射管六門、艦尾に同二門と重武装で、砲熕兵装も一二センチ単装砲一門を搭載していた。大型潜水艦建造の実験艦という性格の強い艦であったが、のちに潜水艦への航空機搭載設備の研究に供されるなど、重要な艦である。エンジン四基を搭載するため、前後の船体が一重複殻、船体中央部が二重複殻（眼鏡構造ともいわれた）となっていたが、この船体構造はのちに建造される伊400型と奇しくも同じであった。

なお、大正一三年から一等潜水艦が伊号、二等潜水艦が呂号、三等潜水艦が波号というおなじみの艦名に改称され、既存艦には艦名となる番号が振りなおされた。

海大2型

海大1型におよそ一年遅れて建造が始まり、大正一四年に竣工した伊号第52潜水艦の型式。全長一〇〇・八メートル、全幅七・六四メートル、常備排水量一五〇〇トンというサイズで、エンジンはズルツァー式三四〇〇馬力エンジン二基、電動機二基、スクリュー二軸で、水上最大速力二二・五ノットを記録した。魚雷発射管や砲熕兵装は海大1型と同様であった。なお、海大1型、海大2型とも、安全潜航深度は四五・七メートルに規定されていた。海大型潜水艦の基礎はこの海大2型でできあがり、この拡大発展型が建造されていった。

昭和一七年に伊号第１５２潜水艦と改名され、間もなく除籍。

Ｌ３型

日本海軍で導入されたあともL型潜水艦はイギリス本国で改良が図られていたが、その改良を反映しつつ三菱神戸造船所で建造された型式で、砲熕兵装を艦橋前方に移したことが外観上の特徴。魚雷発射管も直径五三センチのものに拡大されていた。大正一一年七月に竣工した第46潜水艦（のちの呂号第57潜水艦）以降、第47潜水艦（のちの呂号第58潜水艦）、第57潜水艦（のちの呂号第59潜水艦）が建造され、太平洋戦争中には練習潜水艦や近海防備用として使用された。

Ｌ４型

Ｌ３型を大幅に改良して三菱神戸造船所が建造した型式で、それまで垂直だった艦首形状に傾斜をつけ、上部構造物幅を広げて凌波性を高めただけでなく、艦尾に水平部を設けてスクリュー効率の向上を図っていた。魚雷発射管も六門に強化されている。大正一二年九月に竣工した第59潜水艦（のちの呂号第60潜水艦）以降、呂号第68潜水艦（呂65潜以降は旧艦名なし）まで九隻が建造され、老朽艦ながらその全艦が太平洋戦争開戦時には第一線に投入され、大戦後半には練習艦として使用された。

ドイツからの技術導入と国産艦の発展

巡潜１型

潜水艦、とくにドイツ海軍のＵボートが第一次世界大戦で目覚ましい活躍をしたことは世界各国に衝撃を与えたが、それは日本海軍も同様であった。なかでも大西洋を縦横無尽に暴れまわったのが巡洋潜水艦型と呼ばれる艦種で、航続力の長さ、重武装、長期間行動できる居住性とも、まさに潜ることのできる巡洋艦といった性格のものであった。

戦後に戦利品の分配がなされた際に、日本海軍には巡潜型潜水艦は手渡されなかったが、しばらくして神戸川崎造船所の松方幸次郎社長がＵ１４２の設計図を入手することに成功、ドイツゲルマニア社のテッヘル博士を招いてこれをコピーしたのが伊号第１潜水艦（大正一五年竣工）から伊号第４潜水艦（昭和四年竣工）までの巡潜１型で、その全艦が太平洋戦争に参加した。全長九七・五メートル、全幅九・二二メートル、常備排水量二一三五トンと同時期に建造された日本海軍オリジナルの海大１型、同２型より一回り大きく、将来の日本潜水艦隊の主力となる型式として期待された。武装は無気泡式となった八八式魚雷発射管を艦首に四門、艦尾に二門、砲熕兵装として一四センチ砲二門を搭載した。

なお、日本海軍はこの巡潜型をエースと考えて艦名に一番からの番号を与え、海大型に50番台を、機雷潜型に20番台の艦名を与えた。

機雷潜型

第一次世界大戦後に日本海軍が取得した七隻の戦利潜水艦のうち、機雷敷設型のＵ１２５をコピーするかたちで建造した型式。南洋で行動することを考慮して船体を一メートル延長し、冷却器を搭載していたことが違いであった。全長八五・二メートル、全幅七・五二メートル、常備排水量一三八三トンと、海大2型に比べてやや小ぶりであったが、艦首に魚雷発射管四門を装備したほか、機雷四二個を搭載できた。砲熕兵装は一四センチ単装砲一門。昭和二（一九二七）年三月に竣工した伊号第21潜水艦（のち伊号第１２１潜水艦）以下、伊号第22潜水艦（のち伊号第１２２潜水艦）、伊号第23潜水艦（伊号第１２３潜水艦）、伊号第24潜水艦（伊号第１２４潜水艦）が建造され、その全艦が太平洋戦争に参加した。機雷潜型はこの一型式のみである。巡潜型の建造数拡大により、昭和一三年に艦名に１００番の数字を加えられた。

巡潜１型改

巡潜1型の船体後方に飛行機搭載設備を増設して建造されたタイプで、神戸川崎造船所で一隻だけ建造され、昭和四（一九二九）年に伊号第5潜水艦として竣工した。後部上構物左右に飛行機格納筒一本ずつを搭載、ここに飛行機を分解収納した。雷装は巡潜1型と同様だが、砲熕兵装は一二センチ高角砲二門となっていた。竣工後、カタパルトが実用化されるとこれを増設し、後部の一二センチ砲は撤去された。

巡潜２型

四〇〇〇馬力の艦本式一号甲七型内火機械（ディーゼルエンジン）二基を搭載し、船体線図もより高速を

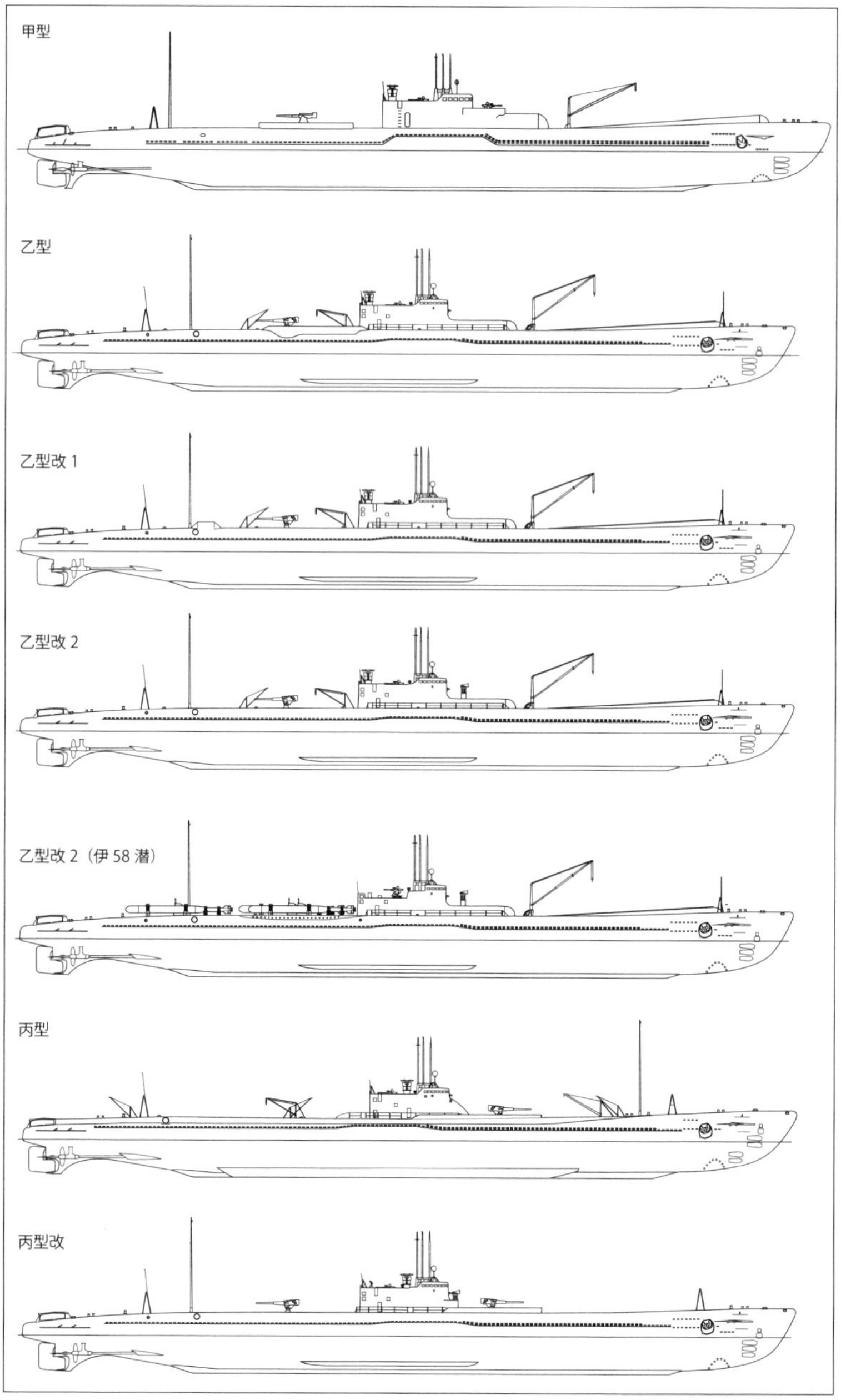

発揮できるように改良した型式で昭和一〇（一九三五）年五月に伊号第6潜水艦が竣工した。最高速力は二一・三ノットを記録。当初から飛行機を搭載できるように設計されており、艦橋後方に昇降式の飛行機格納筒二個を搭載、九一式水上偵察機一機を分解収納できた。雷装は巡潜1型と同様で、砲熕兵装は一二センチ単装高角砲一門。太平洋戦争緒戦期に米空母『サラトガ』を雷撃大破させたことで知られる。

巡潜3型

巡潜型潜水艦の実績に満足した日本海軍が、これに潜水戦隊旗艦設備を装備させようとして設計したタイプで昭和一二（一九三七）年三月に伊号第7潜水艦、昭和一三年一二月に伊号第8潜水艦が竣工した。巡潜1型はドイツ潜水艦の手習い、巡潜2型はその改良型であったが、この巡潜3型で日本海軍巡潜の基本形ができあがったといえる。飛行機搭載設備は伊6潜と同様であったが、搭載機は新式の九六式水上偵察機となり、太平洋戦争では航空偵察に活躍している。水上最高速度も二三ノットを達成し、名実ともに海大型潜水艦をしのぐ存在となった。本型から巡潜型は艦尾の魚雷発射管を廃止。また潜水艦としては珍しい、一四センチ連装砲一基を搭載していた。

以後、日本海軍はこの巡潜型を甲型、乙型、丙型に細かく分けて戦備を整えるようになる。

海大3型a

海大2型の問題点を改善して海大型の完成形となったタイプで、デザイン的にも洗練されたものとなった。水上最大速力や雷装、砲熕兵装などは海大2型と同様で、安全潜航深度は六一メートルにまで深くなった。一番艦の伊号第53潜水艦（のち伊号第153潜水艦）は昭和二（一九二七）年三月に竣工。ほかに同型艦として伊号第54潜水艦（のち伊号第154潜水艦）、伊号第55潜水艦（のち伊号第155潜水艦）、伊号第58潜水艦（のち伊号第158潜水艦）が建造された。

海大型も巡潜型の建造数の拡大により昭和一七年五月に艦名に100番の数字が加えられた。

海大3型b

海大3型の第二グループとして計画された型式で、従来までのフィート、ポンド法からメートル法に切換えて設計された点が特筆される。艦首部がシアーの付いたデザインになったことが外観上の特徴であった。昭和四（一九二九）年三月に竣工した伊号第56潜水艦（のち伊号第156潜水艦）、のほか伊号第57潜水艦（のち伊号第157潜水艦）、伊号第60潜水艦（のち伊号第160潜水艦）、伊号第63潜水艦（昭和一四年事故沈没）が建造された。

海大4型

全長九七・七メートル、常備排水量一七二〇トンに抑え、魚雷発射管を艦首に四門、艦尾に二門としたタイプで前部発射管室部分の内殻断面が真円になったのが特徴（それまでは縦長の楕円）。機関はラウシェンバッハ式三〇〇〇馬力ディーゼルエンジン二基となった。昭和四（一九二九）年四月に竣工した伊号第61潜水艦（昭和一六年一〇月事故沈没）のほか、伊号第62潜水艦（のち伊号第162潜水艦）、伊号第64潜水艦（のち伊号第164潜水艦）が建造された。

海大5型

海大4型と同サイズ、ほぼ同じ排水量のまま、線図を一新して設計された型式で、雷装、砲熕兵装も同様であったが、発射管が八八式無気泡発射管となっており、九三式水中聴音器や昇降短波檣などもこの型から標準装備となった。砲熕兵装は一〇センチ高角砲一門となった。昭和八（一九三三）年三月に竣工した伊号第65潜水艦（のち伊号第165潜水艦）のほか、伊号第66潜水艦（のち伊号第166潜水艦）、伊号第67潜水艦（昭和一五年九月事故沈没）が建造された。

海大6型a・海大6型b

九〇〇〇馬力を発揮する艦本式二号一〇型内火機械の完成により、水上最大速力二三ノットを実現、艦隊随伴型潜水艦として完成をみたタイプが海大6型aで、船体はふたたび改設計されて全長一〇四・七メートル、全幅八・二メートル、常備排水量一七八五トンとなった。雷装、砲熕兵装は海大5型と同様。昭和九（一九三四）年七月に竣工した伊号第68潜水艦（のち伊号第168潜水艦）以降、伊号第73潜水艦（のち伊号第173潜水艦）まで六隻が建造された。

さらに全長を一〇五メートル、常備排水量を一八一〇トンとした海大6型bが設計され、昭和一三年に伊号第74潜水艦（のち伊号第174潜水艦）、伊号第75潜水艦（のち伊号第175潜水艦）の二隻が竣工した。

伊168潜は米空母『ヨークタウン』を、伊175潜は米護衛空母『リスカム・ベイ』を撃沈したことで知られる。

太平洋戦争期

甲型・甲型改1

日本海軍の主力潜水艦として不動の座を築いた巡潜型はその任務に応じて甲型、乙型、丙型の三つにタイプ分けされて拡充されることとなった。そのうち、潜水戦隊旗艦設備と飛行機搭載設備を持つ、巡潜3型の正常発展型と目されるのが甲型であった。

全長一一三・七メートル、全幅九・五五メートル、常備排水量二九一九トンと当時の潜水艦としては最大で、まさに潜水艦隊のフラグシップ的存在であった。飛行機搭載設備はそれまでの実績に基づき艦の前部に搭載。そのため、艦橋前部に格納筒のふくらみがあるのが外観上の大きな特徴となる。搭載機は新巡潜型用に新規開発された零式小型水上機一機、雷装は九五式五三センチ発射管六門を艦首に装備、砲熕兵装は一四センチ砲一門、二五ミリ連装機銃二基。水上最大速力二三・五ノット。

昭和一六（一九四一）年二月に伊号第9潜水艦が竣工し、伊号第10潜水艦、伊号第11潜水艦が建造されて太平洋戦争に活躍。昭和一九年には追加建造された伊号第12潜水艦（機関を二二号一〇型内火機械に変更したため水上最大速力は一七・七ノットに低下。甲型改1と分類される）が竣工した。

乙型

飛行機搭載設備を持つ巡潜で、全長一〇八・七メートル、全幅九・三メートル、常備排水量二五八四トン、甲型と同じ艦本式二号一〇型内火機械二基を搭載して水上最大速力二三・六ノットを発揮した。雷装は九五式五三センチ発射管六門を艦首に装備、砲熕兵装は一四センチ砲一門、二五ミリ連装機銃一基。零式小型水上機一機を搭載。

昭和一五（一九四〇）年九月に竣

工した伊号第15潜水艦を筆頭に、奇数番号を冠した伊号第25潜水艦までと伊号第26潜水艦以降、伊号第39潜水艦までの二〇隻が建造された。

太平洋戦争では文字通り日本潜水艦隊の主力潜水艦として航空偵察や交通破壊戦などに従事。伊19潜が米空母『ワスプ』を撃沈したほか、伊26潜が『サラトガ』を撃破（伊6潜の雷撃の損傷復帰後）、また伊17潜や伊25潜が米本土攻撃を実施するなど目覚ましい活躍を見せた。

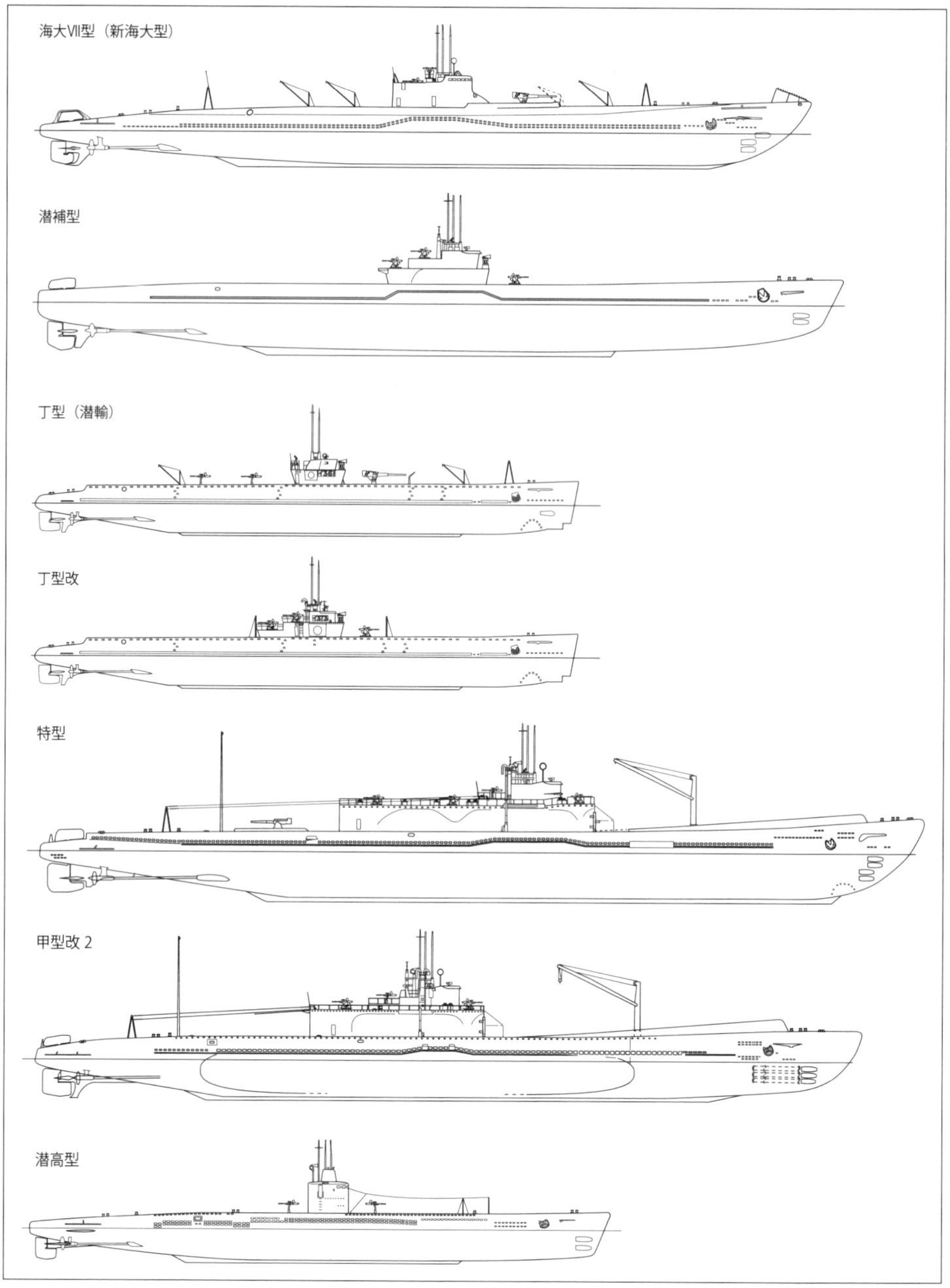

丙型

飛行機搭載設備や戦隊旗艦機能を廃した巡潜型で、魚雷発射管は同じ九五式を艦首に八門装備する重武装艦として設計された。建造を急ぐため、巡潜3型の船体線図を流用したのが特徴で、外観上は最も似ている。全長一〇九・三メートル、全幅九・一メートル、常備排水量二五五四トンというサイズで、砲熕兵装は乙型と同じ。昭和一五（一九四〇）年三月に竣工した伊号第16潜水艦以降、偶数番号を冠した伊号第24潜水艦までの艦が建造され、昭和一九年になって追加建造された伊号第46潜水艦から伊号第48潜水艦の三隻が竣工した（この三隻を丙型改1と分類する例もある）。

緒戦期には甲標的を搭載して真珠湾やシドニー、ディエゴスワレスなどへの特殊潜航艇作戦の母潜として使われ、大戦末期には回天母潜としても使用された。

乙型改1

太平洋戦争が開戦してから建造された乙型のグループで搭載機関を艦本式一号甲一〇型内火機械とした型式（水上最大速力は二三・五ノットを維持）。内殻の材質も従来のＤＳ鋼から軟鋼に変更されていた。その他の仕様はほぼ乙型と同様だが、艦橋後部の一四センチ砲周囲にあったブルワークが廃止され、艦尾の排気口付近に緊急閉鎖弁用の台形状のふくらみがあるのが外観上の特徴となる。

昭和一八（一九四三）年七月に竣工した伊号第40潜水艦以降、伊号第45潜水艦までの六隻が竣工した。

乙型改2

乙型の搭載機関を戦時建造に適した艦本式二二号一〇型内火機械としたタイプで、水上最大速力は一七・七ノットに低下していた。昭和一九（一九四四）年になり、伊号第54潜水艦、伊号第56潜水艦、伊号第58潜水艦の三隻が竣工。このうち最後にできあがった伊58潜は艦橋の二五ミリ機銃周囲のブルワークを廃止、一四センチ砲も搭載せず、すぐに回天四基を搭載できるように改造された。

その伊58潜は終戦直前に魚雷戦により米重巡『インディアナポリス』を撃沈したことは周知の通り。

丙型改

乙型改2から航空機搭載設備を廃した仕様で、雷装も乙型と同様、艦首に九五式魚雷発射管六門を装備したほか、艦の前後部に一四センチ単装砲一門ずつ、計二門を搭載した。

昭和一八（一九四三）年一二月から伊号第52潜水艦、伊号第53潜水艦、伊号第55潜水艦の三隻が竣工し、このうち伊52潜は最後の遣独潜水艦としてドイツに向かい、到着前に大西洋で撃沈され、伊53潜は回天戦で活躍することになる。

大戦即応型の伊号潜水艦

海大7型（新海大型）

老朽海大型を更新するために昭和一五（一九四〇）年から建造が始まった最後の海大型。全長一〇五・五メートル、全幅八・二五メートル、常備排水量一八三三トンと海大6型を踏襲したサイズであった。無気泡発射管として知られる九五式発射管を艦首に六門装備、砲熕兵装は一四センチ単装砲一門、二五ミリ連装機銃一基を搭載。

昭和一七年八月に竣工した伊号第１７６潜水艦以降、伊号第１８５潜水艦まで一〇隻が建造され、訓練中に沈没した伊１７９潜を含む全艦が昭和一九年までに失われた。

潜補型

日本海軍は漸減作戦、ならびに艦隊決戦の補助兵力として四発大型飛行艇の戦備を進めていたが、基地設備のない環礁や島嶼に進出してその整備や燃料補給、爆弾、航空魚雷の搭載を行なう目的で計画されたのが潜補型である。全長一一一メートル、全幅一〇・一五メートル、常備排水量三五一二トンで、伊４００型に次ぐ大きさであった。雷装は艦首に九五式発射管四門、二五ミリ連装機銃三基、八センチ迫撃砲二門（これは甲板に埋め込み式で外観上は見えない）。

昭和二〇（一九四五）年一月に伊号第３５１潜水艦が竣工した際には航空揮発油搭載設備を生かしてシンガポールからのガソリン還送に使われ、二度目の出撃の復路で撃沈された。二番艦伊号第３５２潜水艦は進水後の艤装中に空襲を受け、未完成のまま沈没した。

丁型

太平洋上に点在する島嶼に対し、特別陸戦隊を送り込むための潜水母潜として計画された型式であったが、ガダルカナル戦の戦訓により潜水輸送艦として仕様変更、兵員を乗せるためのスペースが倉庫に充てられた（艦内搭載量七五トン）。全長七三・五メートル、全幅八・九メートル、常備排水量一七七九トンで、雷装は九五式魚雷発射管二門となっていたが、竣工前後に艦首の形状を整形した関係で、発射管が使えない状態の艦もあった。

昭和一九（一九四四）年七月に竣工した伊号第３６１潜水艦以降、伊号第３７２潜水艦（雷装完全に廃止）まで一二隻が建造されて、ウェークやメレヨンなど孤立した味方島嶼に対する補給を実施。伊３６１潜、伊３６３潜、伊３６６潜、伊３６７潜、伊３６８潜、伊３７０潜は回天母潜に改造されて戦った。

丁型改

丁型と同じ船体を揮発油の搭載が可能なように変更した形式で、常備排水量が一九二六トンとなっていた。雷装はなく、砲熕兵装は二五ミリ連装機銃二基、同三連装機銃一基、八センチ迫撃砲二門と潜補型に準じた仕様になっていた。

昭和二〇（一九四五）年四月に伊号第３７３潜水艦が竣工し、シンガポール往復のガソリン輸送に出撃したが、途中で撃沈されてしまった。

特型

航空機の攻撃力に目を付けた連合艦隊司令部が、これを潜水艦に搭載すればアメリカ東海岸の攻撃も可能として発案した潜水空母。ライトプレーンの域を出ない零式小型水上機に比べ、本格的な攻撃機二機を搭載するもので、全長一二二メートル、全幅一二メートル、常備排水量五二二三トンというサイズは当時世界最大を誇った。内殻は通常の伊号潜水艦を並列、眼鏡状にふたつつなげた独特な形状で、その上に直径三・五メートルの飛行機格納筒を搭載する。一番艦伊号第４００潜水艦の起工後に建造数が削減されたため、一艦あたりの搭載機数を三機に増やす改設計がなされた。特殊攻撃機はのちの晴嵐一一型である。

昭和一九（一九四四）年一二月に竣工した伊号第４００潜水艦から伊４０２潜水艦までの三隻が終戦までに竣工。伊４００と伊４０１の二艦がウルシー泊地への攻撃のため行動中に終戦を迎えた。伊４０２潜は竣工後、航空揮発油搭載工事が実施された。

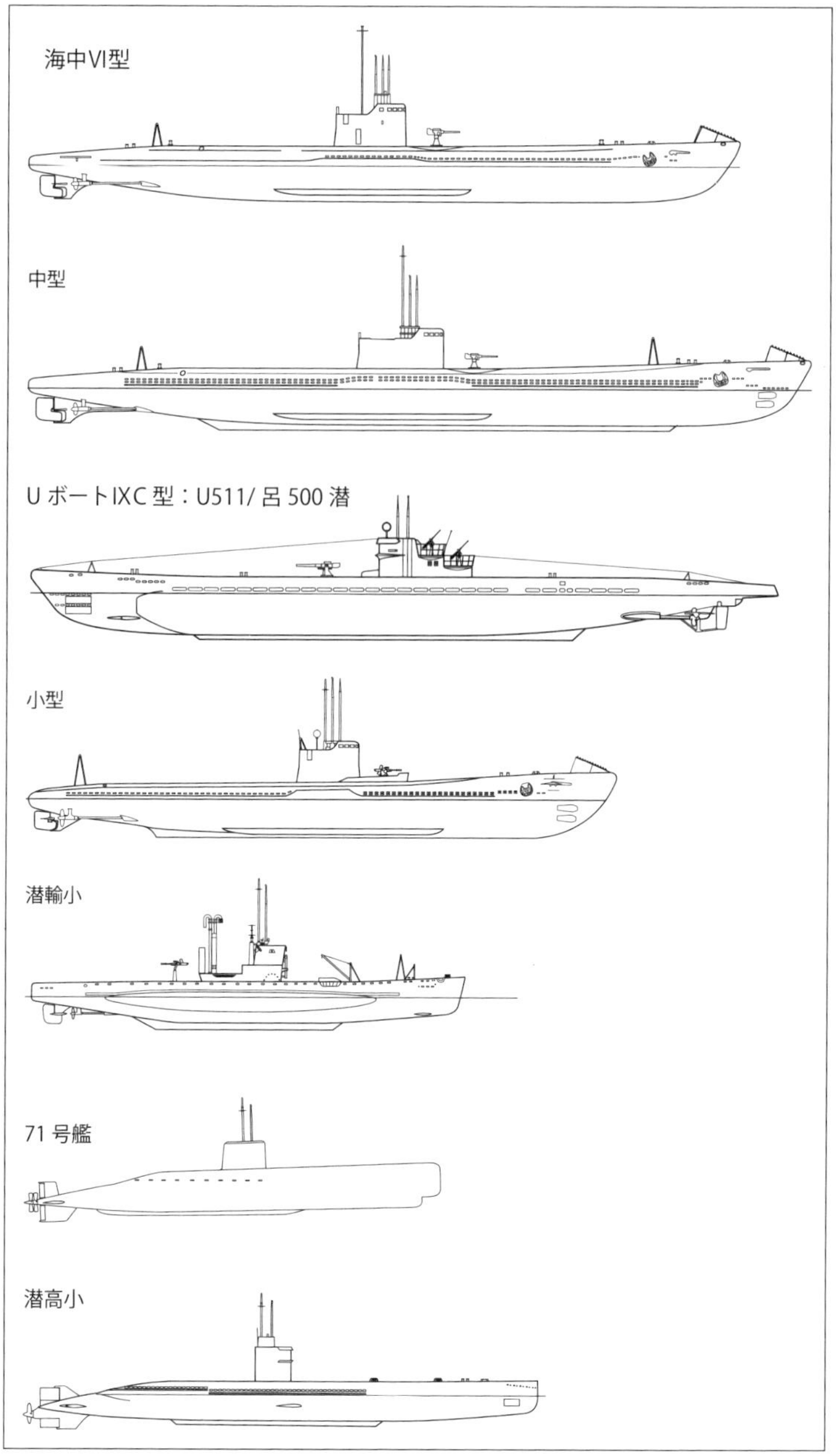

甲型改2

特型の建造数が削減されたため、急きょこれを補なうかたちで建造中であった甲型改1（伊号第12潜水艦型）の各艦を潜水空母に改設計したもの。全長一一三・七メートルは甲型と同じだが、バルジを装着したため全幅は一一・七メートルとなり、常備排水量は三六〇三トンとなった。

特殊攻撃機晴嵐は二機を搭載。雷装は甲型と同じだが、飛行機格納筒を設置した関係で一四センチ砲は搭載せず、その格納筒と艦橋が一体となった上部構造物上に二五ミリ三連装機銃二基と同単装機銃一挺を装備していた。

昭和一九（一九四四）年一二月に伊号第13潜水艦が、翌二〇年三月に伊号第14潜水艦が竣工。終戦直前にはそれぞれ飛行機格納筒に彩雲二機を搭載してトラック諸島への作戦輸送を実施した（伊13潜は往路行方不明となる）。終戦時には伊号第１潜水艦と伊号第15潜水艦（いずれも二代目）が建造中であった。

潜高型

太平洋戦争開戦後、敵駆逐艦の執拗な制圧に対して優れた水上最大速力をもって離脱しようという水中高速潜水艦として計画された型式で、全長七九メートル、全幅五・八メートル、常備排水量は一二九一トンと伊号潜水艦としては最も小さな艦であった。水中抵抗の少ない船体デザインと艦内に二〇八八個もの電池を積み、水上最大速力一五・八ノットに対して水中最大速力は一九ノットを発揮した（当時の潜水艦の水中最大速力の常識は六～七ノット）。雷装は艦首に九五式発射管を四門、ほかに二五ミリ単装機銃二挺を隠顕式（上部構造物内に格納できる）に搭載していた。

昭和二〇（一九四五）年二月に竣工した伊号第201潜水艦以降、伊号第203潜水艦までの三隻が完成し、訓練、並びに実験中に終戦を迎えた。

戦中の呂号・波号潜水艦

海中6型

海大1型の登場により、海中型を建造する必要はなくなったが、局地防禦用、また戦時急造のプロトタイプとして位置づけられておよそ一〇年ぶりに建造された中型潜水艦の型式。

全長七五・四メートル、全幅六・九メートル、常備排水量九五〇トンで従来のサイズと同様であったが、各部が近代的に刷新されていた。雷装は八八式発射管を艦首に四門装備、砲熕兵装は八センチ高角砲一門。

昭和一〇（一九三五）年一〇月に竣工した呂号第33潜水艦のほか、呂号第34潜水艦が建造され、いずれも太平洋戦争に参加した。

中型

海大6型を戦時急造用に再設計して多量建造した中型潜水艦で、昭和一八（一九四三）年九月に竣工した呂号第35潜水艦から呂号第56潜水艦まで二二隻もが竣工した（呂51潜以降は廃艦となったL型潜水艦の名を継いだ二代目）。それまでに潜水艦の修理で腕を磨いてきた三井玉野造船所で六隻建造されたのが特筆される。

全長八〇・五メートル、全幅七・〇五メートル、常備排水量一一〇九トンというサイズは潜高型伊号潜水艦に匹敵するものであった。

雷装は艦首に四門、砲熕兵装は八センチ高角砲一門、二五ミリ連装機銃一基。

建造年数も一年余りと短く、多量建造に適した艦型で、ドイツのUボート9型と同等の使い勝手と言えたが、本型の建造を打ち切って潜高型に切り替えた点に、日本海軍の潜水艦用兵思想の限界があった。

小型

太平洋島嶼の防衛用にと設計された型式で、一番艦の呂号第100潜水艦は開戦五ヵ月前に起工され、昭和一七（一九四二）年九月に竣工。以後、呂117潜まで一八隻が建造されたが、その建造期間はいずれも一年少しという、戦時急造に適した艦型でもあった。

全長六〇・九メートル、全幅六・〇メートル、常備排水量六〇一トンと、サイズ的にはドイツのUボート7型と同等であった。雷装は艦首に四門、砲熕兵装は二五ミリ連装機銃一基のみ。

潜輸小型

太平洋戦争後半、遠距離の離島に対する輸送任務は丁型が担うこととなっていたが、それでは賄いきれない、近海の離島に対する小型潜水輸送艦として急きょ設計された型式。全長四四・五メートル、全幅六・一メートルとタライのように寸胴な船体形状で、常備排水量は四二九トンと丁型の三分の一のサイズでありながら、艦内搭載量六〇トンを実現していた。

建造期間はわずか五ヵ月で昭和一九（一九四四）年一一月に竣工した波号第101潜水艦以降、波号第109潜水艦までの各艦と波号第111潜水艦が竣工し、父島などの作戦輸送に従事したほか、海龍や蛟龍の母艦としても使用された。

潜高小型

マリアナを失陥した昭和一九（一九四四）年後半に、本土決戦における近海防備兵力の必要に迫られた日本海軍が計画した型式。逼迫する資材を抑えて数を揃えるために小型潜水艦として建造され、全長五三メートル、全幅四メートル、常備排水量三八二トン、砲熕兵装は七・七ミリ機銃一挺と申し訳程度だが、雷装は艦首に九五式発射管二門を装備して、水中最大速力一三・九ノットという潜航性能を重視していた。

川崎造船所や三菱神戸造船所でも建造されたが、完成したのは佐世保工廠が建造した波号第201潜水艦から波号第210潜水艦までの九隻で（川崎造船所泉州工場で建造の波号第206潜水艦は未完成）、慣熟訓練中に終戦を迎えた。

●三八式、四四式、八九式、九五式一型、九六式、九二式、そして日本潜水艦用魚雷の決定版である九五式二型魚雷等、日本海軍潜水艦が装備してきた様々な魚雷のラインナップ紹介！

潜水艦搭載魚雷オールガイド

■戦史研究家 大塚好古

初期の潜水艦用魚雷：

日露戦争時期の明治三八年（一九〇五年）に最初の潜水艦であるホランド型が就役した際には、以前の三〇式から三七式に至る輸入魚雷を元として、日本海軍で最初に自主設計が行なわれた燃焼室を持たない冷走式の三八式一号と呼称された四五cm型（一七・七インチ）魚雷が搭載された。この後同魚雷を元にした性能向上型の三八式二型A、これを元に乾式加熱装置付きの熱走式魚雷へと改正して、同一の馳走速度では倍の射程を有する二型Bを経て、明治末期には三八式二型Bとホワイトヘッド社の新型魚雷を参考として設計を行ない、気室のみを輸入して製造する形とされた準国産魚雷で、世界的に見ても一応の成功作と言える性能を持つ四三式が搭載された（なお、日本海軍最後の輸入魚雷で、同時期に制式化された四二式が潜水艦に搭載されたかは定かで無い）。

この後、艦隊作戦従事を考慮して、大正期に入って整備が開始された海中型等の艦では、以前の国内生産の魚雷と、英の魚雷の設計及びエルズウィック社の加熱装置等の装備品を参考にして開発された湿式熱走型魚雷である四四式の一号及び二号魚雷が搭載されている。気室の粗材製造及び機械工作共に国産への移行が図られるなど、より国産比率が上がった四四式は、潜水艦ではまず四五cm型が配されたが、英海軍での潜水艦への五三cm型（五三・三cm：二一インチ）魚雷搭載等に刺激を受けて、大正七年度（一九一八年）以降の潜水艦では、五三cm型が搭載される形となった。当時として有力な性能を持つ魚雷だった四四式は、海外資料でも「成功作」として扱われることが多いが、故障が多いことが問題視されたことと、第一次大戦時の戦訓に基づく八八艦隊時期の戦艦の砲戦距離延伸に伴い、射程不足と見なされたこともあって、大正一〇年（一九二一年）時期に製造が打ち切られた。

四四式魚雷の問題改正と、射程延伸を図る新型魚雷として開発されたのが、完全な純日本式湿式加熱装置付き熱走魚雷となった六年式魚雷となったものだ。大正三年（一九一四年）に試作が開始された本魚雷は、大正六年（一九一七年）の制式採用後に加熱装置に点火せず、冷走が発生する事が多発したことと（実際に余りに多いので、冷走時の射表まで作成された）、新開発の四年式縦舵機の不具合から発射後に大偏射を起こす等、様々な問題が指摘されたこともあり、制式兵器として供するに足る信頼性を備えたと見なされて、四四式に代わる魚雷として本格的量産が開始されたのは大正一一年（一九二二年）以降の事となった。この後潜水艦を含めて五三cm型の魚雷を運用する全艦種への供給が行なわれるが、本魚雷の信頼性は部隊配備後も優良とは言えず、後述の八九式魚雷の配備後は潜水艦用魚雷としては事実上第二線兵器扱いとなっている。だが太平洋戦争開戦後、潜水艦用魚雷の供給に問題が生じると、保管中で数に余裕があった六年式魚雷の供給をせざるを得なくなり、爾後終戦まで潜水艦では使用された例がある。ただし大偏射の多発を含めて、本魚雷の不具合はこの時期にも改善されておらず、結果として本魚雷の搭載は、太平洋戦争時の日本潜水艦の攻撃能力低下に直結する事になってしまった。

高速新型魚雷の登場：

初期の潜水艦用魚雷：

	型式	外径	全長	重量	弾頭重量	速力/射程 (1)	速力/射程 (2)	速力/射程 (3)
三八式一号	空気	450㎜	5.15m	617kg	100kg	27ノット／1,000m	24ノット／2,000m	20ノット／3,000m
三八式二号A	空気	450㎜	5.09m	640kg	95kg	31.5ノット／1,000m	26ノット／2,000m	20.3ノット／3,000m
三八式二号B	空気	450㎜	5.19m	663kg	95kg	40ノット／1,000m	32ノット／2,000m	23ノット／4,000m
四三式	空気	450㎜	5.19m	663kg	95kg	26ノット／5,000m		
四四式一号	空気	450㎜	5.39m	719kg	95kg (*1)	36ノット／4,000m		
四四式二号	空気	450㎜	5.39m	750kg	110kg	35ノット／4,000m	26ノット／8,000m	
四四式一号	空気	533㎜	6.70m	1325kg	130kg	35ノット／4,000m	33ノット／7,000m(?)	27ノット／10,000m
四四式二号	空気	533㎜	6.70m	1283kg	160kg	35ノット／4,000m	33ノット／7,000m(?)	27ノット／10,000m

(*1) 海外資料では110kg説がある。

就役から暫く、港湾防備及び沿岸防衛任務用と見なされていた潜水艇は、第一次大戦直前時期から、同大戦を通じての急速な発達により、大洋での作戦可能な能力を持つ「潜水艦」へと進化した。この発展に伴い、潜水艦の大洋作戦での充当を模索した日本海軍は、新たな対米決戦構想となった「漸減作戦」構想の中で、独自の潜水艦の運用方針を確立していった。

これと同時に魚雷についても、潜水艦独自の要求に基づく魚雷の開発が要求されるようにもなっている(この時期に水上艦用魚雷が六一cm径にシフトしたので、潜水艦用の五三cm型は独自開発とせざるを得ない状況となったのも、もちろんこれに影響した)。

この様な状況を受けて、大正一三年(一九二四年)時期には、潜水艦用魚雷としては最低限の性能を持たせた戦時に大量生産可能な電池魚雷と、高速化が進んで六年式の駛走速力では不足が生じるようになった対水上艦艇攻撃用として、これに充分な四〇ノット後半の速力発揮が可能な魚雷の二つが必要であると見なされた。

このうち後者の対水上艦攻撃用魚雷については、当時日本では最新式の魚雷だった六年式及びこれの拡大型である八年式魚雷が揃って実用性不良かつ速力不足となっていたことを含めて、魚雷の開発に技術的限界が生じているとみなされたこともあり、水上艦用の大型魚雷の技術的参考とすることも考慮して、海外からの技術導入を図ることとされる。この方針に沿って、潜水艦の最大攻撃距離と考えられていた距離三km圏内で、要求された駛走速力を発揮出来るホワイトヘッド社製の「四六ノット魚雷」(制式名「保式魚雷」)と呼ばれた魚雷の導入が決定、昭和三年(一九二八年)には同魚雷のライセンス生産権が購入された。だがこの時期になると、攻撃機会増大のため、魚雷の有効射程を四km(対高速目標)/五km(最大)との要求が出されたことで、保式魚雷を元にしてこの要求に沿った性能を持つ新型魚雷の「試製魚雷丁」が試作されることになり、昭和四年(一九二九年)に八九式魚雷として制式採用されている(なお、保式魚雷は八九式の拡大型となる九〇式魚雷を始めとして、以後の日本製魚雷の設計及び発展に大きな影響を与えた)。

八九式は昭和五/六年(一九三〇/一九三一年)時期に量産を開始、部隊配備後は一部機構の不具合も報じられたが、実用性が高いことから部隊側から好評を博している。太平洋戦争時も六年式魚雷しか運用でき

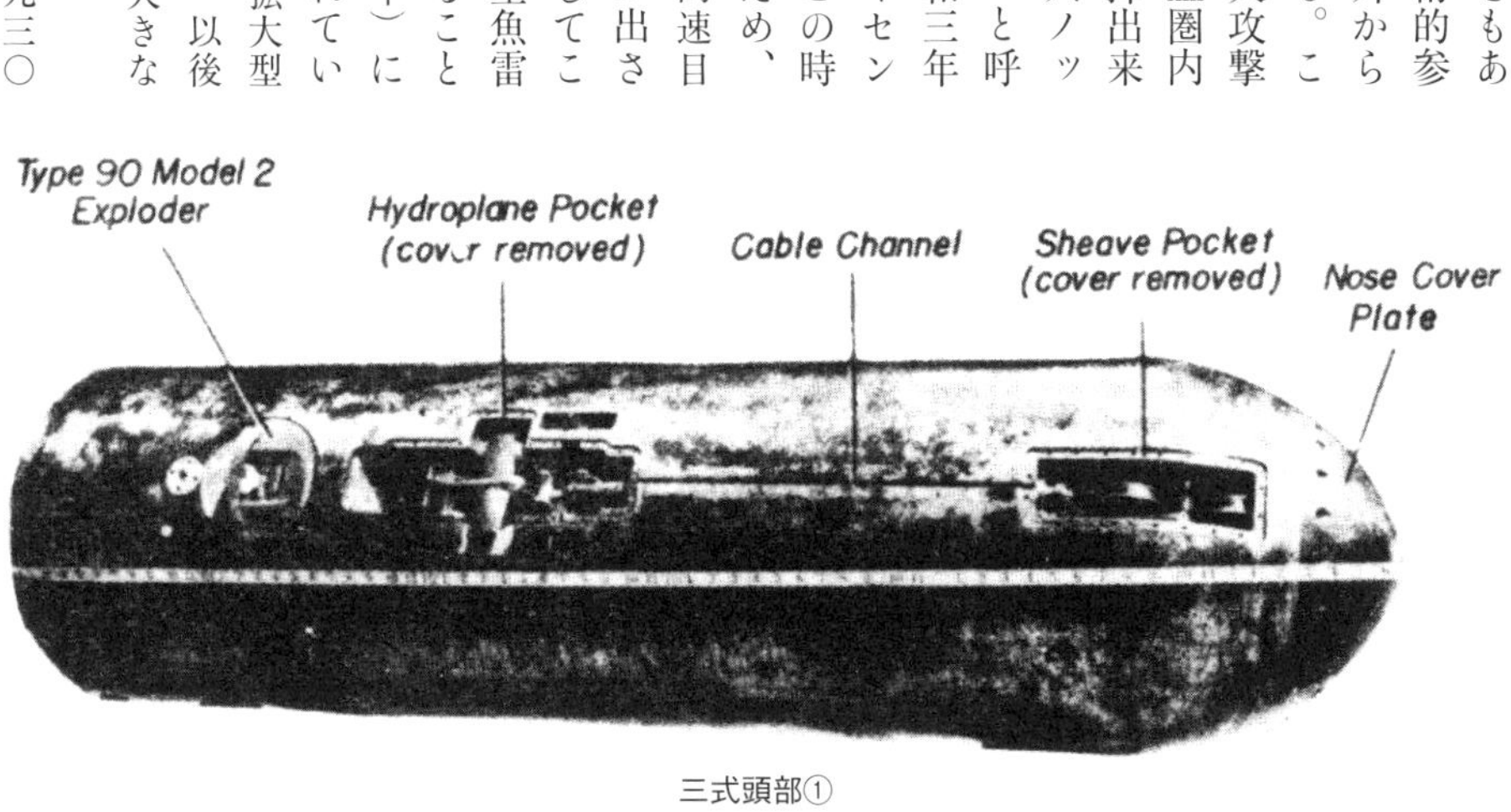

三式頭部①

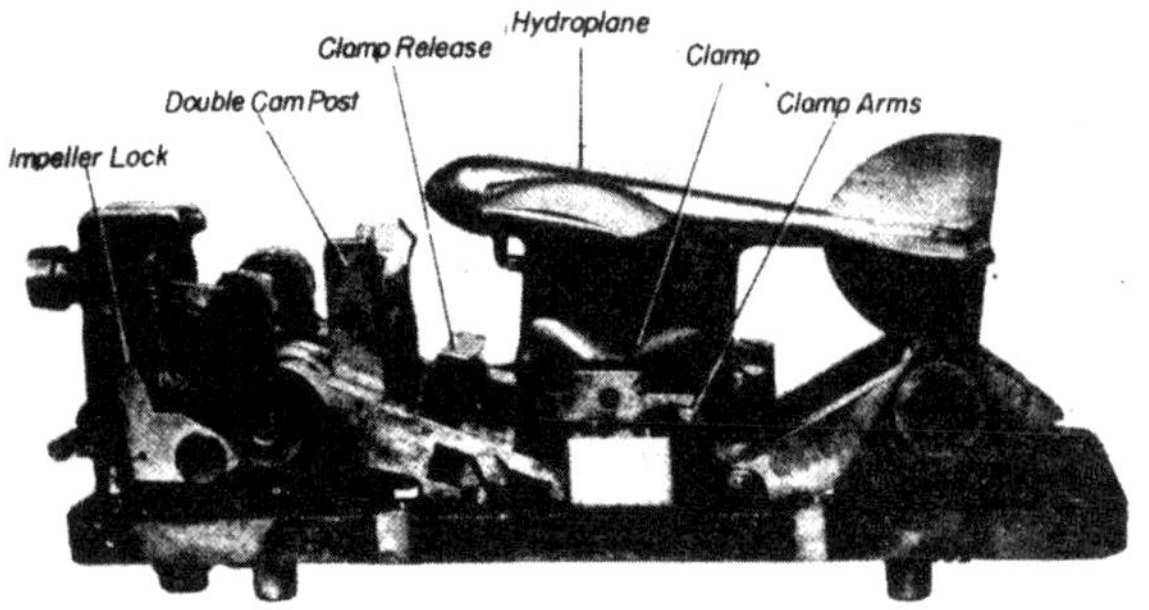

三式頭部②

ないL型や海中型、三型以前の海大型等の旧式艦を除く多くの潜水艦で使用されており、射耗し尽くす昭和一九年初頭時期まで、日本潜水艦の標準魚雷として広範囲に使用が継続された。

なお、開戦後は後述の九五式一型の不具合により、旧式の巡潜型や海大型でも問題なく使用出来る八九式が再評価され、対米作戦での重要作戦に投じない艦に対しては、六年式を配して数の限られる八九式魚雷の射耗を防ぐ措置すら執られたほどだった。

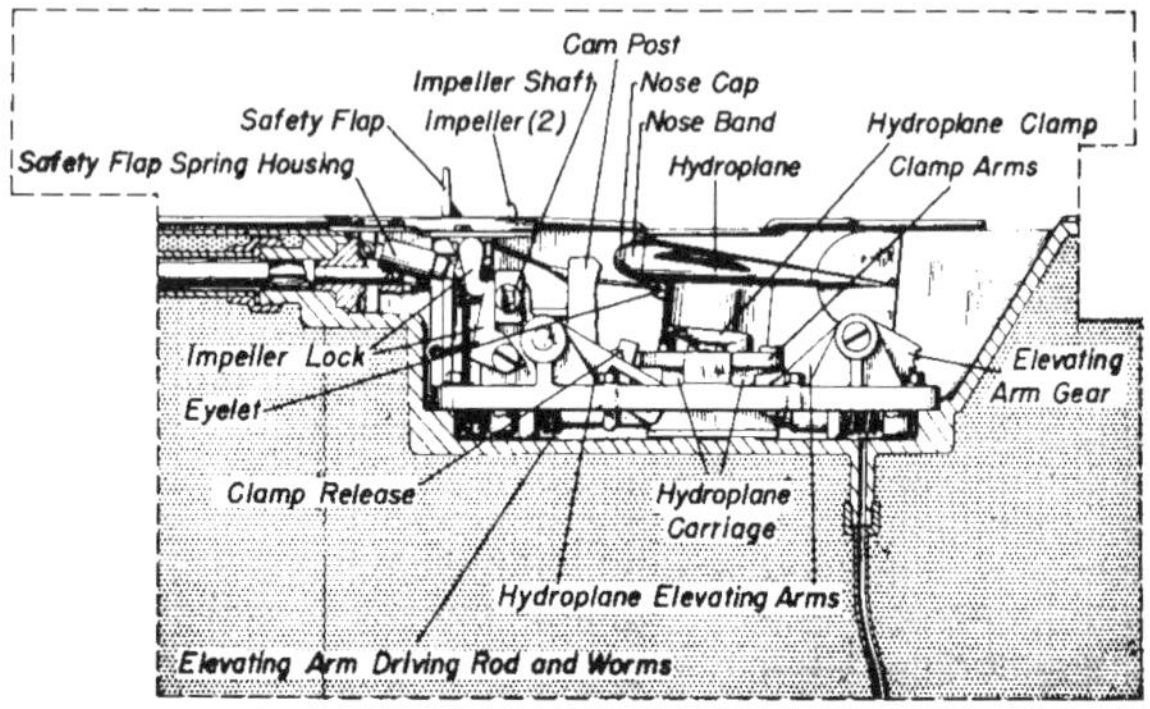

三式頭部③

ロンドン条約の締結と潜水艦運用法の転換、そして魚雷の開発

ロンドン条約締結後、旧来の漸減作戦構想が事実上崩壊して、根本から作戦構想を練り直す事態が生じると、日本海軍では潜水艦戦隊を水雷戦隊の不足を補う「戦術上補助部隊」兵力として扱い、決戦時には水雷戦隊同様に洋上を疾駆して、洋上での統制魚雷戦を実施することが検討されるようになった。その検討の中で潜水艦を統制魚雷戦に投じるのであれば、搭載する魚雷には雷速四五ノット、一二kmかそれ以上の射程を持ち、敵戦艦の水中防御を破るに足るだけの弾頭重量を持つ魚雷が必要と考えられ、これを受けて水上艦用の九三式酸素魚雷を元にした潜水艦用の酸素魚雷の開発が行なわれることになった。昭和八～九年時期に試製魚雷Bとして開発が開始されたこの魚雷は、基本九三式魚雷一型の縮小型として開発されたため、様々な技術的問題には見舞われたが、比較的速いペースで開発が進んでもおり、昭和一〇年には九五式一型として生産が許諾されるに至った。

だがただでさえ複雑な九三式を小型化したことで、より一層複雑巧緻な機構となってしまった九五式一型は、昭和一二年（一九三七年）に開始された九五式一型の生産には困難が生じ、戦前時期には年当たりでは八九式の最盛期の半分以下の数量しか製造出来ない状況だったため、開戦時には必要な数量を揃える事が出来なかった。更に開戦から暫くの間、ソロモン戦時期の一潜戦では伊19潜の「ワスプ」撃沈等のその速力と長射程、大きな弾頭威力を活かした活躍も散見されたが、六月の甲先遣支隊のインド洋通商破壊戦時には、「発射成績極めて不良、現有魚雷にては襲撃の効果に自信無し」と報じられたように、その設計と複雑な機構に起因する各種問題が多数発生して、有用に使えない状況が昭和一八年時期まで続いた。更に戦時の増産が旨く行かずに不良品が多発する、という悲惨な状況となってしまう。この後九五式一型は大戦中期には一応の実用性確保が出来たこともあって、後述の九五式二型に代替されるまで生産が行なわれ、戦争末期でも運用が続けられたが、昭和一八年中期以降でも発射管室の容積が大きく、魚雷整備が容易な大型の甲乙丙の新巡潜型を除けば搭載艦は少数に限られ、結果として本魚雷で八九式を完全に代替出来ずに終わった。

繋ぎとなった九六式魚雷と九二式魚雷

この惨状を見た軍令部は、九五式一型の用廃・代替も見据えつつ、八九式を完全に代替する実用性の高い魚雷整備の検討を開始した。当初は八九式の再生産も考慮されたが、これは弾頭威力不足等の理由で放棄され、新型魚雷の開発が規定事項とされる。その中でこの時期には既に水雷戦隊の拡充と、潜水艦の性能問題から、決戦時に洋上での統制魚雷戦

太平洋戦争中の日本潜水艦が使用した魚雷

	型式	全長	重量	弾頭重量	速力／射程（1）	速力／射程（2）	速力／射程（3）
六年式	空気	6.84m	1,455kg	200kg	36ノット／7,000m	32ノット／10,000m	26ノット／15,000m
八九式	空気	7.15m	1,656kg	295kg	45ノット／5,500m	43ノット／6,000m	
九五式一型	酸素	7.15m	1,665kg	405kg	49ノット／9,000m	45ノット／12,000m	
九六式	空気	7.15m	1,615kg	405kg	48ノット／5,000m	35ノット／9,000m	
九二式改一	電池	7.15m	1,720kg	300kg	30ノット／7,000m		
九五式二型	酸素	7.15m	1,720kg	550kg	49ノット／5,500m	45ノット／7,500m	

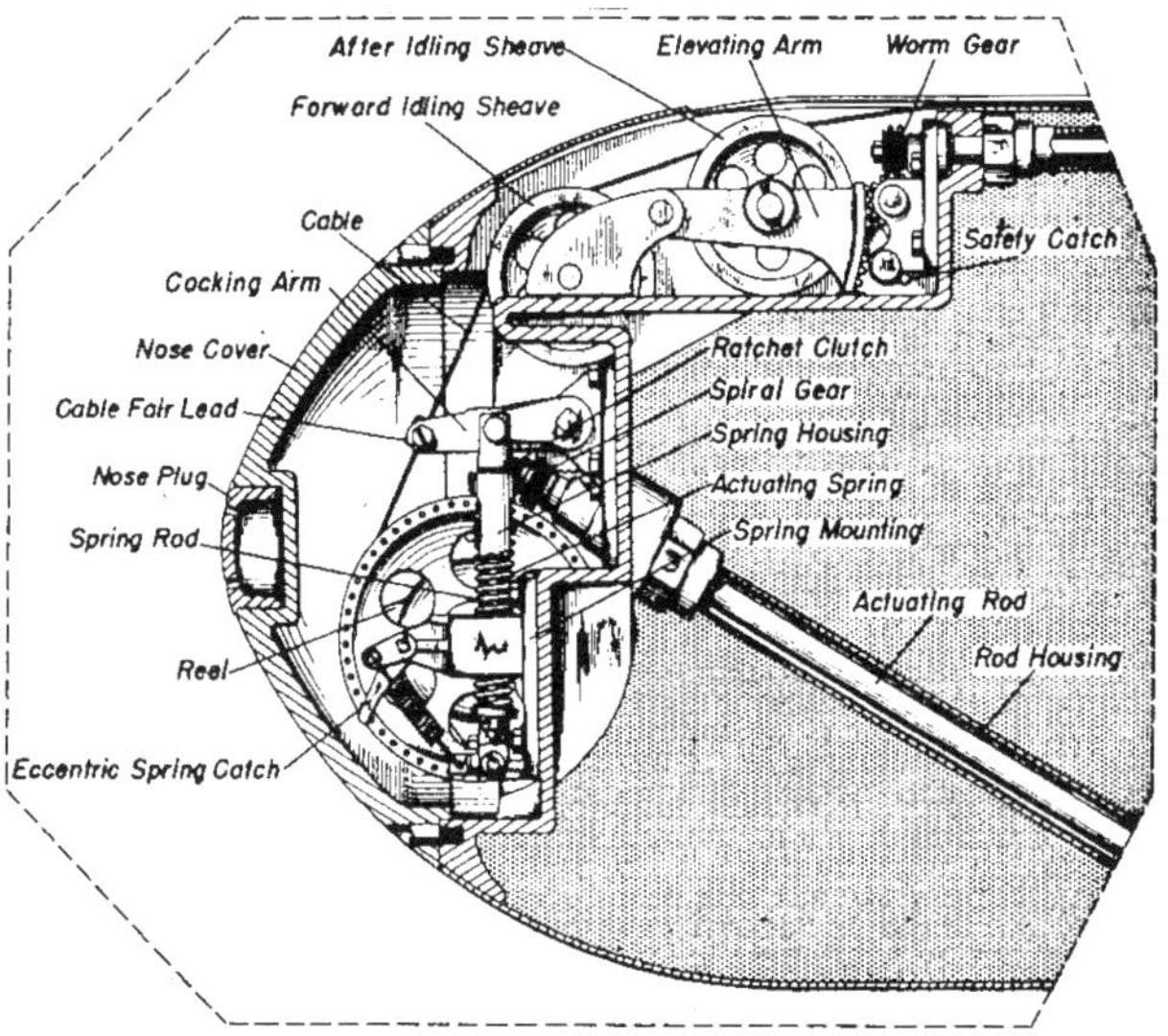

三式頭部④

を行なう、という方針は放棄されていたことを受けて、最終的に潜水艦用魚雷として有用に使用出来る八九式と同等かやや上回る程度の馳走速力と射程を持ち、米大型艦に致命傷を与えうる九五式一型と同等か、より上回る弾頭重量を持つ、という要求の元での開発が決定する。

一方これと同時期に、新型魚雷の配備開始までの繋ぎともなる魚雷として、空気式の九六式と電池式の九二式魚雷が配備出来たことが、日本海軍にとっては幸いとなった。このうち九六式は、実用不良で回収された九五式一型を元にして、酸素強化空気を用いる空気式魚雷への小規模改修を行って再配備をした、という魚雷だったが、配備後に潜水艦用魚雷として必要充分な性能と実用性を持つとして好評を得ている。実際に昭和一八年春時期以降には巡潜型や海大型を始めとした多くの艦で広範囲に使用されてもおり、一時は日本潜水艦の標準型魚雷の一つ、という存在ともなったが、選りすぐれた九五式二型の生産・配備が進んだ昭和一九年末で運用が終息している。

対して大正一三年に試作が開始された電池魚雷を礎とする九二式魚雷は、要求改正を受けつつ試作を進めて昭和七年時期に仮制式となったものの、同時期の作戦構想に合わないとして一旦量産が見送られたのち、昭和一五年（一九四〇年）晩秋時期に開戦を見据えた戦時量産魚雷として改めて量産が決定した、という経緯を持つものだ。昭和一七年秋時期より量産魚雷の配備が開始された本魚雷は、総じて性能が不足と見なされたこと、電池魚雷の整備になれていない艦の乗員から不評を買ったことから広範囲に使用されずに終わったが、インド洋での通商破壊を主務とした八潜戦では、有用に使用出来ない六年式に代わり、酸素魚雷の運用能力の無い旧式の海大型を始めとする多くの艦がこれを搭載して出撃するなど、有用に使用されてもいる。また魚雷威力向上のため、純機械式の接触型艦底起爆信管装備の三式頭部を唯一搭載した潜水艦用魚雷であるほか、戦時中に開発されたパッシブ式対水上艦用誘導魚雷の原型となるなど、他の魚雷には無い特色を持つ魚雷でもあった。

日本潜水艦用魚雷の決定版：九五式二型魚雷

九五式一型を代替する新型魚雷として開発された九五式二型は、先述した軍令部の要求を全て達成した魚雷として完成する。「第二次大戦時に使用された各国の潜水艦用直進型魚雷で、最良の性能を持つ」とも言える本魚雷は昭和一九年初頭より生産が開始されて、暫時各潜水艦への配備が進められ、終戦時には日本潜水艦の標準型魚雷として使用されており、潜高型のように本魚雷以外の運用を基本考慮していない艦も存在している。なお、本魚雷は通常の感応式信管装備型のほか、米の潜水艦用魚雷に装備されていた磁気信管を元に開発された艦底起爆信管装備型が限定的に生産されてもおり、これは一部が実戦に投じられたと言う。

日の丸海底空母Q＆A

●「海底空母と通常潜水艦の違い」「搭載した航空機」「どのような活躍をしたか」等、日本海底空母にまつわる10のQ＆A！

■軍事ライター 松田孝宏

作戦行動中の伊402潜の想像図（福田啓二技術中将画）

1／なぜ飛行機を搭載した？

隠密性に優れた潜水艦は、哨戒や偵察に適する反面、艦橋が低く低速であるため、見張り能力と敵艦隊の追随には難があった。そこで、注目されたのが飛行機である。

一九〇三年にライト兄弟が初飛行に成功してから、急速な進歩を遂げていた飛行機はほどなく軍事にも利用されており、飛行機を飛ばすことができれば潜水艦の抱える欠点を解消して偵察や哨戒任務が遂行できる。敵艦隊の泊地偵察も、飛行機ならば危険性は減るだろう。同じことを考えた世界各国の海軍は実験の末、技術的に困難として飛行機の搭載をあきらめたが、日本海軍は昭和二年度予算で認められた新造潜水艦のうち一隻を、初めて飛行機を搭載した潜水艦、巡潜1型改（「伊5潜」のみ）として昭和七年に就役させた。ただこの時点では射出機（カタパルト）が未装備で、装備されたのは翌昭和八年のことであった。「伊5潜」は飛行機の搭載にとどまらず、観測や測的の装備も新しくされていた。

太平洋戦争で目立つ撃沈戦果はないが、哨戒や機雷敷設、輸送、救助など多岐にわたる任務を遂行したが、昭和一九年七月に撃沈された。

2／海底空母と通常潜水艦はどんな違いがある？

飛行機を搭載した潜水艦（以下、海底空母）とそうではない潜水艦（以下、通常潜水艦）は、航空兵装の有無がそのまま差異となる。

すなわち、格納筒と射出機を備えた海底空母は、どうしても水中抵抗が増大する傾向にある。このため、巡潜2型では格納筒を半引き込み式に、巡潜甲型では艦橋と一体化するなどの工夫がなされている。ただしその代償に艦内の容積が物理的に圧迫されるので、おしなべて魚雷搭載数が減る傾向にあった。当初の予定を変更して大型の水上攻撃機「晴嵐」を二機も搭載した巡潜甲型改は、排水量の増大に伴いバルジを装着した。

このように、海底空母の建造は通常潜水艦と異なる装備から生じる不具合の対応が不可欠であった。そして最も航空兵装が充実した潜特型は、構造面でもそれまでに培われたノウハウや、新機軸が集大成した傑作潜水空母だったと言える。

巡潜１型改の５番艦である伊５潜。日本の潜水艦で初めて水上偵察機を搭載した潜水空母の元祖である

3／搭載した飛行機は？

大正一二年にドイツのカスパル社から輸入したハインケルU－1水上偵察機が日本海軍初の潜水艦搭載機となる。これを参考に横廠式一号水上偵察機を製作、昭和二年〜三年に「伊51潜」で運用実験を行なった。

これらは実験色が強いものだったが、昭和四年にはイギリスのパーナーベルト水上偵察機を参考に横廠式二号水上偵察機を製作。満足のゆく成績を収めたため、九一式水上偵察機として制式採用された。ただし性能は低く、昭和一一年に採用の九六式小型水上偵察機（後年、九六式小型水上機に改称）が初めての本格的な「潜偵」となった。だが、高評価はあくまで潜水艦搭載の飛行機としてのものであった。

昭和一五年採用の零式一号小型飛行機一型（後年、零式小型水上機一型に改称）は現場の声や搭載潜水艦の形状も考慮して設計されており、組み立てから発艦まで十分の目標を達成することができた。その後継機として十六試潜水艦用偵察機や十九試潜水艦用偵察機、これらが消えて十八試潜水艦用偵察機が予定されたが実現しなかった。特殊攻撃機「晴嵐は」110ページを参照されたい。

4／どう運用していた？

最初に飛行機を搭載した「伊5潜」は当初、射出機が未装備のため起倒式デリックで飛行機の揚げ降ろしを行なっていた。射出機を装備したのは、「伊51潜」による試験の成功を受けてからであった。この「伊5潜」以降、格納筒から出した飛行機を組み立て→射出機で飛ばす→帰投は海面に着水してクレーンで回収、という流れが確立されていった。ただし回収時は危険も多いため、搭乗員だけ収容して飛行機は「使い捨て」として放棄することも多々あった。

「伊5潜」からしばらくは艦尾に射出機や飛行機格納筒のスタイルが続いたが、巡潜甲型（伊9型）から格納筒は艦橋と一体化して大型になり、射出機も艦首に装備された。これにより組み立て時間が短縮され、従来以上に大型の飛行機も搭載できるようになった反面、射出機が波浪を受ける悪影響も生じた。

巡潜甲型改二（伊13型）は特殊攻撃機「晴嵐」を二機搭載するために、格納筒や艦橋の形状を改めた。潜特型（伊４００型）に至っては「晴嵐」を三機搭載する大型格納庫が設けられ、「大和」型戦艦に装備の一式二号射出機より大きい四式一号射出機を備えた。

5／外国の潜水艦は飛行機を搭載したのか？

結論から記すと、搭載しなかった。日本だけでなくドイツ、イギリ

潜水艦搭載用の水上機である零式小型水上偵察機。1940年12月から運用された

ス、アメリカ、フランス、イタリアが潜水艦に飛行機を搭載することの有用性を理解していた。だが、飛行機を搭載するには巨大な格納筒が必要となる。格納筒から取りだした飛行機は組み立て作業から暖気運転まで一時間以上かかるが、敵の哨戒圏内で行なう場合は極めて危険となる。さらに、潜水艦に飛行機を搭載する構想が出た当時はカタパルトが発明されておらず、組み立てた飛行機は海面に降ろして水上を滑走してから飛翔した。これは悪天候だと困難を伴い、帰投してきた飛行機の収容も天候しだいで機体は放棄して、搭乗員のみを救助するしかなくなる。まさに問題山積だったのである。

実用実験を行なった国もあったが、事故などで搭載をあきらめてしまい、結局は困難を克服しえた日本潜水艦のみが飛行機を運用したのであった。

6／海外の潜水空母はある？

結果的に日本以外の諸外国は潜水艦上で飛行機を運用できなかったものの、実用化をめざした潜水空母の建造や実験は行なっていた。

例えば第一次世界大戦中の一九一五年、ドイツは潜水艦「ＳＭＵ－12」を母艦として飛行機を放ち、空襲を行なったが戦果も運用能力も不十分として、改良を試みているうちに終戦となった。大戦後、フランスは二〇センチ砲搭載で有名な「シュルクーフ」が水偵を搭載したが、あまり活用されずに第二次世界大戦開戦時は降ろされていた。イギリスの「Ｍ２」、アメリカの「Ｓ－１」も飛行機を搭載したが、前者は事故で沈没、後者はテストを行なったのみで実用化には至っていない。

巡潜乙型の伊21潜。呉式１号射出機４型を１基装備、零式小型水上偵察機を運用可能である

第二次大戦後はアメリカが潜水空母を構想したがこれも計画のみで、多数の潜水空母を建造、運用したのは真に日本海軍のみである。静粛性などに難がある日本潜水艦だが、飛行機の運用実績は最高峰であった。

7／どんな活躍をした？（偵察編）

潜水空母に期待された飛行偵察は、実は開戦に先立つ昭和一六年一一月三〇日、「伊10潜」がフィジー諸島スバに偵察を行なったが機体は未帰還となり、太平洋戦争における海軍の戦死第一号となった。開戦劈頭となる真珠湾攻撃では、「伊７潜」「伊９潜」などが戦果確認のため飛行偵察に飛行機を飛ばしている。

昭和一七年五月、特殊潜航艇によるオーストラリアのシドニー軍港襲撃の前に、「伊21潜」の水偵が事前偵察を行なった。ピッチングする海面から困難な射出に成功、現地では照射を受けつつも帰投したものの波が荒く着水した機体は放棄された。しかし、偵察結果を受けてシドニー攻撃が実施されている。

昭和一九年六月、「伊10潜」による米軍泊地・メジュロ環礁の飛行偵察が最後となった。最初と最後が「伊10潜」であったのは奇しき偶然である。飛行偵察を行なった艦は一六隻、五四回となるが、未帰還となった潜水艦はわずかであった。偵察の終了後、潜水艦の飛行機搭乗員の多くは戦闘機に転科。大戦末期の貴重な熟練搭乗員として、本土防空戦で活躍した。

8／どんな活躍をした？（空襲編）

「伊25潜」は、一一回という最多の飛行偵察記録を誇る。このうち特筆されるべきは、昭和一七年九月、二度にわたって実施したアメリカ・オレゴン州の空襲である。九日早朝、「伊25潜」を飛び立った藤田信雄飛曹長と奥田省三二飛曹が搭乗の零式小型水偵は、オレゴン州の山林地帯に達すると小型の爆弾を投下。二九日も同様に森林部を空襲、いずれも軽微だが延焼せしめた。これが、アメリカ本土が空襲を受けた史上唯一の事例であった。藤田飛曹長は戦

空母「ヨークタウン」及び駆逐艦「ハムマン」を撃沈した伊168潜

後、オレゴン州ブルッキングス市の祭りに呼ばれて盛大な歓迎を受け、晩年は名誉市民となった。

話は空襲から逸れるが、これ以前の昭和一七年六月二一日、「伊25潜」はオレゴン州アストリアを砲撃した。アメリカ本土を空と海から攻撃した日本海軍艦艇は、「伊25潜」が唯一の栄光に輝く。同艦は通商破壊や輸送任務にも活躍した。

このほか、「伊17潜」がカリフォルニア州エルウッド油田、「伊26潜」がカナダ・バンクーバ島の無線局と、「伊25潜」を含む三隻の潜水艦がアメリカ本土を砲撃している。奇しくも、三隻とも一七発を発砲した。

9／どんな活躍をした？（撃沈編）

飛行機の運用ではなく、潜水艦ほんらいの任務とも言うべき撃沈記録についても紹介しておこう。

撃沈・撃破数で一位に輝くのは通商破壊戦などで一三隻を撃沈、四隻を撃破した「伊27」である。同艦はシドニー攻撃の際には特殊潜航艇の母艦も務めているが、昭和一九年二月に沈没した。これに続くのが飛行偵察でも活躍した「伊10潜」で、やはり通商破壊などで一三隻を撃沈、二隻を撃破している。「伊10潜」はドキュメンタリー映画『轟沈』にも登場しており、当時の日本潜水艦の貴重な姿が現在でも観られる。

単艦による戦果は、緒戦時における「伊６潜」の米空母「サラトガ」撃破、ミッドウェー海戦の完敗を防いだ「伊１６８潜」の「ヨークタウン」撃沈などが挙げられるだろう。

突出しているのは「伊19潜」の戦果で、昭和一七年九月一五日の攻撃で「ワスプ」撃沈のみならず駆逐艦「オブライエン」を撃沈、戦艦「ノースカロライナ」を撃破した。

「伊58潜」はテニアン島に原子爆弾を運んだ帰路にあった重巡洋艦「インディアナポリス」を撃沈、日本海軍最後の大型艦撃沈として記録される。

その他、「伊8潜」は遣独潜水艦として唯一、往復に成功した。五次までの実施された遣独作戦で潜水空母は「伊30潜」「伊34潜」「伊29潜」が参加、撃沈されている。

10／現存する機体は？

潜水空母の搭載機は生産数が少ないこともあり、現存する機体は潜特型や甲型に搭載された「晴嵐」のみ。現在はワシントンDC近郊、スミソニアン国立航空宇宙博物館のダレス別館に展示されているが、これは最後の生産機の二八号機となる。

展示に至る経緯はまず終戦後、愛知航空機の工場から引き出されてアメリカに送られ、サンフランシスコ近郊のアラメダ海軍航空基地に野外展示されていた。これを米海軍が昭和三七年、修理施設ガーバー・ファシリティに移し、平成元年六月より復元作業が開始された。多くのスタッフが苦心しながら作業を続け、平成一二年二月に作業を終えた。「晴嵐」搭乗員だった浅村敦元大尉、高橋一雄元少尉も復元成った機体と対面、感銘を深くしたと伝えられる。

ちなみに「晴嵐」の母艦となる潜特型のうち、「伊４０１潜」は平成一七年三月、ハワイ大学のハワイ海底探査研究所のメンバーが、カロエロア海岸沖の海底で発見された。平成二五年八月は、やはり海底探査研究所メンバーがオアフ島南西の海底で「伊４００潜」を発見した。これらは戦後、米軍が接収、調査ののちにハワイで海没処分となったものだ。平成二九年八月には、戦後に米軍の標的艦として沈んだ「伊４０２潜」が五島列島沖で発見され、竣工した潜特型はすべてが戦後に発見された。

「伊401」信号員が語るウルシー攻撃行

■日本経済大学准教授
久野　潤

●乗艦の沈没から生還を果たした後に世界最大の〝海底空母〟に配属、敵空母群襲撃を目前に終戦を迎えた元乗組員の証言！

〈左ページ上〉昭和20年9月15日、アメリカへの回航直前に横須賀で撮影された「伊401潜」

「盤谷丸」に乗り組み九死に一生を得る

廣野昌勇《まさお》氏は大正九（一九二〇）年三月一一日、島根県大原郡加茂村（現・雲南市加茂町）に左官である廣野喜三郎の長男として生まれた。加茂村加茂中尋常高等小学校高等科二年卒業後、横町で本家の桶屋に住み込んで修行した。

「桶屋である父方の伯父のもとで、兵役検査があるまで修行をせよということになりました。近くに三軒あった酒屋の酒樽を、作ったり修理したりします。一八歳で神原青年学校に入ると、週二回は仕事を休んで日中から軍事教練やりました」

昭和一五（一九四〇）年春、廣野氏は隣村の大東尋常高等小学校で徴兵検査を受けた。

「一〇〇人ほど受験したうち、私を含めて一〇人が甲種合格でした。当時は第一乙種まで出征です。青年学校の同級生が海軍を希望したので、私はそのマネをしたんですが、背の低かった彼は陸軍に行かされて戦死しました」

廣野氏は同年一二月一日に現役編入され、翌一六年一月に呉海兵団に入団した。

「実家の二階に幟を立てて、青年団がラッパや太鼓で送り出してくれました。海兵団では水泳もやらされましたが、小さい頃から実家近くの大きい川でよく泳いでいたので、一〇〇メートルくらいは軽く泳げました。カッター漕ぎも最初は大変でしたが、櫂を斜めに向けて腰で漕ぐ要領が分かると、なんぼでも漕げました」

物品の管理も厳しく、身の回りの物を紛失すれば制裁が待っていた。

「支給品の検査があったときに数が合わず、私も他人の靴下を失敬したことが一度ありました。それ以外でも、洗濯した下着を干しとくと越中ふんどしがなくなったって制裁を受けた者もいました。おっとりした者は損するんです」

三月一〇日、廣野は横須賀の海軍航海学校に第四期普通科信号術練習生として入校した。

「海兵団入団直後に試験があって、信号兵と通信兵が三〇〇名ずつ選ばれ、私は信号の方に回されたんです。呉を名残惜しむことなく、むしろ違ったところに行けるのが楽しみでした。発光信号、手旗信号、ラッパに気象、そしてモールスもやりました」

一〇月一日に普通科練習生教程を卒業した廣野は、客船から海軍に徴傭された特設巡洋艦「盤谷《ばんこく》丸」乗組を命ぜられる。

「呉で乗艦して、右舷見張りに配置されました。豊後水道で機雷敷設の任務中に碇泊していた佐伯では、航空隊が急降下訓練やっていて、もうすぐ開戦だという雰囲気を感じました」

再び呉に移動した「盤谷丸」の艦内では一二月八日、伝令により灯火管制を伝えられた。

「居住区で、アメリカと戦争が始まったという艦内放送を聞きました。驚きはせず、『いよいよ来たか』という気持ちです」

開戦後「盤谷丸」は内海での防潜網敷設に従事していたが、昭和一七

年四月一八日のドーリットル空襲の際には、ソ連商船「ヴァンゼッティ」の臨検も行なっている。

「呉に上陸したとき、町の人の風評で『ミッドウェー海戦で負けた』と何度か聞きました。戦闘で負けたと聞いてショックでしたが、『日本が戦争に負けるはずがない』という思いは変わりません」

その後「盤谷丸」はトラック経由でラバウルやタラワへの陸戦隊輸送に従事。昭和一八年五月には陸軍の南海第一守備隊八〇〇名を乗艦させ、やはりトラック経由でタラワへ向かった。

しかし五月二〇日ヤルート環礁のジャボール水道でアメリカ潜水艦「ポラック」の雷撃で沈没。

「三直の見張りを交代するために、実家から送ってきた千人針の腹巻をして、午後一時に兵員室を出て艦橋に上がりました。水平線にヤルート島が見えてきて、あと一時間で着くと思ってホッとしたその時です。一時一五分に魚雷を受けて、一尺(約三〇センチ)くらい飛び上がってしまいました」

沈没する特設巡洋艦「盤谷丸」から投げ出された廣野氏は、味方掃海艇に助けられてヤルート島に上陸、他の「盤谷丸」生存者と共に商船に便乗して帰国した。

「命ノママニ」潜水艦乗りとなる

帰国した廣野氏は呉海兵団、大竹海兵団を経て海軍潜水学校呉分校で臨時勤務となる。

「こういう目に遭っても、自分が不運だったと思うだけで、別に負けている感覚はありません。ですので、この後の配属について希望を聞かれた時には『命ノママニ』と書きました」

昭和一八年一〇月一五日に海軍潜水学校第七期潜水艦講習員となった廣野氏は、呉港務部に出向したのち、一二月一二日に呉潜水戦隊第十九潜水隊の練習潜水艦「伊157」信号員となった。

「信号員は、信号長の水谷上等兵曹と私の二人だけでした。潜水艦は手旗信号がメインでしたが、私は送る方が得意でした。電信兵が電話で受けた『電令』に対して、艦長の命令である『信令』を書いたものを伝令がもってきて、私が送ります。潜航の時にハッチを締めるのも、信号兵の役目でした」

「伊157」潜水艦長は第十九潜水隊司令の栢原保親大佐兼任で、「伊10」潜水艦長としてモザンビーク海峡の交通破壊戦で大戦果を挙げた猛者である。

昭和17年1月、「盤谷丸」時代の廣野昌勇氏

「出入港の作業は難しくて、兵学校出身の大尉の人も厳しい栢原艦長によく叱られてました。商船学校出身の中尉の人の方が上手でした。私も初めての潜航訓練の時、ハッチを締めるのが遅れて『お前のような役に立たない奴は叩き斬ってやる!』と艦長に叱られました。今考えてみると、ハッチを閉めるのがいちばん大事な仕事です。機関の方では動力を電池

に切り替えるタイミングが大事で、『失敗すると目ん玉が飛び出るぞ』と教えられました」

昭和一九年二月一日、廣野氏は海軍二等兵曹に昇進して下士官となる。同月には中村省三中佐が艦長として赴任。

「中村艦長が着任の時『ワシが艦長になったらお前たちを絶対殺さん、敵が来たら逃げる』と言ったことを今でも覚えてます。海兵出でこんな艦長もいるのかとビックリしましたが、なんか嬉しかったです」

廣野氏は七月にカタル性黄痰（第二種症）を発症し入院、九月一日に帰艦した。この間、六月のマリアナ沖海戦で日本の空母機動部隊が大打撃を受け、さらに一〇月のレイテ沖海戦で日本海軍はほぼ壊滅状態となる。

ウルシー泊地の敵機動部隊を目指す「伊401」

昭和二〇年一月二一日、廣野は呉で信号員として「伊401」に乗り組んだ。特殊攻撃機「晴嵐」を搭載してアメリカ本土爆撃さえ可能とされた伊400型の二番艦で、起死回生をかけた最終兵器であった。

「信号員は私含め三人でしたが、訓練中に一人が足を骨折した代わりに指名されたようです。とにかく大きくてビックリしました、他の潜水艦と比べると、『大和』と『陸奥』くらいの違いです。航空機格納庫まであって、本当に潜れるんかと思いましたね」

この年の一月八日に竣工した「伊401」は、第六艦隊第一潜水隊（司令・有泉龍之助大佐）に所属。第六三一海軍航空隊の「晴嵐」搭乗員と共に、当初瀬戸内海で訓練に従事していた。

「南部伸清艦長は背が高いけど温厚な人で、部下を怒ることもほとんどありませんでした。有泉司令は小太りで背は高くないですが、顔からして威厳がありました。飛行隊長の淺村敦大尉以下『晴嵐』の搭乗員以外に、第六三一海軍航空隊司令部の主計科も二人いました」

三月一九日にはアメリカ第五八機動部隊の艦載機約三五〇機により呉軍港が空襲され、「伊400」が被害を受けたが、「伊401」は無事であった。

「呉にまで空襲に来たのを見て、戦局がかなり不利ではないかと初めて痛感しました」

四月一二日、燃料補給のために大連に向かっていた「伊401」は伊予灘で機雷に接触して小破する。

「我々は触雷したのに気付かず、機械が故障したと言われて呉に引き返しました。爆発したショックもまったく感じなかったので、さすがと思いましたね」

五月一四日、「伊401」は「晴嵐」三機を搭載して戦備作業を開始。六月一日には呉を出港して四日七尾湾に到着、「伊400」と共に「晴嵐」発着訓練に従事する。

「『晴嵐』は、翼をたたんだ状態で格納庫にしまってありました。前甲板にカタパルトがあって、整備員たちがそこまで飛行機を手際よくもってゆきます。なんだかスゴいことが始まりそうだという予感がしました」

訓練は厳しく、六月一四日には津田武司上等飛行兵曹が事故で殉職した。

「発艦訓練では、スーッと発艦した後、ちょっと高度がダウンしてそれから上がってゆく感じでした。フロートで着水したところを、左舷側の装置で艦上まで吊り上げます。山に衝突して殉職した搭乗員もいて、一階級特進していました」

当初はパナマ運河やアメリカ西海岸への攻撃が検討されていたが、六月にはウルシー泊地のアメリカ機動部隊に対する奇襲攻撃に変更。「伊401」は七月一三日に七尾湾を出発して舞鶴に入港し、補給のうえ出撃準備に入った。

「パナマ運河も爆撃できる能力をもっていると聞かされていましたが、作戦の詳細は分かりません。目の前の任務に精一杯で、フネに乗ったら艦長や司令の命令次第だと」

七月二〇日「伊401」は「神龍特別攻撃隊」に編入され、いよいよウルシー泊地攻撃が下令された。「伊400」と共に舞鶴を出港した「伊401」は翌日大湊に到着し、二三日大湊を出撃した。

「出港直後に、陸上の味方から砲撃されました。幸い損害はありませんでしたが、夜間でアメリカの潜水艦がウロウロしてると思ったんでしょうね。そして艦内では、『戦況が悪くなったのでウルシーを攻撃する』と告げられました。〝海軍の至宝〟と言われていた淺村飛行隊長は、出撃したら帰還できない特攻だと覚悟していたようです。でも我々には、ウルシー攻撃後は迎えに行って収容すると伝えられてました」

両潜水艦は別コースをたどり、八

月一七日に合流して「晴嵐」を発艦させることになっていた。

「伊４０１」無念の降伏

八月一四日、「伊４０１」は合流予定地点であるポナペ島南方一〇〇カイリで浮上した。

「合流地点に無事着いて、『伊４００』を必死に探したんですが見つかりません。坂東宗雄航海長は何度も艦位を確認して、あちらが進路を変更したんじゃないかと言っていました」

「伊４００」との合流を果たせぬまま翌日終戦を迎え、内地帰投を命じられた「伊４０１」艦内では今後どうするか激論となった。

「坂東航海長が『とにかく軍令部からの命令だから、単艦で行くのをやめて帰った方がいい』と強く主張して、結局は艦長の判断で帰ることに決まりました。もうすぐ攻撃だったのに、本当に残念です」

機密保持のために艦載機を海上で処分した「伊４０１」は、大湊を目指して浮上航行中の八月二九日夜、三陸沖でアメリカ潜水艦「セグンド」に捕捉され降伏した。

「近づいてきた敵の潜水艦から、停船命令が出されます。停止すると、続いて『誰か軍使をよこせ』と信号を送ってきたので、坂東航海長が行きました」

「セグンド」からは、接収のために六名の将兵が乗り込んできた。「伊４０１」は横須賀回航を命じられたが、翌日悲劇が起こる。

「有泉司令が、勲章をいっぱいつけた正装で艦内を回られました。ハッチを空けて兵員室の方まで来て下さった時に、私もすれ違いました。最期の挨拶代わりに回られていたんでしょうね」

八月三一日の「伊４０１」横須賀到着直前に、有泉司令は司令室で自決した。机には、真珠湾攻撃で戦死した特殊潜航艇の九軍神の写真があったという。その日、廣野氏は海軍兵曹長となっていた。

「自決の理由については戦後いろいろ言われたようですが、任務を果たせなかった責任をとっての自決だと私は思ってます」

九月二日、アメリカ戦艦「ミズーリ」艦上で降伏文書調印式が行なわれる。

「高い帽子をかぶった小柄な重光葵《まもる》外務大臣が、『ミズーリ』への桟橋を渡るのを見ました。残務整理をしてから『伊４０１』を退艦しましたが、『やれやれ、ようやく家へ帰れる』という気持ちと、作戦中止のまま降りる口惜しさが入り混じってました」

一〇月一日に復員した廣野氏は、翌年「伊４０１」がハワイ近海で撃沈処分されたことを知る由もなかった。戦争経験を話す機会も戦後あまりなかったそうだが、筆者が平成三〇（二〇一八）年に雑誌『歴史群像』八月号でインタビュー記事を執筆したことがきっかけで対応できないくらい連日取材依頼が殺到したという。

「残念ながら、ほとんどすべての取材をお断りしなくてはいけませんでした。世界最大の潜水艦『伊四〇一』のおかげで、私も有名人になりました」

翌令和元（二〇一九）年も相変わらずバイクに乗って外出するほど元気であった廣野氏だが、一〇月二五日に急逝された。謹んでご冥福をお祈りする。

●「伊401」と「セグンド」航路図

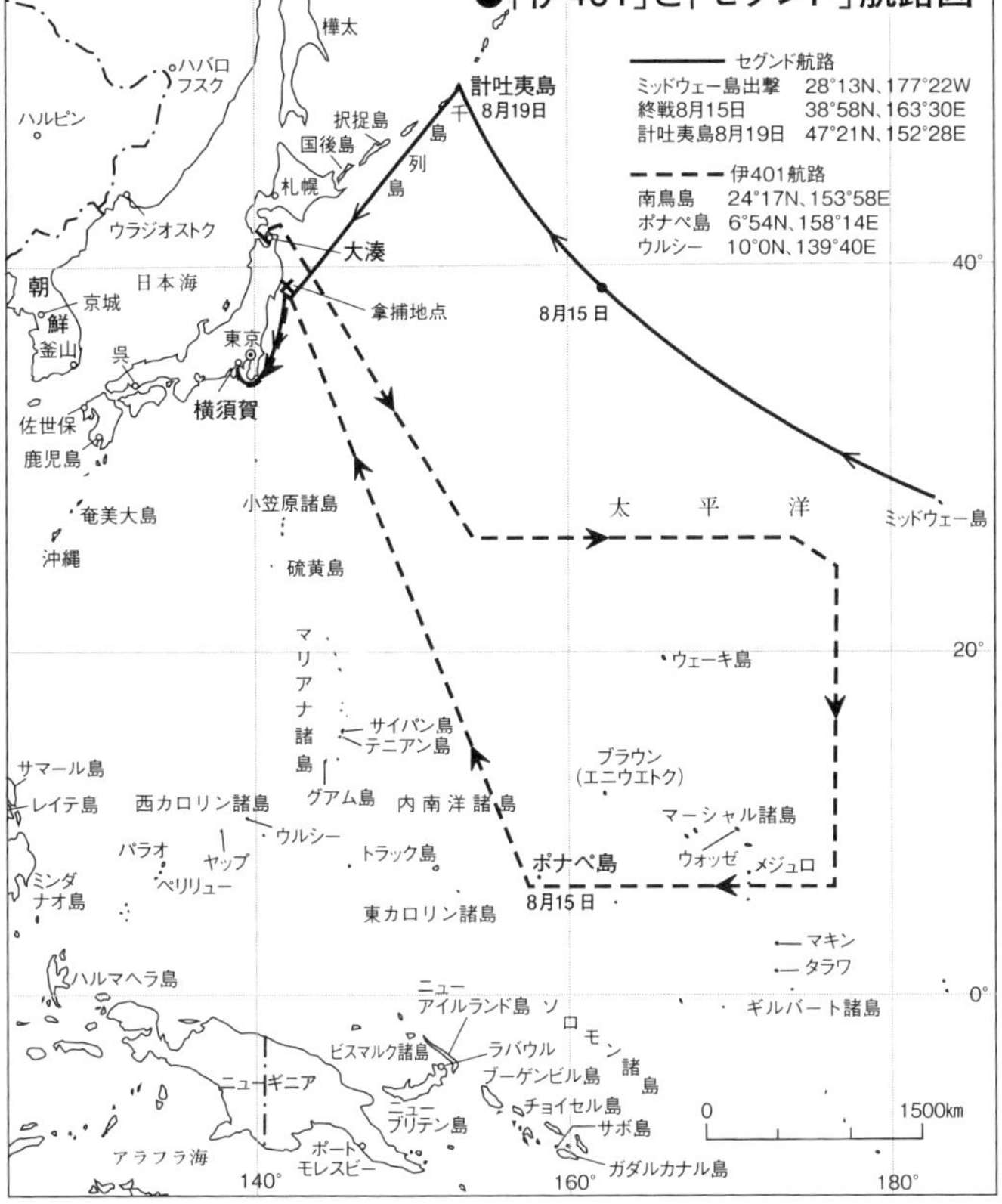

海底空母「伊401」潜ウルシーに出撃す

■元伊401潜艦長・海軍少佐
南部伸清

●戦局が急を告げていた昭和19年末、新鋭艦の艤装員長＝潜水艦長を拝命した筆者は当初のパナマ運河攻撃から一転、ウルシーの敵根拠地攻撃に作戦が変更されて同型艦とともに出撃した！

〈左ページ〉伊号第401潜水艦長としてウルシー泊地の米機動部隊攻撃に出撃した筆者

延期になっていた引き渡し

大東亜戦争の末期、日本海軍は、爆撃機二機を搭載した常備排水量三六〇〇トンの伊13型潜水艦二隻と、おなじく三機を搭載した常備排水量五二〇〇トンの伊４００型潜水艦二隻とを持っており、ほかに三隻の伊４００型を建造中であった。

当時、世界の海軍において、このような大きさの潜水艦を持っていたのは、日本海軍だけであり、しかも潜水艦に爆撃機を搭載して、文字通り潜水空母として使用しようと計画し、これを実現したのは、これまた日本海軍だけであった。

もしも大東亜戦争の終結が、あと半年か一年おくれていたならば、アメリカの機動部隊はもちろん、アメリカ本土もパナマ運河も、この潜水空母から発進した爆撃機の特攻攻撃にさらされたかも知れなかったのである。

しかし、終戦によって攻撃行動を中止せざるを得なくなって、ついに戦史未曾有のこの攻撃が、実現できなかった。ここでは、伊号第４０１潜水艦長として、この作戦に参加した私の体験をつづってみることにしよう。

昭和一九年もおしつまって、戦時下のあわただしさと、師走のあわただしさとが、ここ佐世保の町にも交錯していた。佐世保の町は、南国といえども烏帽子《えぼし》おろしが冷たい。

その烏帽子おろしの吹きまくる一二月九日、私は、佐世保海軍工廠で艤装中の伊号第４０１潜水艦の艤装員長として着任した。

着任するとすぐに、私は事業服に着がえてハンマーの音と溶接の火花と、クレーンのうなりとが交錯するなかに飛び出していった。

なにぶんにも、大型潜水艦二隻を横にならべ、その上に小型潜水艦一隻を積んで飛行機格納筒にした怪物のような潜水艦である。数字で表わせば、常備排水量五二二〇トン（潜航状態で六五六〇トン）、長さ一二〇メートル、吃水七メートル。武装は、艦首に魚雷発射管八門、大砲は一四センチ一門であるが、機銃は二五ミリ一〇門である。

機関は七七〇〇馬力で、普通の潜水艦の二隻分であり、航続距離が三万八〇〇〇カイリといえば、想像をかけはなれている。

そして、それがさらに「晴嵐」と

いう爆撃機三機と、「晴嵐」が搭載する八〇〇キロ爆弾または魚雷を搭載して、三〇〇カイリを往復、急降下もできるのだ。

　これを怪物といってもおかしくはない。

　年末から昭和二〇年の新春にかけて多忙をきわめた。完成がおくれていたため、関係者は灯火管制下に徹夜をつづけた。

　手帳の断片から、当時のメモを抜き書きすれば、

一二月一六日　出渠
　　一七日　主機械碇泊試験、
　　　　　舷外電路試験、
　　　　　磁気羅針儀試験
　　一八日　水上、水中完成重
　　　　　査
　　一八日　完成満載標準状態
　　　　　作製
　　二〇日　飛行機ダミー射出
一八日～一九日　飛行機仮装備試験
　　　　　主蓄電池容量試験
　　二一日　電探、逆探公試、
　　　　　方位測定機公試、
　　　　　縦舵自動操縦公試
二三日～二四日　飛行機装備試験、
　　　　　揚爆弾試験
　　二五日　暖機装置試験
　　二六日　飛行機射出公試
　　二七日　終末潜航公試、
　　　　　終末運転公試
二六日～二八日　審議
　　三〇日　引渡

　となっている。これは年内に予定どおりに、引き渡しをおわろうとする悲壮な努力の表われである。

　少しぐらいの欠点、不満はおおいかくしても、予定にとらわれる結果は、けっしてよい結果を生まないことは、だれでもが知っておりながら、戦況の逼迫はおたがいにむりを承知で、むりを押し通しがちになる。

　しかし、伊号第401潜水艦は、なんとしてもむりがとおらず、引き渡しは一月八日に延びざるを得なかった。

　この潜水艦は特殊な潜水艦であったので、その日に、ひっそりと佐世保を出港して呉にむかうのである。工廠のこの工事に関係したごく少数の人びとが、岸壁にあつまって見送ってくれた。

　潜水艦部長は広瀬大佐であった。みずからの手で仕上げたこの艦が、いま静かに出港しようとするのを見送る人の気持ちは、どんなであったろうか。

　つくる艦も修理した艦も、二度とふたたび帰ってこないものの多い現実の不利な戦勢ではあるが、必勝を信じて、徹夜の連続でこの艦をつくりあげた人々の心が、一本の鋲、一本の釘にもしみついていると感じないわけにもゆかなかった。

カラだった呉の重油タンク

　一月八日、この日をもって、すでに呉工廠において完成していた伊400とともに、第一潜水隊（開戦時の第一潜水隊は、その後、編成上の変遷をへて、昭和一八年九月二五日に解隊となっていた）が編成され、司令には海軍大佐有泉龍之助が発令され、その日のうちに伊401に乗艦して、佐世保を出港した。

　かくして第一潜水隊の二隻は、編成とともに瀬戸内海の伊予灘に集結して、潜航、浮上の基礎敵訓練をつづけた。完成してまもない艦であったから、若干の故障や事故もあったが、すべての機能は割り合いに順調で、潜航秒時も、この型の艦としては、長いとはいえない五〇秒少しあまりという記録をつくったことを、記録している。

　しかし、かんじんの搭載飛行機が

まにあわなかった。「晴嵐」の航空隊は、昭和一九年の秋、霞ヶ浦に、第六三一航空隊として編成され、そのあと福山に移って訓練をしていた。「晴嵐」をつくっていた名古屋の愛知航空機は、昭和一九年一二月の東海、南海大地震や、あいつぐ空襲によって生産がはかどらず、また、陸上訓練はできても、潜水艦に搭載するまでにはいたらず、三月ころになって、やっと搭載、射出訓練ができたようなありさまであった。

このころ第六三一空は、福山から屋代島や岩国に臨時移動して、連合訓練を実施していた。

当時、太平洋沿岸は、連合軍の攻撃にさらされており、アメリカ機動部隊やB－29の頻繁な来襲のために、この方面での訓練は不可能に近かったので、日本海の七尾湾で訓練することになった。当時、海軍潜水学校の一部もすでに七尾湾に疎開していた。

三月一九日、呉に在泊中のときであった。呉軍港がアメリカ機動部隊の来襲をうけ、在泊の大型艦艇が攻撃を受けながらも反撃しつづけるなかを、港外に逃れ、沈座避退したことも思い出される。

軍艦「大淀」が、なかば傾きながらも砲を全部敵機にふり向けて射撃しつづけていた悲壮なすがたも、いまもって、まざまざと目に浮かぶのである。

このような太平洋沿岸の状況では、とても訓練も作戦準備もできそうにないというので、七尾湾へ移動ということになったのである。

しかし、そのためには、各艦一七〇〇トンぐらいの重油を満載しなければならないのであったが、当時、すでに呉軍港の重油タンクは空《から》になっていた。

第一潜水隊は、このころ、伊13、伊14も完成して集合してきており、それらの各艦がそれぞれ満載するとすれば、五〇〇〇トンぐらいの重油を必要とした。

四月一日、アメリカ軍の沖縄本島上陸に呼応して、戦艦「大和」を中心とする水上特攻の出撃にあたってさえも、各艦が片道分の燃料しか搭載できなかったのである。

そこで伊４００と伊４０１は、満州の大連で重油を搭載することになり、伊４０１は、司令潜水艦として司令が乗艦して、四月一一日に呉をでて、大連に向かった。しかし、その日、呉港外の早瀬瀬戸で座礁してしまった。しかし、これはたいしたこともなく離礁できたのであるが、翌一二日、伊予灘の姫島灯台の三七度七五〇〇メートルの地点で、B－29の投下した機雷にかかってしまった。

水深が割り合い深かったが、キングストン開閉装置や計器類に損傷があり、大連行きは困難となった。そこで呉に引き返し、修理するとともに、司令は伊４００に乗艦を変更し、その月の一四日、ふたたび呉を発して大連にむかった。

伊４００は、ぶじにこの行動を終わり、四月二七日に呉に帰投したが、大連からは、大豆油や銑鉄なども積んで来なければならないような内地の有様であった。

悲鳴をあげた飛行機整備員

そのころ、大西洋方面におけるドイツ潜水艦の作戦は、連合軍のレーダーに困りぬき、シュノーケル装置を開発して、装備しているという情報があった。

煙突をたてて空気をとり、水中でディーゼル機関を駆動して水中を動くという考えかたは、新しいものではなかったが、ドイツはこれによって、大西洋における潜水艦作戦の起死回生をはかっているかに見えた。

有泉司令は、伊４０１潜の修理の期間に、第一潜水隊の各艦にシュノーケル装置をとりつけることを上申し、認められた。

そこで、ただちに工事を開始し、わずか一ヵ月から一ヵ月半の間に、四隻の潜水艦に、油圧によって伸縮するシュノーケル装置をとりつけることができた。

この試運転の結果は大した不安もなく、水中で補助発電機を運転し、その発生電力で潜航も可能であった。

戦後の潜水艦には普通のことになっているが、戦時中の日本の潜水艦でシュノーケルをつけたのは、第一潜水隊をもってはじめとするのである。

このシュノーケル装置の取り付け工事が完了するとともに、日本海へ回航されることになった。

伊13、伊14は五月二七日に呉を発し、とちゅう鎮海で重油搭載のうえ七尾湾へ、伊４００と伊４０１は、五月三〇日ごろ、おなじく呉を発して七尾湾へ回航することになった。

二隻の潜水艦は、B－29の投下した機雷と、その機雷に触れて沈没した商船によって、ほとんど封鎖状態となっていた関門海峡をぬけた。

沈没船のマストが林立している関門海峡東口に入り、極微速力で音響機雷に対する警戒を厳にしながら(磁気機雷に対しては対策があった)西口へ出た。

西口にも多数の沈没船があり、本州沿岸には触雷して陸に乗り上げた船が赤腹をみせて、文字どおりるいるいとしているありさまは、どう見てもさびしかった。

六月一日から五日のあいだに、各艦が七尾湾に集合し、主として搭載機の射出発艦、揚収の本格的訓練を実施した。

このあいだに一機は名古屋から空輸中、六月一三日、能登の山中に墜落(当日は天候曇、雲量一〇、雲高一五〇メートルであった)し、江上少佐、木本少尉の二名の殉職者を出し、また六月一九日には富山湾で訓練中の一機が行方不明となった。

全艦が出動して捜索したが、発見できず、ついに岸少佐と津田飛行兵曹長は還らなかった。このほか、不時着事故も一再でなく、そのつど捜索に出動しなければならなかった。

飛行機も三機を搭載、射出できたのは一回だけであった。飛行機の生産が間にあわなかったからである。

また、その期間中の六月一〇日、伊号第122潜水艦が、珠洲《すず》岬沖でアメリカ潜水艦のため撃沈されたのも、忘れ難い思い出である。

その日、われわれは富山湾で訓練中であったが、珠洲岬から大きな火柱の上がるのを見た。

やがて大爆発音を聞いた、という情報も入ったので、穴水《あなみず》湾へ入港し

珠洲岬沖で撃沈された伊122潜水艦の報は筆者たち伊401乗組員を驚愕させた

てみると、舞鶴から七尾湾へ回航中の伊122潜は予定どおり入港しないし、アメリカの潜水艦がすでに日本海へ侵入していたことと思いあわせて、伊122潜の最期を知ったのであった。

こうした戦況の不利を克服する手段として、この型の潜水艦にかけられた期待は大きかったはずであり、また乗員もそれを信じて訓練につとめた。

結果、三機を連続して射出するのに一五分を記録することができた。

しかし、連日の訓練で、いちばん苦労したのは整備員であったろう。夜間訓練が終わると飛行機の整備をし、翌朝はまた、三時、四時から飛行機と取り組むいそがしさに、二度とふたたび潜水艦の整備員になるものではない、と悲鳴をあげたのも、この頃のことであった。

パナマ運河爆撃の図上演習

戦況は日増しにわれに不利となり、もはや最初の目的であったニューヨーク、ワシントンにたいする爆撃は夢となった。

しかし、この型の潜水艦を計画した当時の軍令部参謀であった有泉司令は、つとめて原計画を支持し、ついにパナマ運河の爆撃を提案した。

当時、ドイツは五月七日に無条件降伏をしており、大西洋方面に作戦中の連合軍艦艇は、太平洋方面に回航するであろうと考えられていたので、パナマ運河を封鎖できれば、少なくとも三ヵ月は、連合軍艦艇の太平洋集結を遅らせうるというにあった。

これは軍令部において賛否両論があったらしいが、少なくとも第一潜水隊の七尾湾回航までは、パナマ運河爆撃作戦は承認されていたのである。

この作戦は呉にあった期間に十分に研究され、とくにパナマ運河の構造とその攻撃法が、具体的に検討されていた。

その結果、第六艦隊の参謀もまじって、図上演習も実施した。図上計画としては、ハワイ北方海面、ハワイ、米本土の中間をへて、一路南下し、パナマ沖をいったん通過して、南米コロンビア沿岸ぞいに北上して接敵し、なるべくちかい距離から飛行機を射出して、攻撃後に揚収して避退する、とされた。

当時のアメリカ本土の状況から判断して、成功の算あることを確信し

ていた。

伊13、伊14の燃料は不足するので、帰路に伊400、401から補給すれば、内地への帰投は可能との目算はあった。

最大の問題は、運河のどこを攻撃するかであった。結局、魚雷と爆弾を併用して、閘門を破壊するということになり、これがため、舞鶴工廠では閘門《こうもん》の模型をつくって七尾湾へ回航し、攻撃訓練も実施していた。

「彩雲」搭載の伊13潜沈没

六月中旬になると、情勢はさらに悪化し、とてもパナマ運河攻撃というような戦略的作戦は実施できそうにもなくなった。そこで軍令部としても、当面は頭上の蝿をはらうために、敵機動部隊中の空母攻撃を主張した。

強気の有泉司令も、現在の情勢ではパナマ爆撃はむりと考え、この計画を了承して、ここに計画は三転したのである。

当時、本土空襲の連合軍機動部隊の基地は、南洋のウルシー環礁にあったので、ここに在泊する空母群に対し、回天（人間魚雷）攻撃と並行して、航空攻撃による奇襲をすることになった。このためには攻撃直前の偵察を必要とするが、本土からでは偵察できず、南洋群島に孤立しているトラック基地に、伊13、伊14をもって偵察機（「彩雲」）を送り、この偵察の結果によって、伊400と401の攻撃機六機をもって攻撃するという計画が立てられた。

そして六月二五日、海軍総隊司令長官からつぎの作戦命令が出された。

海軍総隊電令作第九五号
先遣部隊指揮官は左の要領により作戦を実施せしむべし
一、トラック島にたいする「彩雲」輸送（光作戦と呼称す）
イ、使用兵力第一潜水隊の二隻
ロ、輸送物件「彩雲」四機、その他トラックむけ物件若干
ハ、「彩雲」搭載地　大湊
ニ、輸送時期　七月下旬トラック着を目途とす
ホ、揚陸後の行動　次期作戦のため昭南（註、シンガポール）または内地に回航するものとし追って令す
二、PU（註、ウルシー）奇襲作戦（嵐作戦と呼称す）
イ、使用兵力　第一潜水隊の二艦、「晴嵐」六機
ロ、攻撃目標　機動部隊
ハ、攻撃時期　七月下旬より八月上旬にわたり月明期間
ニ、攻撃要領　事前偵察はトラック所在兵力をして協力せしむるほか先遣部隊指揮官所定
ホ、攻撃後の行動　昭南に回航、次期作戦準備を実施

この命令より以前に、伊13、伊14（艦長清水鶴造中佐）は、六月二〇日、七尾湾を発し、舞鶴にて作戦準備を実施して、七月四日、大湊に入港し、偵察機「彩雲」をそれぞれ二機ずつ搭載した。

搭載後、伊14、13の順に二日間隔で出港する予定のところ、伊14は軸

伊13潜に搭載されたのと同型の「彩雲」偵察機（上）と人間魚雷「回天」

系過熱事故のため修理の止むなきに至ったので、伊13は七月一一日に出港した。

　しかし、伊13はついにトラックに到着しなかった。

　戦後の調査によれば、内地を出撃した直後、敵機動部隊に捕捉されて沈没したようである。艦長は大橋勝夫中佐であった。

　伊14は、すこしおくれて七月一七日に大湊を発し、八月四日にトラック島にぶじ入港した。ここにも運命の皮肉があり、人間の力ではどうにもならぬ運命を感じないわけにはゆかぬ。

　一方、伊４００と伊４０１は、七尾湾から舞鶴へ回航して、出撃準備をととのえていた。糧食、弾薬、燃料とも三ヵ月行動可能の分量を搭載した。

出撃の途上で無念の降伏

　ウルシーの敵機動部隊を攻撃したあとは、蘭印を経由してシンガポールに行く計画であった。

　私個人としても、家族に対して、本土にアメリカ軍が上陸した場合の注意事項などをいい残し、後顧の憂いのないように努めたのであるが、いまから考えると、あまりにも悲惨すぎて、なぜか嘘のようである。

　かくして七月二〇日（この日がはっきりしない）、ふたたび日本を見ることも家族に会うこともできないかも知れないと思いながらも、第六艦隊司令長官や幕僚の見送りをうけ、元気よく、神龍特別攻撃隊と命名された二隻の潜水艦は舞鶴を出港し、七月二二日に大湊にはいった。

　そしてその日の夕方、伊４０１、伊４００の順に大湊を出撃した。

　伊４０１は有泉司令の決心にもとづいて、マーシャル群島の東側をまわって、ポナペ島南方の第一次会合点に向かうことにした。

　途中、米機動部隊や船団に遭遇したが、企図の秘匿を第一とするために攻撃をしかけず、アメリカの飛行機も、わがレーダーに一〇〇キロぐらいから捕捉することができた。

　絶え間なく西へ西へと移動する連合軍艦艇や航空機に遭遇し、そのもの凄いばかりの量に圧倒され、日本の運命が予見されるようであった。

　しかし、一潜水艦長にすぎない私は、日本は絶対に降伏するものではないと信じており、会敵の機会が多くて水上進撃する時間が少なくなるのが、頭痛のタネであった。

　八月一四日、第一次の会合点で伊４００と会合できなかった。そして、一日待ったがムダであった。

　伊４００（艦長日下敏夫中佐）の安否を気づかっているとき、通信諜報士官今井中尉は、日本降伏近し、という情報を司令と艦長である私に報告してきた。

　しかし、どうしてこれを信ずることができよう。私はこれを敵のデマであるとして、乗員に知らせることを禁じたが、それはムダであった。

　八月一五日には先遣部隊指揮官から、

『昨日、和平渙発されたるも、停戦協定成立せるものにあらざるをもって、各潜水艦は所定の作戦を続行、敵を発見せば決然これを攻撃すべし』

　と発令していたが、翌一六日には、海軍総隊指揮官から、

『即時戦闘行動停止すべし』

と発令されたのである。

　もはや日本降伏は、厳然たる事実である。このような場合に、いかに処置すべきかはいかなる典範にも示されていなかった。

　日本古来の武士道と、海軍の伝統的精神は、生と死に迷うときは、むしろ死こそ選べとおしえている。

いったいどうすればいいのだ。五〇〇〇トンの潜水艦、飛行機三機、魚雷二〇発、そして大砲も健在、乗員二〇三名、あるところは太平洋の真っただ中である。

　八月一六日、命令によって飛行機も、魚雷も、爆弾も、海中に投棄し、八月三〇日黎明、三陸海岸沖でアメリカの潜水艦セグンドに捕捉された。

　その監視のもとに横須賀に回航中、伊４０１に乗艦中の司令有泉大佐が、八月三一日黎明に自決された。このことだけは記録しておかなければならない。

　四通の遺書は御家族に手渡してあるが、そのうちの一つをつぎにかかげる。

　今次ノ行動戦果ヲ挙グルニ至ラズシテ事茲ニ至ル。真ニ本職ノ責ニシテ申シ訳ナシ。我ガ精鋭ナル部下ハ今後忠良ナル臣民トシテ御奉公スルコトヲ確信シツツ死ヲ以テ帝国海軍ノ伝統ト終戦ノ時期マデ太平洋上ニアリシ首席指揮官トシテノ誇リヲ維持シ、併セテ帝国将来ノ再建ヲ祈念セントス
　天皇陛下万歳

（昭和四二年一〇月号『海底大戦記』掲載・「潜水空母『伊401潜』遂に参戦せず」）

特殊攻撃機「晴嵐」設計者の回想

■元海軍大尉
内村藤一

●潜水艦に航空機を搭載するという発想をもとに実戦に使用した日本海軍――秘密兵器・伊400潜の搭載機として、攻撃力&コンパクト化などを実現したエンジニアの苦心談!

〈左ページ〉伊400潜の搭載機として開発された特殊攻撃機「晴嵐」。写真は1960年、米国カリフォルニア州のアラメダ海軍基地で公開された機体

飛行機と潜水艦の結合

飛行機と潜水艦とを組み合わせる――海軍や空軍になにがしかの関心をもつ少年だったら、すぐに考えつきそうなこのアイデアは、各国の海軍もまた、ひとしく関心をいだいていたようである。

しかし、このアイデアを実行にうつすことはともかく、それを完全に実用の域にまでもちこみ、独特の用法を確立するのはもちろん、実際に作戦行動を行なったのは、世界中でわが海軍のみであった。

そのうえ、そうした用兵思想をさらに一段飛躍させ、トコトンまでおしつめて破天荒ともいうべき潜水航空母艦まで、実現したのである。

まったく、わが海軍こそ、飛行機と潜水艦の有機的な結合に成功し、それで作戦した史上ただ一つの例だといってよかろう。その独創性に、われわれは今なお大きな誇りを感ずるのである。

潜水艦に飛行機を搭載したのは、わが海軍が世界最初ではない。

大正の末期、ドイツのハインケル航空会社は、潜水艦搭載用と称する、おそろしくゲテモノの小型機を試作した。もちろんそのころのドイツは、第一次大戦の敗戦国として、きびしく軍備を制限され、肝心の潜水艦などは一隻ももってはいなかった。

この小型機にいちはやく注目して、これを購入したのがわが海軍で、大正一二年のことである。たぶんドイツは、第一次大戦中に、すでに潜水艦の飛行機搭載のアイデアをもち、あるていどの研究は進めていたと思われる。

この小型機は、ハインケル式潜水艦用水上機と称され、ジーメンスの六〇馬力エンジンを装備した単座、複葉、双浮舟の水上機で、全幅七・二メートル、全長五・七三メートル、全高二・五九メートル、自重三三六キロ、総重量四六五キロというかわいい機体であった。

最大速度は公称八六ノット、五〇ノットの巡航で約二時間の航続性能を有していた。

分解して潜水艦への格納、そしてなるべく短時間での組み立て発進ができるように、その複葉の主翼などは、翼間支柱のない片持ち構造で、

浮舟の支柱もまるで魚雷の搭載台みたいな、W型をしたトラスのパイプ構造のものであった。

進取性と先見の明

なにしろ当時は、海軍航空は文字通りの幼年期で、イギリスからのセンピル航空教育使節団さえ、帰ってまもないころのことであった。同使節団のもたらしたアブロ練習機や、スパローホーク戦闘機、パンサー艦偵、ソッピース・クック電撃機などが、いっぱしの新鋭機として、今日のロッキードF－104J戦闘機のように衆目を集めていた時代である。

また肝心の潜水艦にしてからが、ようやくわが海軍独自の海大一型、すなわち、はじめての一等潜水艦伊号第51が建造中であったにすぎない。

このような時期に、はやくもこうした潜水艦搭載用の小型機の研究に手をそめるとは……。わが海軍伝統のことながら、その進取性と先見の明に、当時の兵器行政指導者に対して敬意を表せざるをえない。

しかし、潜水艦も飛行機も、まえに述べたような当時の幼年期にあっては、その凌波《りょうは》性などというものは期待できない、たかが六〇馬力の、しかも単座機では、単に基礎研究にとどまり、一歩を進めた合同演習など、とてもできた相談ではなかった。こうして本機は、単に研究用に供されただけだった。

諸外国でも、潜水艦への飛行機搭載については、はやくから注目していたものとみえる。果然、イギリス海軍では昭和のはじめ、M2号という潜水艦の艦首に射出機をつけ、小型機を射出発進させることに成功した。この写真は宣伝の意味をかねて世界中にバラまかれ、いかにも誇らしげに報道されたものである。

その実、これは単に実験に成功したというだけのもので、当時のイギリス海軍の兵形、潜水艦用兵思想の関係などから、ろくに育ちもしないままになえしぼみ、消え失せてしまった。

ワシントン条約で主力艦の劣勢をしいられた日本は、その活路を潜水艦——その兵器としての若さという点では、我が国も英米も経験において差はないとみられていた——に見出し、独自の艦型と、用法とを必死になって開拓していたわが海軍を、このイギリスのチャチなM2号と小型機との写真は、大きく刺戟した。

艦首の射出機より小型機を発艦させることに成功したイギリス海軍のＭ２型潜水艦

海軍ではさっそく、ハインケル機での研究結果をいかし、また潜水艦用の揚収装置や射出機の技術にも見通しがついたので、横廠の新鋭技術陣の佐波次郎機関少佐（のち少将）に命じて、本格的な潜水艦用小型機の試作にのりだしたのである。

佐波少佐は、鈴木為文技師などと力をあわせて、主翼、胴体、浮舟を別々にして、小さな潜水艦の格納筒に収容でき、いざとなれば一五分間ぐらいで組み立て発進できる、きわめて小型の水上機をまとめあげた。

世界をリードした日本海軍

この飛行機は、下翼が上翼より少し短い複葉機で、双浮舟式。その分解組み立ては、すべてピンのぬきさしでできるようになっており、水平尾翼は胴体につけたまま、下方に折りたためるようになっていた。高さに制限があるので、垂直尾翼は普通の飛行機のように上方に高く延ばすことができず、これでは横安定に困るので、下方にも延ばした形をとった。

構造は鋼管熔接の骨格に羽布張りで、エンジンはモングースの一三〇馬力を装備したが、のちには「神風」二型一三〇馬力にかえられた。

乗員は一名、全幅八メートル、全長六・六九メートル、全高二・八七メートル、自重五七〇キロ、総重量七五〇キロ、最大速度は九〇ノットで、六〇ノットの巡航で四時間半の航続性能をもっていた。

この飛行機こそは、我が国はじめての潜水艦用の実用機である。昭和六年の九月、当時の新鋭、海大1型の伊号第51潜水艦から、呉軍港で発着試験を行ない、非常な好成績をおさめた。

そこで制式採用となり、九一式小型水上偵察機とよばれることになり、横廠と、川西とで生産を行なった。そしてE6K1のコードネームで、一〇機が生産された。

九一式小偵と伊51潜の実績は、当時、世界無比をモットーとしてはげんでいたわが潜水艦用兵者に、大きな影響をあたえた。

ひきつづいて機雷潜である伊21潜級の一艦でも、実用試験を重ねる一方、新造の巡潜伊号第5には、はじめから飛行機搭載施設が設けられた。

伊5潜こそは、潜水艦と飛行機の結合を実用にもちこんだ世界最初のものである。

しかも潜水艦としても、世界に類のない独創的な用兵思想の体現者として、最高峰をゆくものであった。

この後、この改良型たる伊6潜、さらにこれも世界に類をみない旗艦

日本初の潜水艦用搭載機として実用化された九一式小型水上偵察機

潜水艦――巡潜3型たる、伊7、伊8潜にいたって、飛行機の収納施設も発進施設も、大幅の進歩をとげたのである。

わが海軍はここに文字通り、世界でただひとつ、潜水艦と飛行機の有機的結合に成功し、完全に実用技術を大成した海軍となった。

世界の海軍の歴史に、これはまったく例を見ないことである。

ところで、イギリス海軍の試みが文字通りの子供だましに終わったことは、すでに述べたが、アメリカ海軍でも、同じような時期に、若干の試みはあった。しかし潜水艦そのものがきわめて冷遇され、技術に自信がないうえに、世界無比の大型空母「サラトガ」「レキシントン」の就役や、マーチンの急降下爆撃機の乱舞にすっかり気をよくしていたアメリカでは、この種の着眼にはあまり熱がはいらず、ほとんど結果らしいものも得られぬうちに、あきらめてしまった。

フランス海軍でも、イギリスのX1号をしのぐ世界最大の潜水艦として、自他ともにゆるした八インチ砲搭載の怪物、昭和六年に竣工したスールクフ（水上二八八〇トン、水中四三〇〇トン）に、水上機を一機搭載していることを明らかにした。

しかし、これこそ名ばかりのもので、昭和八年、ブレスト軍港内での実験で死者を出してからは、その格納筒に飛行機が入れられたことはついになかったのである。

飛行機と潜水艦との組み合わせ――これこそ劣勢海軍の弱点をおぎない、広大な太平洋海域での決戦という、わが海軍のおかれた独自の兵形のもとに、独創的な着眼と、用兵者と技術者の不屈の努力と精進によって、我が国のみで可能となった事実なのである。

単葉、複座機に

一方、潜水艦の方も進歩した。無条約時代に入ると、計画される巡潜のうち、丙型をのぞく甲型、乙型には、すべて飛行機が搭載され、カタパルトが装備された。

飛行機の方も、実用に入り、練度が進むにつれて、オモチャのような単座機では、その実用性もきわめてかぎられたものになってしまうことが痛感された。

九六式小型水上偵察機（E9W1）は、この要望にこたえて生まれた最初の複座機で、昭和八年の実計にもとづく九試小偵である。試作は渡辺製作所（のちの九州飛行機）があたった。

エンジンは、「天風」の三〇〇馬力。複葉複座の双浮舟機で、やはり鋼管骨組みの羽布張りであるが、垂直尾翼を高くとれぬための横すべり安定の問題を解決するため、垂直尾翼の上端を折りたたみ式とした。

全幅は一〇・一メートル、全長八メートル。総重量も一二五〇キロとずいぶん大きくなったが、そのうえ、後方偵察席には七・七ミリ旋回機銃一基を武装した。

本機は複座で、航法もいちだんと能力をまし、巡潜の作戦能力の円熟とあいまって、開戦直後まで大いに活躍した。総生産機数は三三機である。

本機の後継機として作られたものに、十二試の零式小型水上偵察機（E14Y1）がある。この機にいたって、ついに単葉機となった。設計は空技廠の山田三人技師らのスタッフで、生産はやはり九州飛行機があたった。

零式小偵は、「天風」一二型三四〇馬力の単葉双浮舟型の複座機で、全幅一一メートル、全長八・五四メートル、総重量は一四五〇キロ、過荷では一六〇〇キロに達し、七・七ミリ旋回機銃一のほかに、少量の爆装が可能であった。

最大速度は一三三ノット。九〇ノットの巡航でよく四七〇マイルの航続性能を有していた。特長のあるイボイボつきのカウリングや、胴体下方にものばされ、胴体上面には縦ビレのように前に張り出した垂直安定板などで、読者にも親しみの多い機体であろう。

唯一の米本土空襲

本機は巡潜甲型、乙型、すなわち伊9から伊35にいたるすべてに搭載され、開戦時から活躍した。総生産は一二六機にも達した。昭和一八年の夏、伊8潜によるドイツ連絡便で、同艦搭載の本機がブレスト軍港に陸揚げされ、ドイツ海空軍の注目をあびたものである。

巡潜との共同作戦による偵察行動は、北はアリューシャン、アラスカから、南はオーストラリア、ニュージーランド、タスマニア、さては西方マダガスカル島まで、きわめて広い範囲にわたった。マダガスカル島の特殊潜航艇攻撃のための事前事後の偵察、フレンチ・フリゲートの偵察などは、有名である。

なかでもハワイ空襲ののち、昭和一六年一二月一七日の早暁、伊7潜の搭載機はよく真珠湾の決死的偵察を敢行し、南雲艦隊の戦果を確認した偉大な実績がある。

こえて一七年一月、伊9潜搭載機が再度の真珠湾偵察に成功している。

しかし、潜水艦搭載機の行動で、まさに空前絶後のものとして記憶さるべきものは、米本土の空襲行であろう。

しかも、これこそ今次大戦中で、我が国の実行した唯一の米本土への空襲である。

これは特別に、この目的のみをもって計画された作戦で、さきにオーストラリアからニュージーランドにかけ、単機よく六ヵ所もの強行偵察を敢行した技量抜群の名コンビ、伊25潜の甲上明次艦長（当時中佐）と、藤田飛行長（当時兵曹長）の腕に期待をかけたものであった。

零式小偵もわざわざ特別に、七六キロ爆弾二発の懸吊架を増備したもので、重量の関係から同乗者なしの、単座でしか行動できぬものになっていた。

昭和一七年八月一五日、横須賀を出撃した伊25潜は、九月に入ってアメリカ本土オレゴン州沿岸に進出し、藤田飛行長の操縦によって、ブランコ岬ふきんの森林地帯に、九月九日、二回にわたって七六キロ焼夷弾二個ずつを投下し、山火事を起こさせ、二度の出撃ともに無事帰投した。

季節による同地方の山火事の被害の情報にもとづき、神経戦をねらっての、いささか投機的な作戦とはいえ、ともかく史上唯一の米本土空襲となったものである。

飛行機と潜水艦の組み合わせによる作戦行動としては、前述のような搭載によるもののほかに、飛行艇への補給がある。

凌波性のゆたかな飛行艇を、前進地点に洋上着水させ、これに待ち合わせた潜水艦から、燃料や弾薬の補給を行なおうというのも、これまたわが海軍のみが発案し、実行に移したもので、開戦直前には、この用途専用の特殊潜水艦たる補給潜水艦伊351、伊352の二隻の建造が計画中であった。

もっとも、じっさいに着手されたのは昭和一八年五月で、完成は二〇年に入ってからになってしまった。

じっさいに、この作戦が実行されたのは、昭和一七年春のことであって、第一潜水戦隊の三隻の潜水艦は、ところもあろうに、ハワイ列島中のフレンチ・フリゲート環礁にこっそりと進出し、当時の最新鋭たる、二式飛行艇二機を待機した。

ここで補給をうけた二機の飛行艇は、大胆にも三月四日夜、真珠湾に空襲を行ない、再度の戦果をあげた。これはK作戦と呼称された。

その後、ミッドウェー作戦にさきだち、同種の強行事前偵察が計画されたが、敵も前回にこりてフレンチ・フリゲートに水上機母艦を常置したため、実行できなかった。

結果的には、敵状不明のまま作戦行動に入って、ミッドウェーの悲劇をまねいたのである。

作戦時の厳しい制約

このように飛行機と潜水艦の有機的結合に、独立独歩の境地を開拓していたわが海軍が、それを一歩すすめて、潜水空母の実現を計画したのも、当然のことといえよう。まさに、当時の日本海軍こそ、このような破天荒ともいうべき計画を、確実に実行にうつしうるための、完全な技術上の自信をもつ唯一の存在だったのである。

強行偵察艦たる巡丙の「大淀」、「仁淀」。それに搭載する特殊水偵の「紫雲」（E15K1）の計画。それにドイツ仕込みの革新的な技術によって、海軍の航空技術にさらに一歩の前進を約束するかのような十三試艦爆——のちの「彗星」——の、極小の機体とすばらしい高性能。それにくわえてようやく円熟の域に達してきた巡潜と搭載機の用法。

これらの事実が、我が海軍をして、その隠密性と長大な航続力を利して、敵制圧海域の深奥部に進出し、搭載機を飛ばして驚天動地の奇襲攻撃をくわえるという、独創的な計画の実行にふみきらせたとしても、そこには何の不思議もないところであった。

しかし、潜水艦に搭載した小型機を行動させるとはいっても、その点について満々の自信と実績をもっていた我が海軍でさえ、そこにはきびしい制約があった。いや、実績をつむほどに、搭載機の行動そのものには、およそ縦横無尽などというにはほど遠い、たいへんな不便と危険のあることを、わが海軍だけが知っていたともいえよう。

まず搭載機には、スペースの関係から、その大きさにきびしい制約がある。結果的には単に飛行機というだけの、偵察能力や航法能力もひどく貧弱な、一種の軽飛行機じみたものになってしまう。

その発進にも、カタパルトはまずよいとして、飛行機である以上は、飛行可能な条件にするためには、事前の入念な整備も欠かせなければ、母潜が浮上して、飛行機が組み立てあがっても、暖気運転に十分な時間をとらねばならない。

軽飛行機にすぎない小型機での航法というものが、どんなに困難なものであるかは、ここで述べるまでもあるまい。

よしや超人的な能力と経験をもつパイロットによって、なんとかこの種の行動が実行されたとしても、さて帰投するべき母潜は、隠密性がその生命である。場合によっては会合はまったく不可能ということも、大いにありうる。

首尾よく母潜にめぐりあえたとしても、小型機での洋上着水は、また非凡な技量がいる。しかもその機体を母潜に揚収し、寸秒を争って分解格納し、そして急速潜航にうつる。これら、すべてのことが、敵の制圧海面内でやらねばならぬことだ。

もし行動中に、敵の哨戒機や艦艇に発見されたら、もはや万事休すと思わねばならない。

潜特と強襲攻撃機

藤田飛行長の、果敢な行動にしてからが、帰投に際しては、母潜が海面に流していた油の漂うのを認め、それをたどって帰投したものである。

このことがら自体が、油をひいて自己の存在を暴露するなど、潜水艦としては、零点にちかい不始末といわねばならない。

帰投したとしても、浮上して収容に努力している潜水艦ほど弱いものはない。

それこそ八方破れ、反撃の手段もない無力さである。

危険を感じ、乗員のみを収容して、機体の揚収は断念し、これは海面にすてるとか、破壊して沈没させ、母潜は急速潜航で難をのがれるなどのことは、実戦の戦例としてはあたりまえのことといってさしつかえないありさまであった。

このような使用の経験をもとにして、潜特（特型潜水艦）と、特殊攻撃機とが計画された。用兵者としても、百方論議の末であるといってよかった。

潜特の軍令部要求が正式に発せられたのは、輝かしい緒戦の戦勝に酔う昭和一七年の一月一三日であった。

艦本と航本の概案の回答は三月末で、五月には、はやくも本会議にもちこんだ。

今日の原子力ミサイル潜水艦でこそ、五、六〇〇〇トン台は普通とはいっても、当時としては、この数字がいかに破天荒なものだったか、思いなかばにすぎるものがある。

特に目立つのは、航続距離で、一四ノットなら実に四万二〇〇〇浬、重油のみで、一七五〇トンにもなり、全世界のどの海域へも往復可能はもちろん、そのうえで十分の作戦行動の能力を、もつものである。

これに対する技術的解答のひとつとして、本艦には、わが国はじめての潜航中の充電装置――シュノーケルが採用された。ほかにもこれまでの潜水艦用小型機には見られぬ三・五トンの能力をもつ起倒式大クレーン、大型の格納庫、その発進設備など、どのひとつをとっても、いままでの技術では間に合わぬものばかりである。

はじめの建造予定隻数は、改⑤計画（昭和一七年七月、ミッドウェー敗戦による建艦計画の新改変）で、一八隻ときまった。

新規に専用機を

これに配する特殊攻撃機は、最初は「彗星」（D4Y1）の改造型が考えられた。しかし、検討の結果は、むしろ新規に専用機を試作した方がよいと決断され、ここに昭和一六年の実計による十七試特殊攻撃機M6A1、のちの「晴嵐」および「南山」が計画されることになったのである（コードネームとしては、「南山」の方が「晴嵐」より先である）。

本機のコード番号のMは、特殊機を示すものであるが、従来、このM号は、文字通りの研究機につけられていたのみで、このような用途にもちいる恐るべき性格の機体にあたえられることは、前例がなかった。もって、わが海軍の意気ごみが知られよう。

この飛行機の設計と試作には、愛知航空機があたった。主任設計者は尾崎紀男技師で、また途中で浮舟つきの水上機案が確定してからは、小池富男技師も浮舟設計を担当した。

●特殊攻撃機「晴嵐」（M6A1）の要目

形式・座席			低翼単葉双浮舟 2
主要寸度	全　幅	m	12.262
	全　長	m	10.640
	全　高	m	4.580
	主翼面積	m^2	27.0
重　量	自　重	kg	3362
	正　規	kg	4250
	過　荷	kg	4900
発動機	名　称　基数		アツタ三二型×1
	離昇馬力	HP	1400
	公称馬力/高度	HP/km	1340/1.7
		HP/km	1290/5.0
プロペラ	形式直径（m）		三翼恒速ハミルトン3.2
燃料搭載量（増槽）ℓ			934
性　能	最高速/高度	ノット/km	
		ノット/km	256/5.2
	上昇時間/高度	分　秒/km	5，—48"/3.0
		分　秒/km	
	実用上昇限	m	9900
	航　続　力	カイリ/ノット/高度km	642/160/3.0
	着　速	ノット	68.0
兵　装	射撃	口径×基数	13mm旋×1
	爆撃	重量×基数	800kg×1または250kg×1
翼面荷重	kg/m^2		158
馬力荷重	kg/HP		3.31

潜水艦搭載用として、なるべく小型に折りたたみ、および分解ができ、かつ急速に分解組み立てができるよう要求されたことは、もちろんであるが、反面、強力な強襲用攻撃機として、魚雷一または八〇〇キロの爆弾が搭載でき、後席に、一三ミリ旋回機銃の武装などをくわえた。

また、双浮舟はいったん必要な場合（実戦ではむしろこの方が常態）には、これを投げすてることにより、一層の高速が得られるようにした。その場合、横の安定の問題の解決策として、浮舟と同時に垂直尾翼の上端部分もまた、投棄できるように計画された。

飛行機としての一般的な「晴嵐」の要目は、別掲の表にしめすようなものとなった。

〝忙しい〟飛行機

機体そのものとしては、これまで愛知で製造していた零式水偵よりや小型の程度で、とりたてていうほどのことはない。しかし、潜水艦搭載用としての折りたたみ機構と寸度制限には、設計者のなみなみならぬ苦心がひそんでいた。

まず主翼はちょうど付根から、後ケタ上面の金具を中心にして、取り付け金具のピン一本さえはずせば、前縁を下方に九〇度回転し、かつ翼端が後方に九〇度回転して、胴体にそってピッタリたたまれるようになっていた。これはすべて機外からの油圧で操作される。

また水平尾翼は、胴体中心線から〇・九メートルのところから、下方に折りたたみ、垂直尾翼の方も上部から二一センチばかり横に折れまがるようになっており、かつ浮舟の投棄時には、同時にこの部分も脱落し、横の安定性をほどよく保つようになっていた。浮舟は完全にはずれるようになっていた。

敵の制海内での夜間作業にそなえ、必要なピンや金具類には、すべて夜行塗料がほどこされていた。

いまもなお思い出すのであるが、大の男がこうした分解折りたたみや、引き出し組み立てに、必死の形相すさまじく、一秒をあらそって訓練をくりかえしたことである。

飛行機が配属されてきたころは、不馴れもあり、またお定まりの油圧機構の不具合などから、機付《きづき》長がパイプ（号笛）をツバでつまらせ、真っ赤になってわめきたてても、どうかすると三〇分近くかかることが珍しくなかった。

それが、練習をつむとおそろしいもので、まず浮舟の取り付けは、一〇人がかりで四五秒、はずすのは二〇秒でやれるようになっていた。また主翼の方は、展張には五七秒、たたむのもピン抜きに二五秒、折りたたみ完了までには油圧作動の関係もあってやや長かったが、それでも五分一〇秒しかかからぬようになった。

そして尾翼関係では展張に一分〇二秒、折りたたみに二分二〇秒でやれるのが標準となったと記憶している。

なお、翼関係の所要人員は浮舟より少なく、四人で全部をやりおえることができた。しかし、とにかくいそがしい飛行機ではあった。

設計開始は、すでにのべたように昭和一七年はじめであるが、製作は愛知航空の名古屋永徳本社の試作第三工場ですすめられ、昭和一八年一一月に第一号が完成した。この間、実物大のモックアップが呉工廠に送られ、建造中の伊400潜で現物検討がおこなわれた。

初期の機体には、アツタ一二型（AE1A）を装備したものもごく少数あり、プロペラ直径もわずかに小さくて、三メートルちょうどであった。

夜冷エンジンに面くらう

なお、一九年初頭に浮舟をなくし、垂直尾翼上端のカッとばし部分もとり去り、かわって、引込脚を装備した機体が、横空や空技廠の要求で、ただ一機だけ特別に製造され、これは計画当初の名にかえって「南山」と名づけられた。

戦後一部に、本機は浮舟をカッとばし、後の飛行性の慣熟のためにつくられ、「晴嵐」の乗員訓練に用いられたなどとつたえられているようである。

たしかに浮舟投棄後の飛行性をこの「南山」で検討し、また「晴嵐」の部隊たる六三一空のもよりの陸上基地に、ときどき飛来したこともあるが、本機はほとんど横空におかれてあり、練習用に供された事実はない。

「晴嵐」が浮舟を投棄した場合は、当然のことながら性能はそうとうよくなる。実測された例はないが、推算では最大速度は三〇二ノット（高度四〇〇〇メートルで）と、ほぼ「流星」艦攻や、「彗星」一二型なみの高速で、グラマンのF6Fに匹敵すると予想されていた。また偵察状態での航続距離は、約一一〇〇浬ていどが見こまれていた。

飛行機としての「晴嵐」は、「彗星」ほどむずかしい機体ではなかった。しかし実働性ゆたかな零式水偵や、ちっぽけな零式小型水偵からまわってきた連中は、最初はずいぶん手こずっていたようである。特にアツタ三二型（AE1P）装備機は、性能では「瑞雲《ずいうん》」（E16A1）水上爆撃機をもしのいでいた（もっとも上昇率はやや落ちる）。

このまごつきや、面くらいの原因のほとんどは、エンジンがなれ親しんだ空冷から、液冷にかわったことにある。機首がなくなってしまったかのような前方視界の良さもさることながら、水冷却器のカウルフラップの調整や、液温というものが余分にくわわるうえに、おさだまりのアツタ発動機の整備難と故障である。

パイロットにとって、エンジンの好調だけが命の綱である以上は、そのエンジンのために、実働率の低い本機にたいしてかなりブツクサと文句がそそがれたものである。

ともかくも本機の生産は、昭和一九年には急ピッチで進められ、一九年中に四四機、二〇年には三四機の生産が要求されていた。実際に完成したのは一八年の一機をはじめとして、一九年に一〇機、二〇年に入っての一七機と、総計二八機にすぎなかった。

昭和二〇年ともなると、激化するB－29の空襲で、愛知航空機は徹底的にいためつけられ、生産も自然消滅していったのである。

削減された伊400型の建造

さて、姉妹艦一八隻という潜特の建艦計画も、戦況のうつり変わりによって、大幅な変動が生じていた。

そもそもは開戦いらいの戦訓にもとづき、潜水艦の用法の根本的な錯《さく》誤《ご》をあらため、通商破壊戦に全力をそそぎ、潜特みたいな超ゲテモノが、現在の戦局にどのていど寄与するかわからないという考え方が、部内で有力になったからである。

昭和一八年が明けて、軍令部に潜水艦部が店びらきするころになると、これまでの実績から、危険なわりに効果のすくない巡潜の小型機搭載の全廃がきまり、つづいて潜特の隻数は、半分の九隻にへらされた。

第一艦の伊400潜は、昭和一八年一月、呉で起工され、つづいて伊401、402は佐世保で起工された。呉ではさらに伊404が起工され、川崎重工の泉州で伊403が着手された。けっきょく非公式ながら、この五隻をもって潜特の建造を打ちきることが、決定的になったといってよい。

ところがさらに、このうちの川重の伊403は、昭和一八年秋には工事中止となり解体された。また呉の第二艦伊404潜は、船台上で建造され、昭和二〇年八月の完成見込みであったが、空襲激化のため二〇年六月以降は工事を中断し、ふきんの島かげに疎開中に、爆撃をうけて七月末に沈没してしまった。

結局のところ、完成したのは昭和一九年末の伊400、二〇年春の401、初夏の402の三隻にすぎなかった。

予定隻数の削減は、別の方面に影響をおよぼした。まず単艦の搭載機数を、はじめの二機から、三機に増やすことになった。これはできぬことではないが、かなり無理があり、実際には第三番機は、まま子あつかいで、はじめの二機の発進後、かなりの時間をかけねば発進できない始末となった。

また潜特の隻数を補うため、建造

中の巡潜二隻、甲型の伊13、14の両艦が「晴嵐」二機の搭載能力をもつよう、急いで設計を変更して建造された。

ほかに伊15、伊1（二代目）も同型として建造中であったが、完成にいたらなかった。もっとも巡潜に「晴嵐」搭載などはむりな話で、設計は大変更になり、完成した13、14の両潜もかなり使いにくく、不十分なものとなってしまった。

いずれにせよこの五隻が、我が国、いや世界史上での潜水空母のすべてである。

完成した伊400型潜特の要目は、要求とはいくらか異なったものとなった。

定員は潜水艦要員一三〇名と、航空要員二四名である。性能的にはこのような巨艦ながら、急速潜航も一分を切ったし、水中旋回半径も小さく、なによりもシュノーケルによって、露頂状態で主機械（ディーゼル）が使えることがありがたかった。航空機用としての魚雷は四本、八〇〇キロ爆弾三発、二五〇キロ爆弾一二発が積まれていた（前部発射管室内）。

本艦での「晴嵐」の働きをちょっと述べてみよう。艦橋直前の直径四・二メートル、長さ三〇・五メートルの大格納筒の中に、爆弾や魚雷を抱いたままの形で、翼をたたみ、浮舟をはずされた「晴嵐」が三機、いずれもカタパルト用の滑走車にのせられて眠っている。この滑走車の前部支柱は、この状態では前に倒され、機体の姿勢は射出時よりも低くなっている。

格納筒の左舷からは、温水用と滑油用の二種の管が艦内からのびてきており、これで艦内から温ためた滑油や、冷却を「晴嵐」のエンジンに補給することにより、いざ発進という前に、長い時間をかけてエンジンのウォーミング・アップをやらないですむようになっている。

艦首よりから一番機と二番機、その天井には三番機用の浮舟が二本吊るされ、その奥には三番機、いちばん奥には、補用品と整備器具庫がある。もちろん主格納筒と艦内とは、ハッチによって、潜航中も連絡できる。

格納筒の前端は、頑丈な水密扉であるが、この前から艦首の方へむけて、長大な四式一号一〇型カタパルトが、発射間隔四分、射出速度六八ノットの高性能を誇るかのように、三度だけ前上がりにのびている。

主格納筒の下側、つまり艦橋の両側には、左右二本の浮舟格納筒があり、主格納筒と同じ水密扉で閉じられ、それぞれ二本ずつ、一番機と二番機の浮舟を格納している。

艦が浮上して発進命令がくだるとまず水密扉がひらかれるが、この開閉のとき、飛行機移動用のレールが邪魔になるので、このさい、レールの一部は床ごと油圧で沈下し、扉が開閉しおわると、またせり上がるようになっている。

滑走台車にのせられた「晴嵐」は、一番機と二番機はすぐさま格納筒の外へひきだされ、滑走台車の前部支柱は起こされて、発進姿勢に機体をもちあげる。この位置にそれぞれ艦内からは高圧油のパイプが引かれてあり、これを「晴嵐」の機体のジョイントにさしこむと、油圧が使えるようになり、主翼はみるみる展張しだす。

一方、浮舟格納筒からは浮舟がひきだされ、それぞれ一〇人の手で、またたく間に機体に装着される。エンジンはもう始動をはじめる。

と、思うまもなく、一番機はドカンと発射される。その残した滑走台車は、カタパルトの旋回盤にのせられ、すぐさま舷側に片づけられる。つづいて、四分後には、二番機が発射される。

ところが、三番機となるとこうは行かない。まずはじめの二機が発進しないことには、天井に吊った浮舟がとり出せないからである。そして二機発進をまって、やっと主翼展張用の油圧にありつける。

結局、二番機発進後、すくなくとも一五分たたないと三番機は発進できない。はじめの予定の二機を、三機に途中で設計がえした当然の無理である。

雄大な攻撃目標

「晴嵐」の航空隊を、第六三一航空隊という。正式に開隊されたのは昭和一九年一二月一五日で、鹿島で編成されていたのが、呉基地に配備され、潜水艦の第一線部隊たる第六艦隊の指揮下にはいった。

はじめは機数も六機にすぎず、補用機さえなかったけれども、しだいに機数もふえ、実働率も向上して、昭和二〇年三月五日には屋代島にうつった。つづいて四月二日には福山基地にうつり、完成した呉の伊400潜との連合訓練の段階にこぎつけた。

搭乗員はもちろんえりぬきのベテ

ランばかりで、なかには文字通り潜水艦用小型水偵はえぬきともいうべき、歴戦の武功にかがやく高橋少尉とか、藤田少尉などがいた。

潜水艦の方は伊400、401、伊13、14の四隻で、第一潜水隊が編成された。司令にはこれまた歴戦の有泉龍之助大佐が着任し、同時に福山にある第六三一空の司令をも兼任した。

各潜水艦の個艦訓練も三月末にはおわり、「晴嵐」との連合訓練は、瀬戸内海西部を使って、一段とはげしさを増していった。

はじめに攻撃の目標としてとりあげられたのは、パナマ運河である。当時、ルントシュテット攻勢もむなしく、ナチス・ドイツは敗退をかさね、本国は主戦場と化して断末魔にあえいでいた。

その暁には、欧州水域にある連合軍の水上兵力は、すべて極東海面に集中されるのは必至であり、そうした兵力移動にはパナマ運河が用いられるであろう。この動きを阻むにはこの地点への挺進奇襲しかない。

この考えのもとに、作戦計画が立案され、ドイツの降服を機に採択されて、その実施は昭和二〇年六月に出撃と定められた。そのあらましは、第一潜水隊四隻の一〇機の「晴嵐」をもって、同運河の太平洋岸に面するミラフロレス・ロック群を攻撃破壊し、その使用を一時期でも不能にしようとするものであった。

周知の通り、ガツン湖と両大洋間の水位差と、多数のロック（閘門）によってエスカレートしている同運河の構造は、このロックの破壊には大きな弱点をもっている。

しかし、ロックの破壊とはいっても、イギリスのもちいたダム・バスター爆弾のような綿密な構想と研究があったわけではなく、とにかく魚雷と爆弾をもちいてロック機構に損害を生ぜしめようというもので、しかも「晴嵐」の体あたり攻撃が予定された。

すなわち、いちばんはじめにもどる特殊攻撃機である。揚収を無視した浮舟なしの発進で、そのうえ生還を期しえない、必死の片道攻撃行である。

作戦行動海面での帰投機の揚収が、ほとんど見込みなしと判断されたためである。

ところが、これだけの作戦を実行するための第一潜水隊にたいして、補給する燃料のストックが、当時の我が国には、もはやなかった。一艦一七五〇トンの重油を要する潜特に対し、呉軍港の重油ストックは、わずかに二〇〇〇トンというひどい実状だったのである。どうしても外地のわが手に残っている要港施設のストックを頼むしかない。

このため伊401潜は、大連にある重油を積みこむため、四月上旬に呉を出航したが、不幸にも山口県宇部の近くの姫島沖で、B-29のバラまいておいた磁気機雷にふれ、損傷こそ軽微だったが航海続行を断念して、呉に帰投してきてしまった。

かわって伊400潜がでかけた。この航海はまさにスリルにみちたもので、同艦が関門海峡をめざして航行中、先をすすむ商船がやにわに触雷して沈没した。と、思うまもなく

伊400潜の最初の目標とされたパナマ運河。写真は同運河を通過する米戦艦

こんどは海峡直前で、後方を進んでいたほかの商船が、これまた触雷で沈没する始末。それがわずか一時間たらずのあいだのできごとである。

　まさに、薄氷をふむ思いとはこのことながら、ツイていた同艦は触雷することもなく、大連につき、しこたま重油をつめこんだうえ、またもやカスリ傷ひとつおわずに、ぶじ呉に帰投してきたものである。伊13、14の両潜は、朝鮮の鎮海で、おなじく補給に成功した。

　しかし、こんな状況で、いたるところにバラまかれた磁気機雷の恐怖から、絶対安全なはずの瀬戸内海が、もっとも危険な血の池地獄になってしまい、まともな訓練さえできなくなってしまった。

　そこで第一潜水隊はやむなく瀬戸内海をひきはらい日本海、能登の七尾湾に訓練基地を移動し、六三一空飛行隊も同地区にうつって、総合訓練にはげむことになった。

　主眼はもちろん、隠密接敵から浮上発進、ロック攻撃法、超低空の航法などのほかに、航続力の低い伊13と14の両潜に、潜特から行なう燃料の補給訓練もふくまれていた。損傷した伊401潜は、修理を終わり呉軍港の重油タンクを、それこそいよいよ、からっぽにして補給をうけ、本隊に合流してきた。

二転三転の攻撃目標

　だが、この悲壮な意気ごみのもとでの猛訓も、成果はなかなかはかばかしくは進まなかった。その原因の第一は、「晴嵐」の実働率の低さと、補給難である。

　アツタ・エンジンの故障続発もさることながら、メーカーの愛知は数次にわたる空襲で大損害をうけ、事実上、「晴嵐」の生産は中絶に近かったのである。

　そしてこの作戦用の、たった一〇機の「晴嵐」すら、「絶対確実」に働けそうな機体をそろえること自体が、たいへん困難なありさまであった。

　もうひとつは、敵の妨害である。軍極秘に計画し建造しても、この恐るべき奇襲兵器の情報は、国内にはりめぐらされたスパイ網を通じて、かなり早くからアメリカの察知するところとなっていた。

　潜特の建造そのものにしてからが、安穏に進んだわけではない。秘匿するために、工事関係者はさんたんたる苦心をした。たとえば工事中の潜特に、変なおおいをつけたり、進水して艤装中には、わざと擬装の煙突や、砲塔まがいのものをつけたりして、艦型をくらますことにつとめたのである。

　一潜隊編成後も、島かげに接岸して、ふきんから伐り出した木の枝や葉を、山のようにもりあげてカムフラージュしたり、空襲の報があれば奥の手の潜航沈底したりして、敵の眼をくらますのに懸命だった。

　こんなにまでしてさえ、ついに伊404潜は敵機の餌食になってしまったのである。

　七尾へうつったことも、いつかは敵の探知するところとなった。一夜、七尾港はB－29の猛爆撃をうけ、潰滅した。ふきん海面には、ところきらわず磁気機雷がまかれた。そればかりではない。潜特の訓練待機港とみられる各地は、しつような空襲につぎからつぎへとさらされた。

　昭和二〇年の初夏から、さしあたって作戦上からはほとんど戦略的意義がなく、町としてもろくな軍需工業も施設ももっていないような罪のない町、日本海沿岸の酒田、伏木、敦賀などの各都市が、常識はずれの大空襲をこうむって大打撃をうけたのも、じつをいえば、この潜水空母部隊のまきぞえだったのである。

　一方、ナチス・ドイツは完全にほろび、欧州水域の連合国海上兵力の極東指向部隊は、ぞくぞくとパナマを通って極東水域に集中されてしまい、たとえ六月に作戦を発動したとしても、伊13などへの補給も見こんで、一ヵ月を要するような遠征行では、ほとんど時機も価値も失すると見られるようになった。

　こうしてパナマ攻撃計画はついに放棄され、かわってやり甲斐ある仕事として、わが本土への無慈悲な無差別爆撃に一矢をむくいようと、あらたにアメリカ西海岸のサンフランシスコ、ロサンゼルスへの奇襲攻撃計画がもくろまれた。

　しかし、このような捨てばちな計画のかわりに、あくまで当面の戦局打開のための作戦が重要であるとされ、とりあげられたのは、敵進攻の大策源地たるウルシー大環礁の攻撃計画であった。

　この計画の骨子は、伊400と401潜の二隻、六機の「晴嵐」で、ウルシー在泊中の敵機動部隊に特攻攻撃をくわえる。そのため伊13、14潜の二隻は、「晴嵐」のかわりに「彩雲」を各二機ずつ、敵中に孤立しながら、なお基地施設や能力を残しているトラック島まであらかじめ輸送し、この四機の偵察機をもって、ウルシーの事前偵察や索敵を行なう。もしウルシーで会敵できなければ、潜特はシンガポールにむかい、補給し待機する――というのであった。

七月に入り、潜特は最後の準備に舞鶴へ入港した。同月中旬、「彩雲」を二機ずつ積んで、伊13と14は大湊を発ってトラックにむかった。

八月に入り、伊14潜から、首尾よくトラックに達し、「彩雲」の揚陸に成功した旨のしらせがあった。しかし、大橋勝夫中佐の伊13潜からは、ついに何の通報もなかった。

のちに判明したところによると、大湊を発てわずか三日めの一六日に、奥羽沖を行動中、敵機動部隊の空襲をうけ、潜特と行をともにすべき雄図むなしく、撃沈されてしまっていたのであった。

巨艦の悲しい末路

潜特の出撃近きを探知するや、果然、敵は機動部隊艦載機の大群をもって、舞鶴地区に攻撃をかけてきた。舞鶴をはじめ、栗田《くんだ》、宮津、峯山の各要地は七月三〇日、仮借ない猛爆をうけ、大損害をこうむった。

しかし、沿岸遠く大湊に避退した潜特二艦は無事だった。悲報あいつぐうちについに時は来た。その日、六艦隊長官の親しく見送る中を、生還を期せぬ六機の「晴嵐」と潜特は、被爆する本土をあとに、一路ウルシーにむかった。有泉司令直率（旗艦伊４０１）のもと、八月一七日の攻撃を予定しつつ……。この攻撃隊の名は、神龍隊――。

八月一四日。両艦は定められた配備点につき、連絡もとれ、三日後の驚天動地の決死攻撃を準備しつつあった。

その有泉司令にもたらされた電報は、なんと、終戦の詔勅と、内地への帰還命令であったのだ。この一年の間、ひそかに磨いてきた孤剣は、ついにふりおろされる寸前に力がなえたのである。思えば一七年から、いや、多年にわたって世界にただひとつ、黙々とつみかさねてきた特殊技術は、ついに日の目をみることなく終わった。

すべての壮図むなしく横須賀にむかう伊４０１潜の司令室で、横須賀入港を目前にして司令有泉大佐は、拳銃でわが命を絶った。同艦長南部伸清少佐は、司令の遺体を水葬礼をもって、相模灘の底ふかく葬った。

昭和二一年春、佐世保を出て外洋にむかう異様な二隻の巨艦があった。その岸壁には多数の人間がちぎれそうに帽をふり、そのどの眼にも涙があふれていた。この二艦こそ、僚艦の伊４０１を参考資料としてアメリカにつれ去られ、さびしく残った４００と、もう一隻、終戦前に完成しながらも、呉で整備と訓練中、ついに戦列にくわわる機を逸して、丸腰のまま終戦を迎えた伊４０２の二艦であった。

この両艦は、今度こそはふたたび帰らぬ首途《かどで》についたのだ。占領軍の命令によって、自沈処分を命ぜられたこの二隻は、僚艦伊４０１をアメリカへ回航させた人たちの、その一部の手により、荒海の墓場へ、今こそ引かれてゆくのだった。

二隻の巨大潜水艦の司令塔といわず、潜望鏡といわず、その人たちの手によってかざられた花が、いっぱいに咲きにおっていた。

花咲く潜望鏡を押したてて、薄倖《はっこう》の二艦は永遠の眠りに旅立った。

「晴嵐」と潜特――こうした破天荒なくわだての始末が、このように終わったことについて、とかくの論議をなす者もいる。結果論的にみるならば、それはたしかにタイミングのずれた、貧乏国のやりくりに似合わぬ高価なオモチャであったかもしれない。

しかし、貧弱な日本の用兵思想と、戦局の急テンポな回転との間のズレによって生じたこの種の例は、それこそ枚挙《まいきょ》にいとまのないほどである。

試製「景雲」（Ｒ２Ｙ１）しかり、陸軍空母の「秋津丸」や「熊野丸」、Ｂ－29分捕りのサイパン空挺隊しかりである。

だからといって、いたずらに乏しい国力を冗費し、戦局になんら寄与しなかったからという点のみから、これらを責めるのはいささか酷にすぎると思われる。

単に奇策の戦果をあげたからとて、第一次大戦のルックネル船長や、第二次大戦のオットー・スコルツェニー中佐の便衣《べんい》隊の業績をほめちぎり、わが不運の奇兵をけなしつけるのは、けっして当をえたものではない。

高価なオモチャ。しかしそこには、あまりにも少年じみた、空想科学小説を地で行ったような、美しい夢があるのではないか。

（昭和三七年「丸」八月号『日本の駆逐艦』掲載・「特殊攻撃機『晴嵐』とマンモス潜水艦」）

伊400型潜水艦
世界最大「海底空母」の全貌

2024年11月20日　第1刷発行

編　者　「丸」編集部

発行者　赤堀正卓

発行所　株式会社　潮書房光人新社

〒100-8077
東京都千代田区大手町1-7-2
電話番号／03-6281-9891（代）
http://www.kojinsha.co.jp

装　幀　天野昌樹

印刷製本　サンケイ総合印刷株式会社

定価はカバーに表示してあります。
乱丁、落丁のものはお取り替え致します。本文は中性紙を使用

ISBN978-4-7698-1711-6 C0095

令和２年 丸２月別冊「伊400型潜水艦」改訂